由内蒙古蒙牛乳业集团编写的《牧场安全管理指导手册》，结合我国奶牛养殖过程中的安全生产管理特点，率先在国内建立了一套"以人为本，安全第一"的现代化牧场安全管理指南，对保护从业人员的生命安全与健康，促进奶牛养殖业安全、健康、和谐与可持续发展具有重要的指导意义。

国家奶牛产业技术体系首席科学家、中国奶业协会副理事长、中国农业大学教授

Accidents at farms with dairy cattle might not happen frequently but often, when accidents happen, they are serious as dairy farms today do not only handle big animals that can cause problems but also big machinery. Farm safety is therefore very important but farm safety is also about the animals and their safety and we know by experience that with increase awareness of safety of people, the safety of animals will also get better. This is why China-Denmark Milk Technology Cooperation Center (CDMTCC), a joint venture between the dairy companies Mengniu and Arla Foods, has for years had big focus on safety at dairy farms and it is truly a pleasure to see the big step Mengniu is now taking by launching a book about this topic. In this book the reader will learn about farm safety in all different aspects of the dairy farm operation and how to avoid problems by following certain rules and work routine.

安全管理对奶牛养殖场健康可持续发展至关重要，一旦发生事故将给牧场造成巨大损失。养殖场涉及人员和动物安全，实践证明，通过提高人员安全意识可大幅提升牧场安全管理水平。中国—丹麦乳品技术合作中心作为蒙牛和阿拉福兹合作机构，一直致力于提升牧场安全管理工作，我很高兴看到蒙牛牵头出版《牧场安全管理指导手册》，我坚信读者可通过本书了解到养殖场运营过程中各环节的安全实例以及如何采取适当的举措来减少事件的发生。

阿拉福兹牧场管理专家 斯诺里·西根森

俗话说：安全生产无小事。

奶牛场的安全尤为特殊。它是奶业产业链上最重要、最突出的安全生产环节。既需要严格把控上游环节传导性风险因素，又要实现自身生产系统全过程安全，以保证为下游食品企业提供优质原料，才能最后满足消费者的需要，其安全生产责任十分重大。奶牛场务必要把安全生产作为头等大事来抓，抓牢抓实，抓出奶牛场持续可靠的生产安全。

因此，奶牛场必须建立生产系统风险因素全覆盖、关键点持续可控、执行记录严谨、过程可追溯的规则与标准，并且保障安全管理、监督、反馈、考核、奖惩机制动态运行可靠有效。《牧场安全管理指导手册》出版，必将成为奶牛场提高安全生产水平的有力工具。

奶业技术服务联盟秘书长

在"十四五"规划的开局之年，蒙牛主导编纂的《牧场安全管理指导手册》引导牧场安全管理工作向规范化、标准化、体系化方向迈进，树立了行业标杆，必将成为牧场安全，乃至中国奶业安全的强有力的抓手。

作为国内最大的奶牛养殖企业，现代牧业始终把安全生产放在首位，秉承"食品安全对消费者负责，防疫安全对产业负责，环境安全对子孙后代负责"的初心，严守安全红线，为牧业安全生产、稳定发展营造良好氛围。

现代牧业（集团）有限公司总裁

安全是沉甸甸的责任，安全是幸福的源泉。"圣牧员工十项基本守则"明确提出了"保障食品安全、生物安全、生产安全和环境安全"，这是圣牧人的安全底线。

作为最大的沙漠有机奶源基地。圣牧高科准确理解和贯彻新发展理念，深入扎实防范化解重大安全风险，标准化流程管理，建立标杆安全示范，为奶业安全振兴作出圣牧的贡献。

内蒙古圣牧高科牧业有限公司

"民以食为天，奶以安为要。"安全管理，既涉及食品安全，又涉及生产安全，生产安全保障牛奶的供给安全。安全重于泰山，它关系到每一个家庭的幸福和公司的可持续发展。

由蒙牛主导编写的《牧场安全管理指导手册》，切实贯彻"以人为本、生命至上"的崇高理念，把安全生产工作规范化、具体化、可执行化、落地化，强化员工风险意识和责任担当，切实保障奶牛养殖企业生产安全。

我们严格、认真、持续推动安全生产管理体系的建设与落地执行，全力防范化解安全风险，实现"更高质量、更高效率、更加安全、更可持续"的健康稳定发展。

内蒙古富源国际实业（集团）有限公司总裁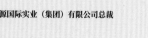

牧场安全管理指导手册

内蒙古蒙牛乳业（集团）股份有限公司奶牛研究院　组织编写

 中国农业科学技术出版社

图书在版编目（CIP）数据

牧场安全管理指导手册 / 内蒙古蒙牛乳业（集团）股份有限公司
奶牛研究院组织编写 . — 北京：中国农业科学技术出版社，2021.7
ISBN 978-7-5116-5331-4

Ⅰ . ①牧… Ⅱ . ①内… Ⅲ . ①牧场管理—安全管理—手册
Ⅳ . ① S812.95-62

中国版本图书馆 CIP 数据核字（2021）第 098647 号

责任编辑 于建慧
责任校对 贾海霞
责任印制 姜义伟　王思文

出 版 者 中国农业科学技术出版社
　　　　　　北京市中关村南大街 12 号　邮编：100081
电　　话 （010）82109708（编辑室）（010）82109702（发行部）
　　　　　　（010）82109709（读者服务部）
传　　真 （010）82106650
网　　址 http://www.castp.cn
经 销 者 各地新华书店
印 刷 者 北京印刷集团有限责任公司
开　　本 880mm×1 230mm　1 /16
印　　张 17　彩插　1 面
字　　数 243 千字
版　　次 2021 年 7 月第 1 版　2021 年 7 月第 1 次印刷
定　　价 98.00 元

编 委 会

《牧场安全管理指导手册》

主　　任	赵杰军	杨志刚	李胜利	高丽娜	张家旺
	丁　圣				
副主任	张福龙	贺永强	程晓飞	张占庭	孙玉刚
	刘高飞	朱晓辉	袁　丽	李　莉	乌日娜
	张林元	杨敦启	Snorri Sigurdsson		

主　　编　田　茂　葛旭升　郭建强

编　　者（按姓氏笔画排序）

王　超	王　静	王志永	王金辉	王建锋
王富国	石国柱	石忠强	白雅芳	冯永恒
伍燕妮	任　魁	刘　利	刘庆丰	刘景宁
池文平	牟　成	纪春蕾	纪海清	苏海军
李文睿	李春来	李鹏鹤	杨　雷	吴鹏华
张　洁	张淑丽	武兴盛	武浩宇	苗景玉
陈红波	赵　希	赵国伦	赵总亮	姜智敏
贺文斌	秦　红	贾同乐	徐宏波	郭　钰
郭亚军	郭运德	郭建峰	鲁元祥	温　茹
翟秀娟				

参编单位　国家奶牛产业技术体系

奶业技术服务联盟

北京埃尔维质量认证中心

现代牧业（集团）有限公司

内蒙古富源国际实业（集团）有限公司

内蒙古圣牧高科牧业有限公司

东营澳亚现代牧场有限公司

北京鼎晟誉玖牧业有限公司

齐齐哈尔原生态牧业公司

鄂尔多斯市康泰仑农牧业股份有限公司

宁夏农垦集团荷利源奶业公司

天津嘉立荷牧业集团有限公司

序

　　安全生产是我们国家的一项重要政策，也是社会、企业管理的重要内容之一。做好安全生产和劳动保护工作，对于保障员工在生产过程中的安全与健康、搞好企业生产经营、促进企业发展具有非常重要的意义。

　　鉴于奶牛养殖场工作环境的特殊性，目前国内奶牛养殖场在生产安全方面隐患较多、存在的问题较为突出，安全管理水平低下，防范措施不得力，尚无与安全相关的规范指导，与现代化工厂相比仍有很大差距。因此，蒙牛乳业率先在国内出版《牧场安全管理指导手册》。本手册不仅对安全术语进行了普及，还围绕牧场人身安全与健康、动物防疫、用电、消防、危险化学品等专业领域进行了详细的阐述。本手册对于蒙牛乳业合作牧场乃至整个养殖行业的生产安全和职业健康具有重要的指导意义。

　　可以预见，行业同仁借此《牧场安全管理指导手册》出版的契机，与蒙牛一道采用系统的安全生产和职业健康管理模式，提升安全生产和职业健康意识，掌握安全生产和职业健康管控要点，提高管理水平，获得稳定效益，这不仅将改变未来数百万奶农的生活现状，还将对中国的奶牛养殖行业起到里程碑式的引领作用。

　　减少或规避发生伤亡事故和职业病，保障劳动者的生命财产安全，是行业发展的基础，也是实施可持续发展战略的重要组成部分。《牧场安全管理指导手册》的出版，是蒙牛乳业推动奶牛养殖场安全管理全面提升的里程碑，未来也将携手行业同仁，共筑安全生产防线，共绘奶业发展蓝图。

内蒙古蒙牛乳业（集团）股份有限公司副总裁

集团安全质量负责人　　杨志刚

前　言

　　我国是农业大国，农牧业是社会主义经济发展的基础。随着经济的迅猛发展，农牧业已经由传统的手工作业发展成为机械化、规模化、集约化、自动化相结合的现代化农牧业作业新形势，奶牛养殖业更是走在了农牧业发展的前列，随着各类大型机械设备、环保处理设施设备等在现代化奶牛养殖场的广泛应用，奶牛养殖场的机械安全、有效空间作业安全、动火作业安全、特种设备安全等管理问题日益突出。我国的奶牛单产与乳指标已经接近国际先进水平，但是安全管理仍与发达国家有较大差距。由于缺乏可实施的牧场安全管理标准，且多数社会牧场缺少安全管理人才，未能充分地辨识危险源及建立有效的安全管理制度，牧场安全生产事故时有发生，给牧场带来重大经济损失，不利于中国奶业的可持续发展与社会稳定。

　　安全生产是企业发展的根基与重要保障，安全发展是科学发展、构建和谐社会的必然要求，为了贯彻习近平总书记在十九大报告中提出的"树立安全发展理念，弘扬生命至上、安全第一的思想"，内蒙古蒙牛乳业（集团）有限公司主导，全国各大牧业公司配合，组织编写了《牧场安全管理指导手册》。本手册在充分转化 GB/T 33000—2016《企业安全生产标准化基本规范》、GB/T 45001—2020《职业健康安全管理体系　要求及使用指南》的基础上，结合

中国奶牛养殖业生产过程的安全生产管理特点，阐述了牧场运营过程中各个环节的安全管理方法与案例，建立了一套具有系统性、专业性、实用性的安全管理指南，从而改善牧场安全生产环境，保护从业人员的生命安全与健康，对促进奶牛养殖业安全、健康、和谐可持续发展，维护国家经济建设秩序，巩固社会安定具有十分重要的意义。

　　本手册在编写过程中得到了北京埃尔维质量认证中心、现代牧业（集团）有限公司、内蒙古富源国际实业（集团）有限公司、内蒙古圣牧高科牧业有限公司、东营澳亚现代牧场有限公司、北京鼎晟誉玖牧业有限公司、齐齐哈尔原生态牧业公司、鄂尔多斯市康泰仑农牧业股份有限公司、宁夏农垦集团荷利源奶业公司、天津嘉立荷牧业集团有限公司的大力支持，在此对编写过程中辛勤付出的编者们表示衷心的感谢！由于时间和水平的限制，本手册难免存在疏漏之处，敬请批评指正，以便持续改进！

声　明

1. 本手册旨在帮助牧场建立健全安全管理体系，提升牧场安全管理水平，为改善劳动者的工作环境、保护从业者生命健康安全提供参考，内容仅作为学习和交流使用。

2. 本手册是在 GB/T 33000—2016《企业安全生产标准化基本规范》、GB/T 45001—2020《职业健康安全管理体系　要求及使用指南》的基础上编写而成，如因国家法律法规修订变更，请以国家颁布的法律法规内容为准。

3. 本手册知识产权及最终解释权均属内蒙古蒙牛乳业（集团）股份有限公司所有。

目　录

目 录

目　录

1 概 述

为提升奶牛养殖牧场（本手册"牧场"均指奶牛养殖牧场）安全管理水平，防止或降低安全生产事故及职业病发生，特编制《牧场安全管理指导手册》。

本手册适用于不同规模和类型的牧场，用于指导和规范牧场的安全管理工作。

2 规范性引用文件

GB/T 33000—2016　企业安全生产标准化基本规范

GB 2893—2008　安全色

GB 894—2008　安全标志及其使用导则

GB 5768—2009　道路交通标志和标线

GB 6441—1986　企业职工伤亡事故分类

GB 7231—2003　工业管道的基本识别色、识别符号和安全标识

GB/T 11651—2008　个体防护装备选用规范

GB 13495.1—2015　消防安全标志　第一部分：标志

GB/T 15499—1995　事故伤害损失工作日标准

GB 18218—2018　危险化学品重大危险源辨识

GB/T 29639—2020　生产经营单位生产安全事故应急预案编制导则

GB 30871—2014　化学品生产单位特殊作业安全规范

GB 50016—2014　建筑设计防火规范（2018 年版）

GB 50140—2005　建筑灭火器配置设计规范

GB 50187—2012　工业企业总平面设计规范

AQ 3035—2010　危险化学品重大危险源安全监控通用技术规范

AQ/T 9004—2008　企业安全文化建设导则

AQ/T 9007—2019　生产安全事故应急演练基本规范

AQ/T 9009—2015　生产安全事故应急演练评估规范

GBZ 1—2010　工业企业设计卫生标准

GBZ 2.1—2019　工作场所有害因素职业接触限值　第 1 部分：化学有害因素

GBZ 2.2—2007　工作场所有害因素职业接触限值　第 2 部分：物理因素

GBZ 158—2003　工作场所职业病危害警示标识

GBZ 188—2014　职业健康监护技术规范

GBZ/T 203—2007　高毒物品作业岗位职业病危害告知规范

3 目标职责

3.1 目标

牧场应建立安全生产目标管理制度，明确安全生产目标，并按制度要求开展目标的制定、分解、实施与考核等各项工作。

3.1.1 目标制定

牧场应根据自身运营情况，制定安全生产与职业卫生目标及各层次的安全生产职责，各层次的目标应纳入牧场的生产经营目标予以管理。

安全生产目标包括但不限于安全生产责任目标、职业病防治管理目标、安全绩效目标等。

3.1.2 目标分解和实施

牧场应对安全生产目标进行分解，按照与目标相关的职能、过程或活动等因素在不同层级中建立与目标方向一致、确保目标实现的分目标或指标。

为确保分目标或指标的达成，牧场应制定相应的措施或方案。

3.1.3 考核指标

牧场应制定安全生产考核指标，安全生产考核指标应以实现安全生产目标、预防安全生产事故、降低和控制安全风险为目的。安全生产考核指标主要包括设备设施安全管理、安全生产培训、安全生产事故隐患治理控制、职业病防治和相关方管理、应急管理以及事故管理等。

应定期对安全生产目标和指标的执行情况进行监测和考核，并定期评估安全生产目标的适宜性和有效性，结合实际及时进行调整。

3.1.4 目标制定、分解示例

见附录 D.1 目标制定与分解示例。

3.2 机构和职责

3.2.1 机构设置

牧场应设立安全生产委员会，安全生产委员会为安全生产管理最高决策机构，每季度最少召开一次安全生产专题会，协调解决安全生产问题，有会议记录并存档。

按照法规要求，根据自身规模设置安全生产和职业卫生管理机构，配备安全生产和职业卫生管理人员，建立健全从管理机构到基层班组的管理网络。

从业人员超过 100 人的牧场，应设置安全生产管理机构或者配备专职安全生产管理人员；从业人员在 100 人以下的，应当配备专职或者兼职的安全生产管理人员。推荐牧场配备注册安全工程师。

3.2.2 牧场安全生产责任制管理

3.2.2.1 牧场主要负责人

（1）牧场主要负责人或实际控制人是牧场安全生产第一责任人，对本牧场全体职工在生产劳动过程中的安全与健康负全面责任。

（2）依据国家安全生产法律法规，设置安全生产管理机构或配备专职、兼职安全生产管理人员，负责牧场日常安全生产管理工作。

（3）组织制定并实施本牧场安全生产教育和培训计划。

（4）负责组织制定安全生产工作的中期、长期规划，并为中期、长期规划的实施，提供必要的资源；审核批准安全生产工作计划。

（5）保证本牧场安全生产资金投入及有效实施。

（6）定期召开安全生产工作会议，听取主管部门工作汇报，研究解决安全生产中存在的问题。

（7）督促、检查牧场的安全生产工作落实，以消除生产事故隐患。

（8）组织制定并实施本牧场的生产安全事故应急救援预案，并确保定期演练、总结和纠正存在的问题。

（9）组织落实事故的报告和调查处理制度要求，及时、如实地报告生产安全事故，并根据"四不放过"的原则，主持工伤事故的调查、分析，制定防范措施，对造成重大事故的责任者提出处理意见。

（10）加强对各项安全活动的领导，决定安全生产方面的重要奖惩。

3.2.2.2　分管安全负责人职责

（1）协助牧场场长领导牧场的安全生产工作，对分管的安全生产工作负直接领导责任。

（2）负责组织制定安全生产规章制度和安全生产操作规程。

（3）在管理生产的同时，必须负责管理安全生产工作，每月至少应研究一次安全生产、工业卫生工作，针对存在的问题，制定解决办法，在计划、布置、检查、总结、评比生产时，同时计划、布置、检查、总结、评比安全生产工作。

（4）负责组织制定安全生产工作年度计划和中期、长期规划的实施。

（5）审查牧场安全技术规程和安全技术措施项目，保证技术切实可行。

（6）组织并参加安全生产大检查，对查出的隐患要采取措施，及时消除或暂时控制，确保安全生产。

（7）负责事故的调查处理，并及时向上级报告。

（8）对于新建、改建、扩建、迁建和挖潜、革新、改造等工程项目，必须做到"三同时"（劳动保护设施与主体工程同时设计、同时施工、同时投产使用）。

（9）负责召开安全生产工作会议，分析安全生产动态，解决安全生产中存在的问题。

（10）审核和批准本单位安全生产教育和培训计划，检查计划的实施情况，并提供必要的资源。

3.2.2.3　部门负责人职责

（1）对主管部门的安全生产工作全面负责。

（2）负责组织参加牧场的安全生产检查，及时排除安全隐患。

（3）定期召开安全生产工作会议，研究解决安全生产中存在的问题。

（4）负责督促、检查安全技术措施及技术改造项目完成情况和技措经费的有效使用情况。

（5）发生事故后，按照"四不放过"的原则，组织对事故的分析、提出处理意见和改进措施，并督促实施。

（6）负责对本部门新职工进行岗位安全教育和培训。

（7）加强对安全生产工作的考核，向场长汇报安全生产工作，提出奖惩意见。

3.2.2.4 财务负责人职责

（1）认真执行国家关于牧场安全技术措施经费提取使用的有关规定，做到专款专用并监督执行，确实保证对安全生产的投入，保证安全技术措施和事故隐患整改项目费用到位。

（2）审查单位经营计划时，要同时审查安全技术措施计划，并检查执行情况。

（3）把安全管理纳入经济责任制，分析单位安全生产经济效益，支持开展安全生产宣传、教育培训和竞赛等活动，审核各类事故费用支出。

3.2.2.5 安全员职责

（1）安全员在主管领导的带领下，负责牧场的安全技术工作，协助场长贯彻上级有关安全生产的指示和规定，并检查、督促执行情况，在业务上受牧场安全生产管理部门指导，有权直接向主管安全生产领导汇报工作。

（2）参加制定、修订有关安全生产规章制度、安全操作规程和生产安全事故应急救援预案，并检查执行情况。

（3）负责编制安全技术措施计划，并检查执行情况。

（4）参与本牧场安全生产教育和培训，并如实记录；负责牧场职工的安全教育培训计划的实施，督促检查班组，岗位安全教育的执行情况。

（5）安排好安全日活动，经常组织反事故演习。

（6）参加牧场扩建、改建、工程的设计审查、竣工验收和设备改造、工艺变动方案的审查工作。

（7）检查落实各级动火措施，确保动火安全。

（8）每天深入现场检查，及时发现隐患，制止违章作业，对紧急情况和不听劝阻者，有权停止其工作，并立即报请主管领导处理。

（9）负责安全设施，防护器材，灭火器材的管理、检查工作。

（10）检查、监督职工正确使用个人劳动防护用品。

（11）督促落实重大危险源的安全管理措施。

（12）组织或参与本牧场的应急救援演练。

（13）制止和纠正违章指挥、强令冒险作业、违反操作规程的行为。

（14）督促落实牧场安全生产整改措施。

3.2.2.6 办公室职责

（1）协助牧场领导贯彻上级有关安全生产指示及时转发上级和有关部门的安全生产文件、资料。全面负责牧场后勤部门的安全工作。

（2）做好牧场安全会议记录，对安全生产主管部门的有关文件、材料及时组织汇审、打印、下发。

（3）组织检查落实干部安全生产值班制度。

（4）负责对牧场各部门的安全考核评比工作，指导综合管理部门认真开展各种安全活动、总结交流安全先进经验、开展安全技术研究，积极推广安全先进技术及现代安全管理方法。

（5）按照国家有关规定，负责制定牧场职工劳保用品的发放标准，负责各类劳动防护用品的采购、保管等计划，并督促检查有关部门按规定及时发放和合理使用。

3.3 全员参与

牧场应在不同的职能及层级上建立安全生产和职业卫生责任制，明确各级部门和从业人员的安全生产和职业卫生职责，并对职责的适宜性、履行情况进行定期评估和监督考核。各级人员应履行本岗位安全生产和职业卫生职责。

牧场应建立安全生产和职业卫生全员参与机制，为全员参与安全生产和职业卫生工作创造必要的条件，鼓励从业人员积极建言献策，营造自下而上、自上而下全员重视安全生产和职业卫生的良好氛围，不断改进和提升安全生产和职业卫生管理水平。

3.4 安全生产投入

3.4.1 术语和定义

安全生产经费是指牧场按照规定标准提取，在成本中列支，专门用于完善和改进牧场或项目安全生产条件的资金。

3.4.2 使用原则

安全生产经费管理坚持"财务计取、确保需要、规范使用"的原则。

在安全生产资金使用上应做到"三到位"，即责任到位、措施到位、资金到位。在具体实施项目上应做到"四定"，即定项目、定措施、定责任人、定期限。

建设工程项目的安全设施，必须与主体工程同时设计、同时施工、同时投入生产和使用，安全设施投资必须纳入建设项目概算。

使用部门要设立安全生产专项经费使用台账，安全生产专项经费必须用于改善安全生产条件，专款专用，其他项目不得挪用或挤占。

安全生产经费的管理必须做到审批手续完备、账目清楚、内容真实、核算准确、监督措施有力，确保资金的合理使用和安全。

3.4.3 工作标准

3.4.3.1 安全生产经费的使用

安全生产经费优先用于安全技术措施的实施及为满足和达到安全生产标准而进行的整改。

3.4.3.2 安全生产经费的使用范围

安全生产经费应当按照规定，在以下范围内使用：

（1）完善、改造和维护安全防护设施支出。防护、防滑设施的费用，防止物体、人员坠落设置的安全网、棚等费用，安全警示、警告标志、标牌及安全宣传栏等购买、制作、安装及维护的费用，其他安全防护设施的费用。

（2）配备必要的应急救援器材、设备和现场作业人员安全防护物品支出，各种消防设备及器材（救生衣、圈，急救药箱及器材费用）、安全帽、保险带、手套、雨鞋、口罩等现场作业人员安全防护用品费用。

（3）安全生产检查与评价支出，日常安全生产检查、评估费用，聘请专家参与安全检查和评价费用（建设项目预评价、设计专篇、验收评价生产费用不属于安全生产经费使用范围）。

（4）重大危险源、重大事故隐患的评估等支出（对重大危险源、重大事故隐患进行辨识、评估、监管费用，爆破物、放射性物品的储存、使用、防护费用，对有重大危险因素的设备设施、项目进行论证、咨询的费用）。

（5）安全技能培训及进行应急救援演练支出，特种作业人员的安全教育培训、复训费用，内部组织的安全技术、知识培训教育费用，组织应急预案演练费用。

（6）其他与安全生产直接相关的支出（召开安全生产专题会议等相关活动费用，举办安全生产为主题的知识竞赛、技能比赛活动费用，安全经验交流、现场观摩费用，购置、编印安全生产书籍、刊物、影像资料费用，各种安全生产活动的宣传费用，安全管理部门认定的其他安全生产费用）。

3.4.4 职责划分

财务部门安全职责：

（1）应建立安全生产经费台账，记录安全生产费用的费率、数额、支付计划、使用要求、调整方式等条款。安全工作结束，多余的安全生产费用纳入财务，由财务部负责人管理。

（2）负责审核、汇总并编制牧场安全投入计划，审核安全投入报告，监督安全检查投入落实情况，汇总并建立牧场安全经费投入台账，编制年度安全经费提取和投入情况报告。

（3）对安全生产经费进行统一管理，审核安全生产经费的提取、安全投入计划、使用等，根据年度安全生产计划，做好资金的投入落实工作，建立安全生产经费台账，确保安全投入迅速及时，专款专用。

4 制度化管理

4.1 法规标准识别

4.1.1 目的

确保牧场及时获取、识别、更新适用于牧场的安全生产法律法规、标准及其他要求，建立获取途径，以保证牧场的生产、经营、管理活动符合相关法律法规和其他要求，并持续保持更新，定期评审牧场的生产经营活动是否符合法律法规、标准及其他规范要求。

4.1.2 主管部门、识别部门及职责

（1）法律法规标准规范识别及获取的主管部门一般为安全生产主管部门，各职能部门为法律法规标准规范识别及获取的识别部门和执行部门。

（2）各职能部门应定期识别和获取适用于与牧场安全生产运行有关的法律、法规、标准、规范及其他要求，由安全生产主管部门归口汇总，经审批后在牧场统一发布实施。

（3）各部门、班组要组织对职工进行适用于牧场的安全生产法律法规、标准及其他要求的宣传和培训，提高职工的守法意识，规范安全生产行为，要有学习记录，并保留。

4.1.3 安全生产法律、法规、标准及其他要求的获取

4.1.3.1 获取的内容

（1）法律：全国人大颁布的安全生产法律，例如《中华人民共和国刑法》《中华人民共和国安全生产法》《中华人民共和国职业病防治法》《中华人民共和国劳动法》《中华人民共和国劳动合同法》《中华人民共和国突发事件应对法》等。

（2）法规：国务院和省级人大颁布的有关安全生产的法规。

（3）规章：国务院各部委（局）和省级人民政府颁布的文件。

（4）标准：国家、地方和行业颁布的安全标准。

（5）国际公约：我国已签署的关于劳动保护的公约。

（6）其他要求：各级政府有关安全生产方面的规范性文件，上级主管部门的要求，地方和相关行业有关的安全生产要求、非法规性文件和通知、技术标准规范等。

4.1.3.2 获取的渠道

（1）各级人民代表大会、政府颁布的法律、法规、条例、办法及其他获取渠道是全国人大常委会公报、国务院公报、安全生产监督管理部门及其他有关政府职能部门的要求。

（2）获取渠道是各部、委或标准化组织等的国家和行业标准规范。

（3）咨询相关机构等部门有效的文件。

（4）通过报刊、书店、互联网等渠道。

（5）参加行业及地区的相关会议。

4.1.3.3 获取方式

（1）通过上述渠道以走访、网络、电话、传真、信件、会议等方式获取有关安全生产法律、法规及其他要求，同时建立必要的联系。

（2）通过阅读和整理有关报刊收集有关安全生产法律、法规及其他要求，并及时传递到设备运营及维修班组。各班组对法律法规、标准及其他要求进行适用性判定，报牧场负责人审批后，立即实施。安全员每年整理一次企业适用安全生产法律法规、标准和其他要求清单，保证所使用的法律法规处于最新状态。

4.1.4 适用性评价、获取频次及宣贯

4.1.4.1 适用性的判别依据

（1）牧场安全生产的有关要求。

（2）所属行业的有关要求。

（3）上级主管部门有关要求。

（4）相关方有关要求。

4.1.4.2 法律法规的宣贯

定期组织对相关法律法规的宣贯，安全员负责监督检查。

4.1.5 合规性评价

每年对牧场安全生产管理执行相关法律法规、标准和其他要求的情况至少组织一次检查和合规性评价，将评价结果填写到《法律法规及其他要求合规性评价表》中。对评价中发现的不符合项目填写《合规性评价记录》，消除违规现象，并保存评价结果记录。

4.1.6 制度的发布及版式

（1）所有的制度均应有编号、版本号，有引用标准（如引用的法律、法规、规章、标准要有发文号或发布日期，而且是最新的）要有发布日期、实施日期。

（2）编制的安全生产规章制度、规程，要发放到相关部门、班组和工作岗位，且要有发放、签字记录和发放清单。

4.2 规章制度

表　牧场应建立的管理制度

序号	制度名称	序号	制度名称
1	安全生产目标管理制度	14	安全生产奖惩制度
2	安全生产经费管理制度	15	安全巡视检查制度
3	安全生产责任制	16	车辆设备安全管理制度
4	安全设施"三同时"制度	17	特种设备安全管理制度
5	安全教育培训管理制度	18	危险作业安全管理制度
6	职业健康安全管理制度	19	外来人员安全管理制度
7	牧场防疫安全管理制度	20	防护用品管理制度
8	安全标识管理制度	21	隐患排查与治理管理制度
9	安全用电管理制度	22	危险源管理制度
10	消防安全管理制度	23	应急管理制度
11	危险化学品安全管理制度	24	事故查处管理制度
12	安全档案管理制度	25	安全文化建设管理制度
13	安全生产例会制度		

4.3 安全操作规程

表 牧场应建立的设备、器械安全操作规程

序号	制度名称	序号	制度名称
1	TMR 搅拌车安全操作规程	6	清粪刮板安全操作规程
2	装载机安全操作规程	7	挤奶设备安全操作规程
3	叉车安全操作规程	8	青贮收割机安全操作规程
4	取料机安全操作规程	9	巴氏杀菌设备安全操作规程
5	固液分离机安全操作规程	10	特种设备（锅炉）安全操作规程

表 牧场应建立的岗位安全操作规程

序号	制度名称	序号	制度名称
1	挤奶工安全操作规程	10	奶车司机安全操作规程
2	CIP 工安全操作规程	11	兽医安全操作规程
3	赶牛工安全操作规程	12	电焊工安全操作规程
4	繁育师安全操作规程	13	配电工安全操作规程
5	助产师安全操作规程	14	机修工安全操作规程
6	饲养员安全操作规程	15	环境清洁员安全操作规程
7	质检化验员安全操作规程	16	牛蹄保健员安全操作规程
8	叉车、铲车司机安全操作规程	17	司炉工安全操作规程
9	TMR 搅拌车司机安全操作规程	18	配料工安全操作规程

4.4 文档管理

4.4.1 目的

加强牧场安全档案管理，使牧场对安全档案管理更加标准化、规范化、科学化。

4.4.2 安全档案的范围

安全档案需按照安全生产标准化为核心建立档案相应内容，主要包括目标职责、制度化管理、教育培训、职业健康、现场管理、安全风险管控及隐患排查治理、应急管理、事故管理、持续改进。

4.4.2.1 具体项目

（1）目标职责：年度目标、机构和职责、安全投入计划、使用台账、安全文化、安全信息化、安全环保责任书等。

（2）制度化管理：法律法规识别并转化、牧场安全管理制度、牧场安全三级管理制度、安全生产操作规程、"三同时"手续文件等。

（3）教育培训：年度培训计划、培训材料、培训见证性照片、培训考核等。

（4）职业健康：岗前、岗中、离岗体检记录等。

（5）现场管理：设备设施检修记录、危险作业记录文件、安全警示标志。

（6）安全风险管控及隐患排查治理：安全风险管理、重大危险源辨识管理、隐患排查治理、预测预警。

（7）应急管理：应急准备（人员、物资）、应急处置、应急评估、应急演练情况。

（8）事故管理：报告程序、调查与处理情况。

（9）持续改进：安全绩效评定。

4.4.2.2　特种设备应建立安全技术档案，并按照《中华人民共和国特种设备安全法》进行归档。

4.4.3　档案管理的职责

（1）牧场办公室负责所属单位档案室的检查和管理工作。

（2）安全员负责进行安全文件资料管理，并做好整理、分类、立卷、归档工作。

（3）安全员按照牧场档案的整理要求，负责定期整理各种档案资料，装订成册，统一编号，并移送档案室统一保管。

（4）安全员应对所有归档文件进行扫描，作为电子档保存。

（5）安全员要严格遵守档案保密制度，对安全档案的安全、完整负责。

（6）档案保管工作应做到"四不"：不散（不使档案分散），不乱（不使档案互相混乱），不丢（档案不丢失不泄密），不坏（不使档案遭到损坏）。同时，应做好防火、防潮、防晒、防虫、防损、防盗、防尘工作，以提高档案的安全性，对破损档案应及时修补。

4.4.4　安全档案的归档

（1）凡是牧场在各项安全工作活动中直接形成的、已经办理完毕的、具有查考保存价值的各种文字、图纸、表格、声像等不同形式和载体的文件材料，均应归档。

（2）各项安全检查、整改见证性材料，安全教育培训等均需纸质版、电子版文件存档。

5　教育培训

5.1　工作职责

5.1.1　人力资源部门职责

负责对牧场员工培训执行情况进行服务、监督、指导、考核。

5.1.2　安全管理员职责

（1）安全管理员负责本牧场员工安全培训具体工作的开展。

（2）贯彻执行牧场的员工安全生产教育和培训管理制度，协调制定本牧场员工安全培训计划并组织实施。

（3）安全管理员协助人力行政主管制定年度安全培训计划，并具体开展安全培训。

5.2　工作标准

5.2.1　培训计划制定

（1）每年12月安全管理员协助人力行政主管收集安全培训需求，安排制定下年度安全生产相关培训工作计划。

（2）内容应包括培训项目（应包括国家法律法规、岗位操作规程、安全管理制度、道路交通、危险作业、职业健康安全、安全主要管理人员等安全培训）、培训时间、培训形式、培训费用预算等。

（3）年度培训计划经牧场场长批准后，由牧场人力行政主管负责协助安全管理员组织各有关部门实施。

5.2.2　培训计划实施

5.2.2.1　新员工入职培训

（1）新员工入职培训时间应该在体检结果合格后，应对新入职员工进行三级教育培训，场级入职培训，培训时间不少于8小时。各部门主管负责新员工部门级、班组级安全培训，培训时间各不少于8小时。新员工上岗作业之前完成三级安全培训，培训结束后进行考核评估并填写《新员工三级安全教育卡》，考核材料和《新员工三级安全教育卡》存档记入职工个人档案。

（2）场级教育培训主要内容：①安全生产法律、法规的有关内容。②牧场安全生产责任制、安全生产规章制度和劳动纪律等。③牧场安全生产状况及安全生产基本知识。④牧场内存在的主要危险因素、防范措施及事故应急措施。⑤工伤事故界定范围、报告程序、有关事故案例等。⑥员工在安全生产工作中的权利和义务。⑦有关事故案例。⑧其他相关内容。

（3）部门级教育培训内容：①部门安全生产状况。②部门安全生产责任制和安全生产规章制度。③作业场所和工作岗位存在的危险因素、防范措施及事故应急措施。④所从事工种的安全职责、操作技能及强制性标准。⑤自救互救、急救方法、疏散和现场紧急情况的处理。⑥安全设备设施、个人防护用品的使用和维护。⑦预防事故和职业危害的措施以及应注意的安全事项有关事故案例等。⑧其他相关内容。

（4）班组级教育培训主要内容：①本岗位安全生产责任制和安全生产规章制度。②本岗位全生产操作规程、制度化作业程序。③本岗位作业场所和工作岗位存在的危险因素、防范措施、事故应急措施及自救互救知识教育。④本岗位间安全事项的衔接与配合及实际安全操作示范。⑤本岗位生产设备、安全装置的正确使用方法。⑥本岗位劳动防护用品（用具）的正确使用、保管。⑦本岗位有关事故案例等。⑧本岗位其他相关内容。

5.2.2.2　日常安全培训

（1）员工日常岗中安全培训包括全员的法律法规、规章制度教育、环境意识技能培训、职工自身维护意识、处理突发事故、事件培训、职业健康、安全基础知识等。

（2）依据培训计划开展培训后，需保留培训见证性材料，包括签到表、培训图片、培训课件、培训效果评估表及考试等进行存档保留。

（3）在日常工作中，根据生产、设备、气候变化或实际工作需要，灵活地开展多种形式的安全生产教育，如节日放假、设备检修等，必须事先进行安全教育。

（4）牧场场长、安全管理人员每年培训时长不得低于12学时，牧场每月至少组织一次部门内部全员安全培训教育，培训完成后员工进行考试验证，为保障全员参与安全培训教育，牧场每年至少开展两场以上的全员安全培训教育。

5.2.2.3 转岗、复岗人员的培训

（1）转岗人员安全培训：由所在部门内部根据岗位资格要求进行转岗人员，需要重新参加新岗位班组级安全培训，由所在部门主管负责进行培训，培训时间不少于8小时；跨部门转岗人员需要进行新部门及新岗位的部门级和班组级安全培训，由所在部门主管负责进行培训，培训时间不少于8小时；培训考核合格方可上岗，考核成绩材料及《培训记录表》由牧场办公室负责归档并保存到职工个人档案中。

（2）复岗人员安全培训：员工因停工、休假、离岗3个月以上，或工伤痊愈后需复工的，或因违纪违规作业造成事故或未遂事故的人员，须由部门主管进行参加复岗班组级安全培训教育，由部门主管进行培训，培训时间不少于8小时。

5.2.2.4 特种作业人员的培训考核

特种作业人员需按国家有关规定统一进行考核，经国家有关部门认定，取得证书后方可上岗。

5.2.2.5 "四新"教育

当牧场实施新工艺、新技术或者使用新设备、新材料时，"四新"使用实施之前由相应新工艺、新技术、新设备、新材料厂家专业人员对牧场相关岗位操作人员开展有针对性的安全培训，培训完毕考核评价后方可进行"四新"上岗操作，并将考核材料及培训记录归档并保存到职工个人档案中。

5.2.2.6 单位主要负责人和安全生产管理人员安全培训教育

（1）主要负责人和安全生产管理人员，必须具备与牧场所从事的生产经营活动相应的安全生产知识和管理能力，必须取得安全资格证书后，且每年再培训时间不得少于12学时。

（2）牧场内部按照要求定期对安全生产管理人员进行岗中安全培训教育。

6 职业健康安全管理

6.1 概念定义

6.1.1 职业病

职业病是指企业、事业单位和个体经济组织等用人单位的劳动者在职业活动中，因接触粉尘、放射性物质和其他有毒、有害因素而引起的疾病。

6.1.2 职业危害

职业危害是指对从事职业活动的劳动者可能导致职业病的各种危害。职业危害因素包括职业活动中存在的各种有害的化学、物理、生物因素以及在作业过程中产生的其他职业有害因素。

6.1.3 职业禁忌

职业禁忌是指劳动者从事特定职业或者接触特定职业病危害因素时，比一般职业人群更易于遭受职业病危害和罹患职业病或者可能导致原有自身疾病病情加重，或者在从事作业过程中诱发可能导致对他人生命健康构成危险的疾病的个人特殊生理或者病理状态。

6.2 职业健康防治责任

6.2.1 职业病防治管理机构设置

6.2.1.1 牧场职业病防治管理机构设置

主要负责人由牧场法人负责担任，委员由各部门负责人、安全环保管理部门负责人担任，主要工作开展由相关岗位专兼职人员负责完成。

6.2.1.2 牧场职业病防治主体工作职责

（1）负责建立、健全牧场职业健康防治制度和操作规程，并贯彻执行。

（2）负责建立、健全本牧场的职业健康档案和职业健康监护档案。

（3）负责管辖区域有害因素的预防性监测和日常监测工作。

（4）负责管辖区域接触职业危害岗位员工的岗前、岗中、离岗职业病体检，并履行体检结果的告知职责。

（5）负责新建、改建、扩建工程项目、技术改造、技术引进的职业健康"三同时"的报备工作。

（6）负责及时传递和报告职业病患者及职业病事故信息，配合事故调查与员工职业病诊断、治疗、工伤保险赔偿等工作的全权处理。

（7）负责职业危害因素控制、职业防护设施、个体职业防护等工作。

6.2.1.3 专（兼）职工作人员职业病防治责任

（1）承担牧场职业健康防治的所有工作责任。

（2）完成职业病防治管理措施的制定、修订、健全。

（3）负责管辖范围内职业健康管理工作，及时发现问题，提出治理措施办法。

（4）负责制定完善职业危害防治规章制度、职业健康操作规程及职业危害事故应急救援预案，并监督执行。

（5）负责年度职业健康培训计划的制定，日常职业危害防治工作的宣传教育培训和职业危害事故的调查、统计、上报及建档等工作。

（6）对管辖区域内防护用品的使用佩戴情况进行检查，并对职业健康设备、设施的维护保养进行抽查。

（7）管辖范围内职业危害因素备案、检测工作的开展。

（8）管辖范围内职业病体检工作的开展及结果告知、个人档案的建立。

6.2.1.4 从业人员职业病防治责任

（1）参加职业危害卫生教育培训活动、学习职业健康防治技术知识，遵守各项职业健康防治规章制度和操作规程，发现隐患及时报告。

（2）正确使用、保管各种防护用品、器具和防护设施。

（3）不违章作业，并制止他人违章作业行为，对违章指挥有权拒绝执行，并及时向单位领导、主管部门报告。

（4）当工作场所有发生职业健康事故的危险时，应立即停止作业，并向单位领导、主管部门报告。

（5）发生职业健康事故时，应立即停止作业，并向单位领导、主管部门报告。

6.3 职业危害因素监测、检测和评价管理

6.3.1 日常监测管理

负责职业健康防治工作的部门负责牧场的职业危害因素日常监测工作的安排；配备便携式温度、噪声、有毒有害气体检测仪，要求形成日常检测数据记录并存档，确保日常监测系统处于正常工作状态。

6.3.2 检测和评价管理

（1）委托具有相应资质的职业卫生技术服务机构每3年至少进行1次对作业场所危害因素浓度或强度进行检测和评价，并出具报告。

（2）职业危害因素检测过程中一定要充分利用职业健康技术服务机构人员和技术优势全面梳理牧场涉及的职业危害区域，并全面检测。

（3）将职业危害区域的检测值在牧场公告栏或涉及职业危害区域醒目位置进行公布。

（4）作业场所职业危害因素浓度或强度超过职业接触限值，需从硬件、软件双向考虑，及时采取有效的治理措施，对治理措施难度较大的要制定规划限期解决，同时，优先采用有利于防治职业病危害和保护劳动者健康的新技术、新工艺、新材料、新设备，逐步替代产生职业病危害的技术、工艺、材料、设备。

6.3.3 职业危害因素

表　牧场生产过程中可能出现的职业危害

序号	危害因素	职业危害	管控措施
1	布鲁氏菌病	传染病	佩戴防护用品、正确操作
2	牛群	撞伤、踢伤	注意观察牛群、避让、固定
3	酸碱化学品	酸碱液容易发生迸溅，灼伤皮肤	佩戴橡胶手套、防护面罩、防护围裙、护目镜

（续表）

序号	危害因素	职业危害	管控措施
4	地面积水	摔伤	增加警示标识，保持脚踏梯、地面干净
5	触电	电击	严禁湿手触碰电源、电柜
6	清洗管路	泄漏点检查：蒸汽、管路检查，易烫伤、灼伤	佩戴护目镜、橡胶手套，增加警示标识
7	车辆	撞伤	避让车辆，绕行
8	机械伤害	挤伤、压伤、刮伤	张贴警示标识，佩戴防护用品，学习安全生产基础知识
9	消毒液	灼伤	佩戴防护用品
10	分娩	传染病	佩戴防护用品，正确操作
11	犊牛运输	撞伤	避让牛群、车辆
12	高空物品坠落	砸伤	佩戴防护用品
13	化学品泄漏	划伤、灼伤	佩戴防护用品
14	腐蚀性药品	腐蚀	使用试剂时需要佩戴防腐手套，对于操作强腐蚀性的药品（如浓酸、浓碱类）需要戴围裙；对于可能因反应剧烈产生挥发性气体或喷溅物的需佩戴防爆护目镜，并在通风橱内操作，将通风橱玻璃幕拉下，挡住操作者面部；操作过程要注意避免药品洒溅到皮肤及身体和衣物上，如果有洒溅需要立即清理
15	挥发性药品	呼吸道伤害	使用试剂时需要佩戴口罩和手套；室内气温高时，先将试剂瓶放在自来水流中冷却 10 分钟后再开启，开启时瓶口不准对着自己或他人；在通风橱内操作，将通风橱玻璃幕拉下，挡住操作者面部
16	毒害药品	慢性疾病	使用试剂时需要佩戴手套和口罩，避免药品与肌肤接触，避免食入或吸入，操作后要认真洗手（使用具有挥发性的毒害品时，可增加佩戴防毒面具，并在通风橱内操作）
17	易燃药品	火灾	注意实验室的温度不要超过药品的燃点；操作区附近不得有明火或干热设备在运转；操作区附近有灭火设施；加热时，必须在水浴锅上缓慢地进行，禁用火焰或电炉直接加热
18	易爆药品	爆炸	注意实验室的温度不要过高，避免阳光直射；操作附近不得有明火；操作时轻拿轻放，切勿剧烈震动；需要佩戴防护（防爆）面罩
19	货物倒塌	砸伤	佩戴防护用品，正确操作
20	高空	摔伤	佩戴防护用品，系安全带
21	超载	砸伤	佩戴防护用品，严禁超载
22	超速	撞伤	严禁超速
23	焊接	触电、电弧伤害	佩戴防护用品，学习安全生产基础知识
24	高温	高温、灼伤、烫伤	佩戴防护用品
25	爆炸	炸伤、烫伤	佩戴防护用品，按规定检维修、正确操作
26	火灾	高温、灼伤、窒息	佩戴防护用品，按规定检维修、正确操作、制定应急方案、配备应急装备
27	粉尘	爆炸、职业病	作业时保证通风，定期清洁，佩戴劳保用品

6.4　职业危害告知

6.4.1　岗前告知

新入职的从业人员在签订劳动合同前，应将工作过程中可能产生的职业危害及其后果、职业病防护措施和待遇等如实告知从业人员，从业人员同意签订劳动合同后，应将职业危害告知书以附件形式与合同一并签订、存档。同时，按照《中华人民共和国职业病防治法》要求，对从事接触职业病危害作业的劳动者给予适当岗位津贴。

从业人员因工作岗位或者工作内容变更，需重新告知现从事的工作岗位、工作内容所生产的职业危害，并重新签订本岗位的职业危害告知书。

职业危害告知书，需根据接触的职业危害因素种类的实际情况及 GBZ 188—2014《职业健康监护技术规范》标准进行确定，并按照法规及实际危害因素进行告知。

6.4.2　作业场所告知

负责职业危害防治工作的部门，需在管辖范围内醒目位置设置公告栏并负责维护，公布职业病危害事故应急救援措施和工作场所职业病危害因素检测、监测结果等。在职业危害严重作业岗位的醒目位置，设置警示标识和中文警示说明对作业人员进行告知。警示说明应当载明产生职业病危害的种类、后果、预防以及应急救治措施等内容。

6.5　职业危害检查和隐患整改

6.5.1　检查方式

职业危害检查方式包括日常检查、定期检查、专项检查。

（1）日常检查：各岗位员工负责在交接班进行职业危害防护设施的检查，发现问题和隐患，及时报告负责职业危害防治工作的部门，并做好记录。

（2）定期检查：定期组织对职业危害管理制度、现场环境、警示标识、防护设施、个体防护用品佩戴、配备情况进行抽查，并做好检查记录。

（3）专项检查：①根据季节特点开展专项检查，例如夏季防暑、冬季防护设施防冻等检查。②根据职业危害因素分别进行专业检查。③对产生职业危害的工艺、技术、设备每季度进行一次普查，并向本部门负责人汇报。

6.5.2　隐患整改

负责职业危害治理的工作部门对发现的问题和隐患在期限内进行整改，职业健康管控部门负责对整改结果进行跟踪验证。

6.6　职业危害申报

6.6.1　年度申报

牧场根据管辖范围内年度职业危害检测报告，进行年度申报，申报时提交《职业病危害项目申报表》，按要求向所在地的职业健康管理部门进行申请，并在申报完成后获取回执表备案。

6.6.2 变更申报

下列事项发生重大变化时，需重新申请变更：

（1）新建、改建、扩建、技术改造和技术引进的，在建设项目竣工验收之日起 30 日内。

（2）因技术、工艺或者材料发生变化导致原申报的职业危害因素及其相关内容发生重大变化的，在技术、工艺或者材料发生变化之日起 15 日内进行申报。

（3）牧场名称、生产场所、法人代表或者主要负责人发生变化的，在发生变化之日起 15 日内进行申报。

（4）经过职业病危害因素检测、评价，发现原申报内容发生变化的，自收到有关检测、评价结果之日起 15 日内进行申报。

6.7 职业健康宣传教育培训

6.7.1 培训内容

负责职业危害防治工作的部门，每年至少组织 1 次职业健康防护知识的培训教育，培训计划需纳入在部门的年度培训计划中，内容具体包括（不仅限于）：

（1）职业健康法律、法规与标准。

（2）职业健康基本知识。

（3）职业健康管理制度和操作规程。

（4）正确使用、维护职业病防护设备和个人使用的职业病防护用品。

（5）发生事故时的应急救援措施。

6.7.2 培训对象

接触职业危害的岗位人员。

6.7.3 记录

所有的职业健康培训应有记录，内容包括时间、日期、培训内容、培训老师、培训地点，受培训人签名、培训效果评价、受训人员掌握情况验证记录等。

6.8 职业危害防护设施台账建立及维护保养

6.8.1 台账建立与管理具体要求

（1）职业健康管控人员负责监督本牧场的职业危害防护设备设施台账的建立，确保档案的完整性。

（2）接触职业危害岗位工作人员，在开展工作前需对职业危害防护设施进行检查，了解运行状况，监测掌握其性能和使用效果，确保其处于正常状态。

（3）职业危害防护设施发生故障时，暂时处理不了的，应报告本牧场负责人采取临时防护措施，无临时防护措施时设备不得投入使用；任何人不得擅自拆除或者停止使用职业危害防护设施。

6.8.2 记录

计划和故障检修记录由维修人员填写后交负责职业危害防治工作的部门保留存档。

6.9 劳动防护用品管理

6.9.1 采购、发放、培训和使用

（1）根据劳动者工作场所中存在的危险、有害因素种类及危害程度、劳动环境条件、劳动防护用品有效使用时间制定适合牧场的劳动防护用品配备标准。

（2）根据防护用品配备标准制定采购计划，购买符合标准的合格产品。

（3）查验并保存劳动防护用品检验报告等质量证明文件的原件或复印件。

（4）按照牧场制定的配备标准发放劳动防护用品，并做好登记。

（5）对劳动者进行劳动防护用品的使用、维护等专业知识的培训。

（6）监督劳动者在使用劳动防护用品前，对劳动防护用品进行检查，确保外观完好、部件齐全、功能正常。

6.9.2 维护、更换及报废

（1）劳动防护用品应当按照要求妥善保存，及时更换，保证其在有效期内。

（2）公用的劳动防护用品应当由生产区域或班组统一保管，定期维护。

（3）应当对应急劳动防护用品进行经常性的维护、检修，定期检测劳动防护用品的性能和效果，保证其完好有效。

（4）按照劳动防护用品的发放周期定期发放，对工作过程中损坏的，用人单位应及时更换。

（5）安全帽、呼吸器、绝缘手套等安全性能要求高、易损耗的劳动防护用品，应当按照有效防护功能最低指标和有效使用期，到期强制报废。

6.10 职业健康监护档案管理

6.10.1 从业人员职业健康监护档案

建立接触职业危害岗位人员的职业健康监护档案和用人单位职业健康监护档案，并妥善保管。职业监护档案主要包括以下内容：

（1）从业人员职业史、既往史和职业病危害接触史。

（2）相应工作场所职业病危害因素监测结果。

（3）职业健康检查结果及处理情况。

（4）职业病诊疗等相关资料。

6.10.2 用人单位职业健康监护管理档案内容

（1）职业健康监护委托书。

（2）职业健康检查结果报告和评价报告。

（3）职业病报告卡。

（4）对职业病患者、患有职业禁忌症者和已出现职业相关健康损害从业人员的处理和安置记录。

6.11 职业病体检管理

6.11.1 体检工种范围

依据职业病危害因素检测、评价结论及员工签订的职业危害告知书，确定产生职业病危害的岗位。并依据国家结合当地监督管理部门的要求进行安排员工体检。

6.11.2 体检周期及内容

从事接触职业危害的作业场所员工，安排进行上岗前、在岗期间和离岗时的职业病体检。在岗期间体检周期规定依据 GBZ 188—2014《职业健康监护技术规范》要求执行，并根据牧场实际情况制定《接触职业危害岗位在岗体检明细表》按照体检明细要求组织开展上岗、离岗、牧场内部转岗体检。

6.11.2.1 上岗前体检

（1）牧场从事接触职业危害场所的新上岗、离岗的员工，必须到牧场指定职业病体检医疗机构进行上岗前职业病体检。

（2）新上岗员工岗前体检必须由单位专人陪同到体检中心进行体检，以确保体检的真实性，同时单位陪同体检人员需在员工体检表上签字确认。

（3）不得安排未经上岗体检的员工上岗，不得安排有职业禁忌的员工从事所禁忌的岗位。

（4）对于转岗员工，在接触职业危害发生变化的情况下，未进行现从事岗位岗前体检，不得办理转岗手续。

6.11.2.2 在岗期间体检

（1）每年要求定期对在岗员工进行体检。

（2）对体检后需要复查和医学观察的员工，按照体检机构的要求和时间，安排其复查。

（3）发现职业禁忌或与所从事职业相关健康损害的员工，需及时调离原工作岗位，并妥善安置。

（4）生产过程中发生急性职业病危害事故可能导致员工急性健康损害时，应及时组织进行应急健康检查。

（5）体检后及时取回报告，妥善保管不得丢失。

6.11.2.3 离岗体检

（1）对于离岗体检，牧场要在 30 日内对准备脱离从事本岗位的员工进行职业病离岗体检，如果离职人员在前 90d 内已参加过牧场组织的定期职业病体检，即无须再做离岗体检，前期定期体检结果可视同本次离岗体检结果。

（2）对未进行离职体检的员工不得解除或者终止与其订立的劳动合同。

（3）对于内部转岗员工，未参加现从事岗位离岗体检的，不得办理转岗手续。

（4）如员工自行不按牧场要求参加体检，必须以书面形式进行说明，并由本人签字按手印确认，擅自离职不办理离职手续的，要以电话或邮寄快递的方式通知本人进行离职职业病体检，并留相关证据材料，牧场妥善保存期限永久，本人自愿放弃体检造成的后果，由员工本人承担。

（5）要求当年体检报告与上一年度的体检报告间隔期必须在有效期内，超出时间范围将依据相关条款进行考核。

6.11.3　体检要求

组织职业病体检之前，应与医疗卫生机构协商体检注意事项，咨询体检项目中有无禁忌要求，并向参加体检的人员提前说明，避免出现由于人员进食或饮水体检后导致体检报告不准确。体检必须由牧场相关人员陪同，采血时现场拍照并存档。

6.11.4　体检结论

（1）职业病体检结束后，及时出具职业病体检结论报告，并将检查结果以张贴看板或是本人签字确认的方式告知被体检员工。

（2）按照体检报告中给出的处理意见，及时进行落实整改。患有目标职业病需要复查的员工，必须按照要求进行定期复查，对在职业健康检查中发现有与从事的职业相关的健康损害的员工，应当调离原工作岗位，并妥善安置。

（3）用人单位将每年的职业病体检报告及产生的职业健康监护档案，包括员工的职业史、职业病危害接触史、职业健康检查结果和职业病诊疗等有关个人健康资料及时移交档案室进行管理，避免出现因管理人员变动或管理不当导致个别材料丢失，并按永久期限妥善保存。

（4）卫生行政部门领取职业病体检报告时，详细咨询体检结论，自行完成体检报告的公布、告知、整改落实及报告的保存工作，并承担对应责任。

6.11.5　体检费用支出

上岗前、在岗期间和离岗时的职业健康检查，应将检查结果书面告知劳动者。职业健康检查费用由用人单位承担。

6.11.6　特殊处理

（1）因员工本人身体特殊原因不能正常参加职业病体检的，或休假期间的员工，应及时对其进行文字说明，阐述未检原因，并由单位第一负责人或总经办负责人签字确认进行备案。

（2）员工休假后恢复岗位工作1周内完成职业病体检，逾期未体检视为该单位职业病体检工作落实不到位。

（3）孕产期妇女无须参加职业病体检，哺乳期满1年后需参加当年的职业病体检。

6.12　职业病诊断、鉴定与体检结果的上报

6.12.1　职业病诊断、鉴定

（1）对于体检结果（报告）显示的疑似、确诊职业病的，用人单位要按照体检机构的意见或建议，安排员工进行复查，确诊为职业病的，需体检机构出具《职业病诊断证明书》等相关材料。

（2）被确诊职业病病例，安排住院治疗，其治疗、康复费用，按照工伤保险规定执行。

（3）对指标显示异常，但无临床表现症状，复查后指标仍显示异常，可进行住院治疗，费用由个人负担。

（4）对于经康复出院的员工，用人单位要对其进行调岗处理，避免职业危害的再次存在。

6.12.2 职业病体检结果的上报

（1）牧场按照 GBZ 188—2014《职业健康监护技术规范》要求及当地属地管理要求对接触职业危害岗位进行梳理，组织安排体检，并于当年 12 月 31 日前完成年度体检并汇总整理由安全管理部门备案。

（2）确诊为职业病病例的要求接到当地体检机构出具相应的《职业病诊断证明书》3 个工作日内，将报告扫描由安全管理部门备案。

6.13 职业危害事故处置与报告

应急救援和事故处理执行《应急管理制度》。

6.14 外来施工单位及承包商人员职业危害管理

6.14.1 外来施工单位职业危害管理

外来施工单位的负责人是施工从业人员职业安全健康培训教育的第一负责人，负责从业人员安全健康培训教育的工作。

外来施工单位必须参照牧场的职业安全健康培训教育规定，组织从业人员的职业安全健康培训教育、特种作业人员的安全培训等规章制度，从事特种作业的从业人员必须持证上岗。

使用外来施工单位之前，由负责职业危害防治工作的部门审查外来施工单位的资质、营业执照、安全生产许可证，以及各项安全职业危害防治管理制度和人员培训教育等情况，牧场负责人与外来施工单位及人员签订《职业健康安全环保协议》并负责监督管理。

因外来施工人员在生产区引起职业危害事故而造成的损失及其后果，全部责任应由施工单位负责。

未按上述规定对从业人员进行职业健康安全教育培训的可给予罚款停止作业，情节严重的可清退出牧场。

6.14.2 承包商职业危害管理

针对承包方员工在生产区域从事有职业危害的岗位作业，且要求在与合作方签订合同中明确业务承包商承担此部分员工职业健康管理相关责任。结合合同法相关规定做如下要求：

（1）签订外包合同时必须明确业务承包商需承担的职业健康管理责任。

（2）根据职业病危害现状评价结果，认真梳理接触职业危害因素的岗位，要求业务承包商对此部分员工进行岗前、岗中、离岗职业病体检。

（3）根据梳理出存在职业危害的岗位，要求业务外包方按照防护用品配备标准要求配备个人防护用品。

7 现场安全管理

7.1 生物安全管理

7.1.1 牧场出入管理

（1）需将本章节条款分别在牧场外与生产区之间、生产区与生活区之间的出入口进行公示，进场人员必须按要求执行。

（2）无人员及车辆进出入时，保证出入口门或升降杆关闭。所有进入牧场的外来人员及车辆经过场长同意后登记入场。

（3）人员进入牧场生活区需对手及鞋底消毒：①准备1个喷壶，盛放75%酒精供进入牧场人员进行手部消毒。②在消毒通道口设置消毒槽，对鞋底进行消毒，消毒槽参考标准为1.5m（长）×1m（宽）×0.05m（深），消毒槽内铺垫海绵，海绵上层放置PVC网格地垫，同时注入消毒液（冬季注意防冻）。③鞋底消毒可选择的消毒药品包括安灭杀、澳洁康、百胜30、碘酸混合液，消毒药品浓度按使用说明配比。

（4）车辆进入牧场生活区消毒：①车辆进入生活区时需经过消毒池。②车辆消毒池消毒可选择的消毒药品包括安灭杀、澳洁康、百胜、碘酸混合液，消毒药品浓度按使用说明配比。③消毒池液面高度在8～15cm，并填写《牧场消毒池药物更换记录表》。④视车辆出入频次，每24小时至少更换1次消毒液。

（5）车辆进入生产区消毒：①车辆进入生产区时需经过消毒池。②车辆消毒池消毒可选择的消毒药品包括火碱1:50（操作火碱或石灰人员必须配置护目镜）、安灭杀、澳洁康、百胜、碘酸混合液，消毒药品浓度按使用说明配比。③消毒池液面高度：物料门10～20cm，正门8～15cm，并填写《牧场消毒池药物更换记录表》。④视车辆出入频次，每24小时至少更换1次消毒液。⑤车辆经过消毒池后需对车轮、车体喷雾消毒。⑥如车辆来自疫区或其他牧场，需对所载物品喷雾消毒，司机不得随意下车。⑦车辆喷雾消毒可选择的消毒药品包括安灭杀、澳洁康、百胜、碘酸混合液，消毒药品浓度按使用说明配比。

（6）冬季运输车辆（包括拉运淘汰牛、饲草料等车辆）消毒：①运输车辆前往牧场前应全方位进行消毒，整个消毒过程录制视频并备案。②运输淘汰牛的车辆应到达牧场前需保证车辆清理干净，如有残留牛粪、绳索、踏板等清理不干净，牧场则拒绝入场。③运输车辆到达牧场后需登记车辆来源信息，即车辆从何地出发，途经哪些地方到达牧场，禁止从疫区来的车辆入场。④运输淘汰牛的车辆原则上禁止进入牧场，如需进入牧场应报场长并进行全方位消毒。⑤冬季对车身、底盘消毒建议选择适用于低温环境并对口蹄疫有效的碘酸制剂的消毒剂，百胜30或澳碘［1:（200～300）］喷洒消毒。⑥寒冷季节，牧场大门口选用干粉消毒剂对所过车辆轮胎进行消毒，具体做法：在牧场门口铺撒长为车胎周长1.5倍，宽为车身宽1.5倍，厚为1.5cm的石灰带。⑦运输车司机及随行人员到达牧场后按照防疫管理制度要求对手部、鞋底等进行消毒。

（7）牧场工作人员需按标准着装要求更衣进入生产区，非牧场工作人员（包括来访者和外包人员）需经过消毒、更换工作服或防护服、穿鞋套或换鞋后方可进场。

（8）一次更衣室与二次更衣室衣物、鞋等不得混穿，防护用具不得穿出或带出生产区。

（9）人员进入牧场生产区管理：①人员进入牧场生产区时需通过消毒槽对鞋底消毒。②在消毒通道口设置消毒槽，对鞋底进行消毒，消毒槽参考标准为 1.5m（长）× 1m（宽）× 0.05m（深），消毒槽内铺垫海绵，海绵上层放置 PVC 网格地垫，同时注入消毒液。③鞋底消毒可选择的消毒药品包括安灭杀、澳洁康、百胜、碘酸混合液，消毒药品浓度按使用说明配比。④人员进入生产区不得携带烟火、禁止饮酒上岗。

（10）牧场外乳类、肉类等餐厅原料经场长同意后进入餐厅。牧场外动物及附属物、原料、畜牧设备、工作服、鞋等经场长同意后经过清洗消毒处理进入生产区。

（11）任何与其他牧场动物接触过的人员都应该在进入牧场前向牧场场长申报，经场长同意后进入牧场。

（12）人员标准着装进入生产区，二次更衣室出口设置标准防护照片，尺寸为 62cm × 168cm。

7.1.2　生产区防疫防护管理

（1）人员防护管理：①进入生产区后按标准，正确佩戴防护用具（工作服、帽子、口罩、橡胶手套或线手套、雨鞋或其他工作鞋）。②一次更衣室与二次更衣室衣物、鞋不得混穿，防护用具不得带出生产区。③牧场生产区，自行设置洗手池，并配有洗手液、新洁尔灭等洗涤消毒液用品，方便员工及时清理污垢及接触污染后应急处理。④挤奶工挤奶、接产人员实施接产时，需佩戴防水围裙、长臂手套、橡胶手套、口罩、面罩，原则上需要佩戴护目镜，牧场可以选择其他合适的眼部保护措施。⑤兽医人员进行免疫、手术、修蹄、产后护理时，需佩戴护目镜，进行疫苗免疫时需要穿着防护服。进行特殊疫苗免疫时，每次进场都需要更换新工衣及防护服，免疫时穿着的工作服需要单独洗涤并消毒。⑥繁育配种及产后护理直肠检查操作时，需佩戴长臂手套。⑦清洗牛舍水槽的人员在清洗牛只饮水槽时，应做好人员防护，正确佩戴防护用具，例如，帽子、一次性口罩、防水围裙、橡胶手套、长臂手套等；同时，为避免混有牛只唾液、粪便的水溅入眼睛，原则上清洗水槽人员需要佩戴护目镜，或选择其他合适的眼部保护措施。⑧严格禁止员工使用牛舍水槽的水洗手。⑨二次更衣室出口设置人员进入牧场标准防护照片。

（2）工作服消毒：①工作服洗涤时需加入消毒液进行清洗。②工作服消毒可选择的消毒药品包括新洁尔灭、84 消毒液，消毒药品浓度按使用说明配比。

（3）确保员工每班次上班时防护用具干净干燥。

（4）进入牧场前将钥匙（除二次更衣柜钥匙）、首饰等非生产区必需的私人物品存放在一次更衣柜内，避免带进场内造成污染。

（5）禁止所有人员在生产区内吸烟、吃东西，员工饮水方案由牧场自行出具。

（6）在一次更衣室外，设置透明可封闭容器，保证存放足量 75% 酒精棉球，保证容器及棉球无污迹，供员工消毒手机、眼镜等可能被污染物品。安放全自动酒精喷雾式手臂消毒机，供员工消毒手臂。

（7）牧场依据实际需求量，按时申购防护用具，所购买的防护用具需符合国家或行业标准，保证采购的个人防护用具质量合格，有生产许可证、合格证与安全认证标志。

7.1.3 牛舍内消毒管理

7.1.3.1 牛舍环境消毒

（1）原则上要求每天对牛舍内（包括但不限于产房、病牛舍）进行至少1次喷雾消毒。

（2）牧场应常备2种以上消毒药品，每周交替使用，并填写"牧场消毒记录"。

（3）牛舍喷雾消毒可选择的消毒药品包括安灭杀、澳洁康、百胜、碘酸混合液，消毒药品浓度按使用说明配比。

（4）牧场可以根据发病情况、空气湿度、通风等情况制定牧场消毒程序。

7.1.3.2 胎衣、死胎收集桶消毒

（1）在小挤奶厅、产房、围产牛舍、初产牛舍等处设置胎衣、死胎收集桶。

（2）收集的胎衣或死胎需撒上生石灰粉，并做无害化处理；同时需对拾取胎衣或者死胎的位置进行消毒。

（3）收集桶每天至少清理消毒1次。

（4）收集桶消毒可选择的消毒药品包括新洁尔灭、安灭杀、拜净、百胜、澳碘溶液，消毒药品浓度按使用说明配比。

7.1.4 病牛、死牛无害化处理管理

7.1.4.1 术语和定义

无害化处理，是指用物理、化学等方法处理病死及病害动物和相关动物产品，消灭其所携带的病原体，消除危害的过程。

7.1.4.2 收集转运要求

（1）包装：①包装材料应符合密闭、防水、防渗、防破损、耐腐蚀等要求。②包装材料的容积、尺寸和数量应与需处理病死及病害动物和相关动物产品的体积、数量相匹配。③包装后应进行密封。④使用后，一次性包装材料应作销毁处理，可循环使用的包装材料应进行清洗消毒。

（2）暂存：①采用冷冻或冷藏方式进行暂存，防止无害化处理前病死及病害动物和相关动物产品腐败。②暂存场所应能防水、防渗、防鼠、防盗，易于清洗和消毒。③暂存场所应设置明显警示标识。④应定期对暂存场所及周边环境进行清洗消毒。

（3）转运：①可选择符合 GB 19217—2003《医疗废物转运车技术要求（试行）》条件的车辆或专用封闭厢式运载车辆。车厢四壁及底部应使用耐腐蚀材料，并采取防渗措施。②专用转运车辆应加施明显标识，并加装车载定位系统，记录转运时间和路径等信息。③车辆驶离暂存、养殖等场所前，应对车轮及车厢外部进行消毒。④转运车辆应尽量避免进入人口密集区。⑤若转运途中发生渗漏，应重新包装、消毒后运输。⑥卸载后，应对转运车辆及相关工具等进行彻底清洗、消毒。

7.1.4.3 其他要求

（1）人员防护：①病死及病害动物和相关动物产品的收集、暂存、转运、无害化处理操作的工作人员应经过专门培训，掌握相应的动物防疫知识。②工作人员在操作过程中应穿戴防护服、口罩、护目镜、胶鞋及手套等防护用具。③工作人员应使用专用的收集工具、包装用品、转运工具、清洗工具及消毒器材等。④工作完毕后，应对一次性防护用品作销毁处理，对循环使用的防护用品消毒处理。

（2）记录要求：①病死及病害动物和相关动物产品的收集、暂存、转运、无害化处理等环节应建有台账和记录。有条件的地方应保存转运车辆行车信息和相关环节视频记录。②台账和记录。

暂存环节，接收台账和记录应包括病死及病害动物和相关动物产品来源场（户）、种类、数量、动物标识号、死亡原因、消毒方法、收集时间、经办人员签字等。

运出台账和记录应包括运输人员、联系方式、转运时间、车牌号、病死及病害动物和相关动物产品种类、数量、动物标识号、消毒方法、转运目的地以及经办人员签字等。

处理环节，接收台账和记录应包括病死及病害动物和相关动物产品来源、种类、数量、动物标识号、转运人员、联系方式、车牌号、接收时间及经手人员签字等。

处理台账和记录应包括处理时间、处理方式、处理数量及操作人员签字等。

涉及病死及病害动物和相关动物产品无害化处理的台账和记录至少要保存 2 年。

7.1.5 牛只伤人管理

7.1.5.1 牛只伤人风险分析

（1）人的不安全行为：①在工作中未集中思想，自我保护意识薄弱。②未按要求佩戴防护用品，个人防护不到位。③未有效识别不同月龄段的牛只对人的伤害风险。④新员工对牛只意外伤害缺少防范意识。⑤员工未对作业过程中牛只异常情况进行预判。⑥驱赶牛只位置不正确。

（2）动物的不安全状态：牛只可能出现的异常情况（脾气暴躁、情绪激动、其他外来刺激等）。

（3）管理缺陷：①现场缺少人与牛只间安全护栏。②作业现场缺少安全警示标识。③缺乏针对性安全知识培训，人员防范意识淡薄。④未对新员工以及外包员工开展牛只意外伤害的培训。

7.1.5.2 管理措施

（1）开展预防牛只伤害专题培训。

（2）现场设置牛伤人安全警示标示。

（3）靠近牛只需从牛只视线内部给予信号后接触。

（4）所有进入牛舍操作人员正确佩戴防护用品，风险相对较大的工作，禁止单人作业。

（5）发动全员积极揭发顶人恶癖牛，对恶癖牛进行专项管理。

7.1.6 医疗危险物管理

（1）牧场应建立、健全医疗废物管理责任制，牧场场长是第一责任人，切实履行职责，防止因医疗废物导致传染病传播和环境污染事故。

（2）牧场应采取有效的职业卫生防护措施，为从事医疗废物收集、运送、贮存、处置等工作的人员和管理人员，配备必要的防护用品，定期进行健康检查。

（3）牧场应采取有效措施，防止医疗废物流失、泄漏、扩散。

（4）禁止转让、买卖医疗废物。

（5）牧场医疗垃圾暂存间必须全封闭处理，暂存间内必须悬挂标识标牌及警示标语和防渗漏、防鼠、防蚊蝇、防蟑螂、防盗以及预防儿童接触等安全措施。

（6）牧场应及时收集本牧场产生的医疗废物，并按照类别分置于防渗漏、防锐器穿透密闭的容器内，暂存在医疗垃圾暂存间内，不得露天存放。设置明显的警示标识，医疗废物的暂时贮存设施、设备应当定期消毒和清洁。

7.2 安全标识管理

7.2.1 术语和定义

（1）安全标识：是指用以表达特定安全信息的标识，由图形符号、安全色、几何形状（边框）或文字构成。

（2）环境信息标识（H）：是指提供的信息涉及较大区域的图形标识。

（3）局部信息标识（J）：是指提供的信息只涉及某地点，甚至某个设备或部件的图形标识。

（4）禁止标识：是指禁止人们不安全行为的图形标识。

安全色：红色。

（5）警告标识：是指提醒人们对周围环境引起注意，以避免可能发生危险的图形标识。

安全色：黄色。

（6）指令标识：是指强制人们必须做出某种动作或采用防范措施的图形标识。

安全色：蓝色。

（7）提示标识：是指向人们提供某种信息（如标明安全设施或场所等）的图形标识。

安全色：绿色。

7.2.2 职责要求

7.2.2.1 安全管理部门

负责监督、评价牧场的安全标识牌使用状况。

7.2.2.2 相关部门

（1）负责牧场安全标识牌的日常管理。

（2）负责牧场现场安全标识的布置，并对安全标识的使用情况进行控制和管理。

（3）负责对牧场现场安全标识的维护与管理。

7.2.3 工作内容和要求

7.2.3.1 安全标识类型

安全标识分为禁止标识、警告标识、指令标识和提示标识四大类型。

7.2.3.2 安全标识的颜色

安全标识所用的颜色应符合 GB 2893—2008《安全色》规定的颜色。

7.2.3.3 安全标识牌的尺寸

表 安全标识牌的尺寸 （单位：m）

型号	观察距离	圆形标志的外径	三角形标志的外边长	正方形标志的边长
1	0 < L ≤ 2.5	0.070	0.088	0.063
2	2.5 < L ≤ 4.0	0.110	0.1420	0.100
3	4.0 < L ≤ 6.3	0.175	0.220	0.160
4	6.3 < L ≤ 10.0	0.280	0.350	0.250
5	10.0 < L ≤ 16.0	0.450	0.560	0.400
6	16.0 < L ≤ 25.0	0.700	0.880	0.630
7	25.0 < L ≤ 40.0	1.110	1.400	1.000

注：允许有 3% 的误差。

7.2.3.4 安全标识其他要求

（1）安全标识牌要有衬边。除警告标识边框用黄色勾边外，其余全部用白色将边框勾一窄边，即为安全标识的衬边，衬边宽度为标识边长或直径的 0.025 倍。

（2）标识牌的材质：安全标识牌应采用坚固耐用的材料制作，一般不宜使用遇水变形、变质或易燃的材料，有触电危险的作业场所应使用绝缘材料。

（3）标识牌表面质量：除上述要求外，标识牌应图形清楚，无毛刺、孔洞和影响使用的任何疵病。

7.2.3.5 安全标识牌的使用要求

（1）对容易或可能发生危险的作业场所（地点）必须设置安全标识牌。

（2）安全标识牌悬挂应牢固可靠，并且位置固定。

（3）安全标识牌按用途和作用悬挂。

（4）危险作业区域、场所或部位挂红色标识牌。

（5）可能发生危险的作业场所或部位挂黄色标识牌。

（6）指示人们在本作业场所或部位必须遵守的挂蓝色标识牌。

（7）提示或通行的区域挂绿色标识牌。

（8）生产区域内，所设标识牌的观察距离不能覆盖施工作业面时，应适当设几个标识牌。

（9）标识牌应设在与安全有关的醒目地方，并使员工看见后，有足够的时间来注意它所表示的内容；环境信息标识宜设在有关场所的入口处和醒目处；局部信息标识应设在所涉及的相应危险地点或设备（部件）附近的醒目处。

（10）标识牌不应设在门、窗、架等可移动的物体上，以免这些物体位置移动后看不见安全标识。标识牌前不得放置妨碍认读的障碍物。

（11）标识牌的平面与视线夹角应接近 90°，观察者位于最大观察距离时，最小夹角不低于 75°。

（12）多个标识牌在一起设置时，应按警告、禁止、指令、提示类型的顺序，先左后右，先上后下地排列。

（13）标识牌的固定方式分附着式、悬挂式和柱式3种。悬挂式和附着式的固定应稳固不倾斜，柱式的标识牌和支架应牢固地连接在一起。

7.2.3.6 安全标识的管理

（1）安全标识牌的使用和质量必须符合国家规定要求。

（2）使用部门应对所管理区域的安全标识牌要定期进行检查，如发现有破损、变形、褪色等不符合要求时应及时修整或请购更换。

（3）各作业场所或部位的安全标识牌，由所在部门负责管理和维护，定期进行检查和清擦。

（4）使用部门不得随意移动或损坏安全标识牌。

（5）安全管理部门指导各生产区域做好现场安全标识的布置，并对安全标识的使用情况进行检查。

7.3 安全用电管理

7.3.1 电工作业人员从业条件

（1）电工作业人员必须具备必要的电气知识，熟悉安全操作规程和运行维修操作规程，并经考试取得操作证后方可参加电工工作。

（2）热爱本职工作，作风严谨，工作不敷衍塞责，不草率从事，对不安全因素时刻保持警惕。

（3）熟悉牧场的电气设备和线路的运行方式，掌握电气维修方法和日常检查要点。

（4）熟悉电气安全操作规程，掌握触电急救及电气灭火知识。

（5）电工作业人员应加强自我保护意识，自觉遵守供电安全、维修规程，发现违反安全用电并足以危及人身安全、设备安全及重大隐患时应立即制止。

7.3.2 电工作业人员岗位职责

（1）严格遵守安全用电相关法规、条例及制度，不得违章操作。

（2）认真做好本岗位的工作，对所管辖区域内电气设备、线路、电器件的安全运行负责。

（3）发现非电气作业人员维修电气设备或乱接乱拉电气线路，应及时制止，有权停止其工作。

（4）对假冒伪劣或经检测不符合国家、行业标准的电器产品，有权拒绝安装，对已安装的及时更换。

（5）牧场电工作业人员严禁带电作业。如特殊工作环境必须带电作业，需上报相关领导联系有作业资质的企业或对应的供电部门进行实施。实施时现场应设专人监护并严格按照带电作业相关规定执行。

（6）所持的《特种作业操作证》，必须按规定的年限由本人或安全办公室统一到发证机构进行复审，未经复审或复审不合格的，不允许从事相关特种作业。

（7）一旦发生触电或电气火灾事故，必须快速、正确地切断电源并实施救护和灭火，事后配合事故调查组的工作。

（8）要求牧场制定培训计划，由专业电气人员对员工进行针对性用电安全培训。

7.3.3 用电管理基本要求

下述内容针对低压用电部分。

（1）加强电缆线路的巡视检查，按规定的周期进行检测，禁止在电缆沟附近挖土、打桩。

（2）在电气设备及线路的安装、运行、维修和保护装置的配备等各个环节，都必须严格遵守安全用电管理制度和工艺要求。

（3）根据供电局的有关文件规定，在安装电器设备中必须使用三相五线制取代三相四线制，工作零线与保护接地线分开使用。在同一个供电系统中坚决不允许采用一部分工作接零，而另一部分保护接地。

（4）必须采用两级以上漏电开关，保护第一级漏电电流 <100 mA，动作时间 <0.1 s。第二级漏电电流 <30 mA，动作时间 <0.1 s。

（5）保护接地线的线路上不准装有刀闸、熔断器。所有的电器设备外壳和人身所接触到的金属结构上都必须采取保护接地，可以做重复接地。

（6）配电和用电设备必须采取接地或接零措施，并经常对其进行检查，保证连接牢固可靠。同一供电系统中只能采取接地或接零措施。保护接地线应使用多芯铜线，禁止使用独芯铝线。

（7）保护接地线不得有接头，与设备及端子连接必须牢固可靠，接触良好。

（8）遇大风、大雪及雷雨天气来临前，应立即进行配电线路的巡视检查工作，发现问题及时处理。

（9）凡露天使用的电气设备，应有良好的防雨性能或有妥善的防雨措施。

（10）凡被雨淋、水淹的电气设备应进行干燥处理，经摇表测量绝缘合格后，方可再行使用。

（11）落地式配电箱的设置地点平整，防止碰撞、物体打击、水淹及土埋，配电箱周围1m内不得堆放杂物。

（12）各种电动工具使用前，均应进行严格检查，其电源线件不应有破损、老化等现象，其自身附带的开关必须安装牢固，动作灵敏可靠。Ⅰ、Ⅱ类手持电动工具，使用时必须加装漏电保护，保证"一机一闸一漏保"，否则，使用者必须戴绝缘手套、绝缘鞋。禁止使用金属丝绑扎开关或有带电体明露，插头、插座符合相应的国家标准。

（13）需要移动的用电设备（如电焊机、切割机、空压机等），必须先切断电源再移动，移动中要防止导线被拉断、拉脱。凡移动式设备及手持电动工具，必须装设漏电保护装置。

（14）在潮湿、液体中、腐蚀性等环境恶劣的用电设备，其控制线路必须安装漏电保护装置。

（15）对触电危险的场所或容易产生误判断、误操作的地方以及存在不安全因素的现场设置安全标示。安全标示应坚固耐用，并安装在光线充分且明显之处。

（16）工人经常接触和使用的配电箱、配电板、闸刀开关、按钮开关、限位开关插座、插头以及导线等，必须保持完好，不得有破损。配电箱内不允许放置任何物件。

（17）凡检查不合格的电气设备均不得安装使用，使用中的电气设备应保持正常工作状态，绝对禁止带故障运行。

（18）维修设备时必须首先通知操作人员，停机后切断电源，在电源箱上挂"禁止合闸"标示牌，在设备上挂"设备维修，禁止使用"标示牌，完成上述工作后方可进行维修工作。维修完毕应及时通知操作人员。

（19）箱变、配电室应设置足够的消防设施，并定期检测、更换。室内外保持清洁，无杂物、无积尘，不准堆放油桶或易燃、易爆物品。

（20）插座的额定电流、电压应与实际电路相符合，不得盲目增加负荷，插座应安装在清洁、干燥、无易燃、易爆物品的场所。

（21）所有用电设备必须安装漏电保护器。

（22）任何个人不得在无电工执照的情况下进行电工作业，任何人不得安排电工进行违章作业。

7.3.4　特殊环境安全用电

（1）对沼气锅炉房、脱硫间、气柜、发酵池、污水厂、中转池等易燃、易爆环境，所有的电气设施均采用防爆型，且电气线路必须穿管密封敷设。

（2）对易产生静电的环境，必须采用合适的消除静电的方法，如接地、增湿、中和等方法。

7.3.5　安全防护用品管理

（1）电气工作人员安全防护用品有工作手套、绝缘鞋、长袖工作服和电工所使用的工具等。绝缘鞋、绝缘手套等专用绝缘工具的定期检测应符合 DL/T 976—2017《带电作业工具、装置和设备预防性试验规程》。

（2）安全防护用品设专人（由牧场自行安排）保管并负责监督检查，保证其随时处于备用状态，防护用品应存放在清洁、干燥、阴凉的专用柜中。

（3）电气工作人员要进行专业安全防护教育及安全防护用品使用训练。

7.3.6　触电急救

（1）脱离电源：如果触电者尚未脱离电源，救护者不得直接接触其身体。应断开电源开关，或采用短路法使开关跳闸、用绝缘杆挑开导线等使其迅速脱离电源。

（2）急救：触电者呼吸停止，心脏不跳动，如果没有其他致命的外伤，只能认为是假死，必须立即进行抢救。请医生和送医院过程中，应持续抢救，不准间断，抢救以人工呼吸法和心脏复苏为主。

7.4　消防安全管理

7.4.1　术语和定义

7.4.1.1　火灾隐患

可能导致火灾发生或火灾危害增大的各类潜在不安全因素。

7.4.1.2 重大火灾隐患

违反消防法律法规，可能导致火灾发生或火灾危害增大，并由此可能造成特大火灾事故后果和严重社会影响的各类潜在不安全因素。

7.4.1.3 消防设施

是指火灾自动报警系统、自动灭火系统、消火栓系统、防烟排烟系统以及应急广播和应急照明、安全疏散设施等。

7.4.1.4 防火分区

是指采用防火分隔措施划分出的，能在一定时间内防止火灾向同一建筑的其余部分蔓延的局部区域（空间单元）。

7.4.2 消防安全管理组织机构

（1）牧场要结合实际特点建立健全消防安全管理组织机构。

（2）牧场要结合实际特点建立健全各项消防安全制度和保障消防安全的操作规程，明确各级岗位消防安全职责。

（3）牧场的主要负责人是牧场消防安全责任人，按照消防法律法规的要求，履行对牧场的消防安全管理职责。

（4）牧场可根据实际需要确定1名负责人，具体负责组织牧场的消防安全管理工作。

（5）牧场可以根据需要设立消防工作归口管理职能部门及专（兼）职消防人员，明确其消防安全职责，具体负责开展牧场的消防安全管理工作。

（6）牧场应根据牧场需要建立专职消防队或志愿消防队。

7.4.3 消防安全职责

7.4.3.1 消防安全责任人职责

牧场第一负责人是消防安全责任人，实施和组织落实下列消防安全管理工作：

（1）贯彻执行消防法规，保障单位消防安全符合规定，掌握牧场的消防安全情况，将消防工作与牧场的生产、经营、管理等活动统筹安排，批准实施年度消防工作计划。

（2）为牧场的消防安全提供必要的经费和组织保障。

（3）确定逐级消防安全职责，批准实施消防安全制度和保障消防安全的操作规程。

（4）组织防火检查，监督落实火灾隐患整改，及时处理涉及消防安全的重大问题。

（5）根据消防法规的规定建立专职消防队、志愿消防队。

（6）组织制定符合牧场实际的灭火和应急疏散预案，并组织实施演练。

7.4.3.2 消防安全管理人员职责

牧场可根据实际需要确定牧场的消防安全管理人，并在单位消防安全责任人领导下具体组织和实施以下消防安全管理工作：

（1）拟订年度消防安全工作计划，组织实施日常消防安全管理工作。

（2）组织制定消防安全制度和保障消防安全的操作规程并检查督促其落实。

（3）拟订消防安全工作的资金投入和组织保障方案。

（4）组织实施防火检查和火灾隐患整改工作。

（5）组织实施对牧场消防设施、灭火器材和消防安全标志维护保养，确保其完好、有效，同时确保疏散通道和安全出口畅通。

（6）组织管理专职消防队和志愿消防队。

（7）对从业人员（包括外包人员）进行消防知识、技能的宣传教育和培训，组织灭火和应急疏散预案的实施及演练。

（8）定期向消防安全责任人报告消防安全管理情况，及时报告消防安全的重大问题。

（9）牧场消防安全责任人委托的其他消防安全管理工作。

7.4.3.3　消防安全归口管理职能部门职责

牧场可根据实际需要设立消防工作归口管理职能部门，实施和组织落实下列消防安全管理工作：

（1）拟订消防安全工作的资金投入计划和组织保障方案。

（2）组织实施防火检查、巡查，督促整改火灾隐患，组织实施对消防设施、灭火器材和消防安全标志的维护保养，确保其完好有效。

（3）管理专职消防队和志愿消防队，按照演练计划，督促其定期实施演练，不断提高扑救初起火灾的能力。

（4）确定消防安全重点部位并督促相关单位、部门、处室加强重点监管。

（5）对从业人员进行消防知识、技能的宣传教育和培训，组织灭火和应急疏散预案的实施和演练，确保每一位从业人员都具备"扑救初起火灾、引导人员疏散和整改常见火灾隐患"的能力。

（6）定期向消防安全责任人（消防安全管理人）汇报消防安全管理工作。

（7）其他消防安全归口管理工作。

7.4.4　消防安全管理要求

7.4.4.1　消防安全教育和培训

牧场每一位从业人员必须进行消防安全教育和培训，教育和培训内容主要包括消防安全基本常识、灭火器及消火栓的操作使用、防火知识、急救措施等。教育和培训应遵循以下几点：

（1）牧场从业人员每年至少进行一次消防安全教育和培训，记录培训情况，并存档。

（2）牧场每半年组织一次火灾应急疏散预案演习并备案。

（3）牧场的消防安全责任人、消防安全管理人等应接受消防安全专门培训。

（4）牧场电焊、气焊、锅炉工等在具有火灾危险区域作业的人员和自动消防系统的操作人员，必须按照法律法规的要求经过消防安全培训，持证上岗。

（5）牧场通过多种形式开展经常性的消防安全宣传教育，全面普及消防安全知识。

7.4.4.2　防火巡查、检查

防火巡查、检查是监督各项消防安全规章制度的贯彻执行，制定整改措施，消除或控制火灾隐患及有害、危险因素的重要消防安全管理手段，主要有：

（1）明确防火巡查的责任部门、责任人和职责。确定检查频次、参加人员、检查部位、内容

和方法、火灾隐患认定、处置和报告程序、整改责任、看护措施、情况记录等要点。

（2）防火巡查和检查时应填写巡查和检查记录，巡查和检查人员应在记录上签名。巡查、检查中应及时纠正违法违章行为，消除火灾隐患，无法整改的应立即报告上级部门解决，并记录存档。

（3）牧场应当每日进行防火巡查，消防安全重点的部门应当加强夜间防火巡查，遇节假日应该加大检查频次。

（4）防火巡查应包括下列内容：①用火、用电有无违章情况。②安全出口、疏散通道是否畅通。③安全疏散指示标志、应急照明是否完好；④常闭式防火门是否处于关闭状态，防火卷帘下是否堆放物品影响使用；⑤消防设施、器材是否在位、完整；⑥消防安全重点部位的人员在岗情况，其他消防安全情况；⑦其他防火巡查内容。

（5）防火检查的内容应当包括：①火灾隐患的整改情况以及防范措施的落实情况。②安全疏散通道、疏散指示标志、应急照明和安全出口情况。③消防车通道、消防水源情况；④灭火器材配置及有效情况；⑤用火、用电有无违章情况；⑥重点工种人员以及其他从业人员消防知识的掌握情况；⑦消防安全重点部位的管理情况；⑧易燃易爆危险物品和场所防火防爆措施的落实情况以及其他重要物资的防火安全情况；⑨消防值班情况和设施运行、记录情况；⑩防火巡查情况；⑪消防安全标志的设置及完好、有效情况；⑫其他需要检查的内容。

7.4.4.3 火灾隐患整改

火灾隐患的排查由牧场消防工作归口管理部门负责。对不能当场整改的火灾隐患，由消防工作归口管理部门拟定整改方案和整改时限，报消防安全责任人批准，由消防安全责任人保证整改的人力和经费资源。

存在火灾隐患的相关部门是火灾隐患整改的责任部门，火灾隐患整改期间应加强巡查看护，必要时采取安全防护措施，确保整改期间的消防安全。整改完毕后，火灾隐患整改部门应向消防工作归口管理部门写出整改情况报告。

下列情况均应确定为火灾隐患：

（1）经火灾危险评价后的部位，监控和预防措施不到位，有可能导致火灾等紧急情况或火势蔓延的。

（2）防火巡查、防火检查中发现的违反或不符合消防法律法规的问题。

（3）公安消防机构下发的消防法律文书中指出的违反或不符合消防法律法规的行为及问题。

（4）牧场组织自查过程中发现的消防安全隐患。

（5）其他火灾隐患。下列可以当场整改的火灾隐患，由检查部门直接通知相关部门进行整改：①违章使用、存放易燃易爆物品的。②违章使用甲、乙类可燃液体、气体做燃料的明火取暖炉具的。③违反规定吸烟，乱扔烟头、火柴的；④违章动用明火、进行电（气）焊的；⑤不按照设备设施的安全操作规程进行操作，存在违章操作的；⑥安全出口、疏散通道上锁、遮挡、占用，影响紧急疏散的；⑦消火栓、灭火器材被遮挡或挪作他用的；⑧常闭式防火门关闭不严的；⑨消防设施管理、值班人员和防火巡查人员脱岗的；⑩违章关闭消防设施、切断消防电源的；⑪防火卷帘下堆放物品，影响卷帘正常运行的；⑫存在乱接乱拉电线等不规范用电行为，可能引发火灾的；⑬其他可以立即改正的行为或者状态。

7.4.5　消防安全设施管理

7.4.5.1　消防安全疏散设施

牧场安全疏散设施要严格按国家法律法规和标准的要求进行配置，牧场消防工作归口管理部门负责牧场的安全疏散设施的管理，消防安全设施管理应落实以下内容：

（1）严禁占用安全疏散通道，疏散通道内严禁摆放货架等物品。

（2）严禁在安全出口或疏散通道上安装栅栏门等影响疏散的障碍物。

（3）严禁在生产、经营等期间将安全出口上锁或遮挡，或者将疏散指示标志遮挡、覆盖。

（4）牧场在经营和生产期间，疏散通道、疏散楼梯、安全出口不得堵塞、占用、锁闭。

（5）设置防火卷帘的下方和防火门前方的地面上应喷涂黄色警示标志，用于疏散通道上的防火卷帘下方距帘板 0.5m 处地面上，距防火门前方 0.5m 处的地面上，距离用于划分防火分区 0.1m 处的地面上均应用黄色油漆喷涂警示区域，在警示区域内禁止摆放柜台和存放商品及杂物。

（6）牧场应在封闭空间内的玻璃门、玻璃窗处、设有靠密码或手纹开启的玻璃门处装设应急专用安全锤（不得使用带有锋利尖刃的刀斧类击碎类装置；应配置专用安全锤）。

（7）牧场的疏散门不得上锁，并采用机械式快速开启装置。

7.4.5.2　消防应急物质配备的要求

牧场除现场常备消防器材外，应配备灭火器 10 个、消防水带 5 盘、斧子 3 把、镐 3 把、撬棍 2 把、钢筋剪 2 把、铁锹 3 把、水桶 5 个，放置在经警室门口、生产区入口或活区入口，作为应急物资使用，妥善保管，确保完好。

7.4.5.3　灭火器使用

（1）灭火器的选用、设置、配置应符合《建筑灭火器配置设计规范》的选用要求，配电室采用二氧化碳灭火器，油库采用泡沫灭火器，其他区域采用干粉灭火器。

（2）在同一灭火器配置场所，当选用同一类型灭火器时，宜选用操作方法相同的灭火器，当选用 2 种或 2 种以上类型灭火器时，应采用灭火剂相容的灭火器。一个灭火器配置场所内的灭火器不应少于 2 具。每个设置点的灭火器不宜多于 5 具。

（3）灭火器应设置在明显和便于取用的地点，且不得影响安全疏散。

（4）灭火器应设置稳固，其铭牌必须朝外，灭火器手柄摆放角度与箱、墙成 45°。

（5）灭火器不宜设置在潮湿或强腐蚀性的地点。如必须设置时，应有相应的保护措施。手提式灭火器宜设置在挂钩、托架上或灭火器箱内，其顶部离地面高度应小于 1.5m，底部离地面高度不宜小于 0.08m。

（6）设置在室外的灭火器，应有保护措施。

（7）牧场应定期对灭火器进行检验，确保压力、铅封、胶管等保持有效完好。

（8）灭火器年检依据国家、地方相关标准执行。

7.4.5.4 室外消防栓、水泵接合器使用管理

（1）开启井盖、消防栓阀门的工具配置齐全，如钩扳、钥匙、水带等，放置在消防栓井内，不得因没有工具而影响正常使用。

（2）栓口与消防栓箱内边缘的距离不应影响消防水带的连接。其出水方向宜向下或与消火栓的墙面成90°。

（3）同一建筑物内应采用统一规格的消火栓、水枪和水带。每条水带的长度不应大于25m。

（4）室内消防给水管道的阀门应保持常开，并应有明显的启闭标志或信号。

（5）消防栓的快速接头密封胶垫完好，消防水带与快速接头、水枪连接应用管卡固定牢固，不得用铁丝固定。

（6）消防水带与快速接头、水枪连接处不得有腐蚀现象，不得从消防栓接水作它用，消防水压不得低于工作压力。

（7）室外消防栓、阀门、消防水泵接合器等消防设施应定期进行检查和维护，每月1次，确保完好，做好记录。

（8）室外消火栓、阀门、消防水泵接合器等不得被埋压、圈占、损坏。

（9）牧场应定期对室外消防栓、阀门、消防水泵接合器进行检查，确保使用有效完好。

（10）金属类、油类起火严禁使用消防水灭火。

7.4.5.5 消防沙使用

（1）消防沙箱、桶、扬沙铲应配置齐全，消防沙桶、扬沙铲不得少于2个。

（2）消防沙箱不得上锁。

（3）消防沙应保持干燥，在放置现场注意做好防水、防潮。

（4）定期对消防沙箱进行检查，确保沙量充足。

7.4.5.6 消防标识设置

（1）牧场主要出入口醒目位置应设置总平面布局标识，标明单位的消防水源（天然水源、室外消火栓及可利用的市政消防栓）、水泵接合器、消防车通道、消防安全重点部位、安全出口和疏散路线、主要消防设施位置等内容。总平面布局标识设置在室内的，不应小于0.5m²，设置在室外的不应小于1m²。

（2）消防安全重点部位应在醒目位置设置"消防安全重点部位"标识，并应设置消防安全职责制度、操作规程标识。

（3）易燃可燃、易爆物质仓库入口处应设置"严禁使用明火""严禁吸烟"标识，墙上应设置消防安全制度、操作规程标识；仓库内要划线标明储存区域、墙距、垛距、梁距等。

（4）易燃易爆场所入口处应设置醒目的警示性标识和安全管理规程标识，标明安全管理制度、操作规程、注意事项及危险事故应急处置程序等内容；储存易燃易爆物品的仓库应在醒目位置设置标识，标明储存物品的类别、品名、最大储量、灭火方法及注意事项。

（5）输送易燃易爆气体、液体的管道，应在醒目位置设置标识，标明输送物质的类别、流向等内容。

（6）操作失误易引发火灾危险事故、影响灭火救援效能的关键设施部位，应在醒目位置设置警示标识，标明操作方法及注意事项。

（7）办公场所、生产区域的安全出口和疏散门正上方应设置灯光"安全出口"标志。

（8）疏散走道应当设置灯光疏散指示标志，设置位置应在疏散走道及转角处距地面高度1m以下的墙面上，且间距不应大于20m；对于袋形走道，不应大于10m；在走道转角区，不应大于1m。

（9）安全出口门上应设置"严禁锁闭"标识；常闭式防火门上应设置"防火门请随手关闭"标识；普通电梯应在电梯门及附近设置"火灾时严禁使用电梯逃生"标识。

（10）灭火器宜放置在灭火器箱内，灭火器放置点、灭火器的箱盖上方应设置标识，标明名称、种类、存量、操作使用方法、维护保养责任人及维修、检验时间。

（11）室内消火栓箱上应设置标识，标明名称、操作使用方法、维护保养责任人及维修时间，并明确提示不得圈占、遮挡或者挪作他用。

（12）消防水泵房门上应设置"消防重点部位闲人免进"标识，墙上应设置消防安全职责制度、操作规程标识，消防水泵、水泵控制柜上应标明类别、编号、维护保养责任人、维护保养时间等。

（13）消防水箱间的门上应设置"消防重点部位闲人免进"标识，消防水箱箱体上应标注容量、维护责任人、注意事项；消防水池醒目位置应设置标识，标明取水口、容积。

（14）配电室和发电机室的门上应设置"消防重点部位闲人免进"标识，墙上应设置消防安全职责制度、操作规程标识。

（15）室外地下消火栓、水泵结合器附近的墙面上应设置标识，标明名称、使用方法、维护保养责任人、维护保养时间。

（16）消防车道附近应设置消防车道标识，标明"消防车道"字样及宽度，并提示严禁占用。

（17）消防安全宣传标识内容应根据消防安全管理工作定期更新。

（18）牧场应加强对消防标识的维护、管理，如有破损、缺失的，应及时更换。

（19）消防设施器材标识需要标明维护责任人、检查维护时间的，维护责任人变更及每次检查维护后，应及时注明。

（20）消防标志设置举例：①2个或更多的正方形消防安全标志一起设置时，各标志之间至少应留有标志尺寸0.2倍的间隙。②2个相反方向的正方形标志并列设置时，为避免混淆，在2个标志之间至少应留有1个标志的间隙。

7.4.5.7 防火分区

牧场内不同建筑参照 GB 50222—2017《建筑内部装修设计防火规范》设置防火分区措施，在建筑物发生火灾时，有效控制火势，减少火灾损失，同时，为人员安全疏散、消防扑救提供有利条件。

7.4.6 专职（或志愿）消防队的组织管理

牧场应根据有关要求组建专职（或志愿）消防队，专职消防队主要由消防安保人员组成，义务消防队由各部门、处室管理人员组成，统一由消防工作归口管理部门负责以下管理：

（1）牧场消防工作归口管理部门对专职消防队员每半年进行一次培训，对志愿消防队员每年进行一次培训，主要包括以下培训内容：①防火、灭火常识，消防器材的性能及使用范围。②消防设施、器材的操作及使用方法。③火灾扑救、组织人员疏散及逃生方法。④火灾现场的保护知识和要求。⑤其他需要培训的内容。

（2）消防工作归口管理部门每半年组织专职和志愿消防队员进行一次灭火疏散演练，可与火灾疏散应急预案演练同时进行。

（3）专职和志愿消防队员要服从消防工作归口管理部门的统一调度、指挥，根据分工各司其职、各负其责。

（4）根据人员变化情况对专职和志愿消防队员及时进行调整、补充。

7.4.7 灭火和应急疏散预案演练

牧场灭火和应急疏散预案的编制和演练由牧场消防工作归口管理部门具体负责开展如下工作：

7.4.7.1 预案的制定和修订

（1）牧场消防工作归口管理部门负责制定和修订牧场和本部门的灭火和应急疏散预案。

（2）灭火和应急疏散预案由牧场消防安全管理负责人签发。

（3）牧场预案原则上每年修订 1 次。

7.4.7.2 预案的主要内容

（1）组织机构：由指挥机构和灭火行动组、通信联络组、疏散引导组组成。

（2）岗位职责：各组按人员组成确定与预案相关的所有人员的岗位职责。

（3）预案对象：假定火灾等紧急情况。

（4）处置程序：包括报警、疏散、扑救等。

7.4.7.3 预案的演练

（1）牧场预案每年进行 2 次演练。

（2）演练应由组织者提前 7 天通知相关部门和人员。

（3）预案涉及的各级、各类人员，必须对预案熟记并按照演练的统一要求，在规定的时间内，到达指定位置。

（4）演练地点必须相对安全，并防止意外发生。演练前演练地点要设置明显标志。

7.4.7.4 牧场演练记录和档案由消防工作归口管理部门负责整理并备案

7.5 危险化学品安全管理

7.5.1 术语和定义

危险化学品是指具有毒害、腐蚀、爆炸、燃烧、助燃等性质，对人体、设施、环境具有危害的剧毒化学品和其他化学品。危险化学品具有以下特征：

（1）具有爆炸性、易燃性、毒害性、腐蚀性、放射性等。

（2）在生产、运输、使用、储存和回收过程中易造成人员伤亡和财产损毁。

（3）需要特别防护。

7.5.2 危险化学品的采购管理

7.5.2.1 采购

危险化学品的供应商应当具备危险化学品生产或销售资质，其提供的产品符合国家有关技术标准和规范，严禁无生产或销售资质的单位采购危险化学品，并要求其提供危险化学品安全技术说明书（MSDS）。

7.5.2.2 运输和装卸

（1）危险货物托运人应当委托具有道路危险货物运输资质的企业承运。严禁非经营性道路危险货物运输单位从事道路危险货物运输经营的。

（2）非经营性道路危险货物运输单位从事道路危险货物运输经营的。专用车辆应当按照国家标准 GB 13392—2005《道路运输危险货物车辆标志》的要求悬挂标志。

（3）运输剧毒化学品、爆炸品的单位，应当配备专用停车区域，并设立明显的警示标牌。

（4）专用车辆应当配备符合有关国家标准以及与所载运的危险货物相适应的应急处理器材和安全防护设备。

（5）道路危险货物运输途中，驾驶人员不得随意停车。

（6）危险货物的装卸作业应当遵守安全作业标准、规程和制度，并在装卸管理人员的现场指挥或者监督下进行。

（7）驾驶人员、装卸管理人员和押运人员上岗时应当随身携带从业资格证。

（8）危险化学品的运输和装卸应符合《道路危险货物运输管理规定》，并参照 JT/T 617—2018《危险货物道路运输规则》执行。

7.5.3 危险化学品的存放管理

（1）危险化学品库房严禁烟火，严格遵循化学品性质进行分类存储，化学性质相抵触或灭火方法不同的危险品不得同存一处。危险化学品库房应放置危险化学品 MSDS（化学品安全技术说明书），并根据其种类、性质、数量等设置相应的通风、控温、控湿、泄压、防火、防爆、防晒、防静电等消防安全设施，并定时定期进行安全检查和记录，发现隐患及时整改。

（2）危险化学品库房应有醒目的职业健康安全警示标志，危化品库管人员必须经过国家专业机构的培训，并取得特种作业操作合格证后方可上岗作业。

（3）牧场修建危险化学品库房时，须考虑消防因素，必要时报消防部门审查，经审核确认后施工建设。

（4）危险化学品应根据其理化特性分库、分区、分类贮存，不得与其他物质混合储存；互相接触容易引起燃烧、爆炸的物品及灭火方法不同的物品，应隔离储存。

（5）贮存危险化学品的建筑物、区域内严禁吸烟和使用明火，禁止一切火种和带火、冒火和外部打火的机动车辆入内；配备相应的消防器材和防护器具，并定期维护。

（6）库房要求通风、干燥、无积水，屋顶不漏水，防潮物品应加托盘垫放，放置整齐；堆垛不宜过高、过密并留出一定的通道及通风口。

（7）危险化学品库房应设置安全警示标志，以及危险物质安全告知，内容包括危险品名称、特性、危害、伤害救治、应急处理措施等。危险物质安全告知标识应与溶剂罐相对应，易于辨识。

（8）遇水容易燃烧、爆炸的危险品，不得存放在潮湿或容易积水的地点；受阳光照射时容易发生燃烧、爆炸的易燃、易爆品不得存放在露天或高温的地方，必要时还应采取降温及隔热措施。

（9）储存性质不稳定容易分解和变质以及混有杂质易引起燃烧、爆炸危险化学品，应该建立巡查、检测制度，防止自燃、自爆。

（10）甲类、乙类易燃液体固定顶罐应设置阻火器和呼吸阀，使用单位应对阻火器和呼吸阀定期检查维护，至少每季度清理1次，清理维护要有记录。

（11）危险化学品包装（容器）要完整无损，如发现破损、渗漏，应急处置的同时，立即向安全管理部门报告。

（12）剧毒化学品、危险废物要单独储存，双人上锁保管。

7.5.4 危险化学品的使用

（1）使用、储存危险化学品的爆炸危险场所应安装使用符合国家标准规定的防爆等级的电气设备、仪器、仪表和照明等。

（2）使用、储存危险化学品的装置、设备、设施、储罐以及建（构）筑物，应设计可靠的防雷、防静电保护装置，以及可燃气体、有毒气体泄漏检测报警装置。按照《中华人民共和国防雷减灾管理办法》、GB 12158—2006《防止静电事故通用导则》、JJG 940—2011《可燃气体检测报警器检定规程》等国家相关标准定期组织检测检验。爆炸危险环境场所的防雷、防静电装置应当每半年检测1次，可燃气体检测装置每年检测1次。

（3）使用、储存易燃易爆危险化学品场所严禁烟火；操作人员必须严格遵守穿戴劳保用品规定，禁止穿戴尼龙等易产生静电的衣物，禁止在爆炸危险场所穿脱衣、帽或类似物；应选用铜质检修工具，严禁抛掷、摩擦、撞击工具等物品。

（4）危险化学品领用时，领料量一般以当班用量为宜，原料放置须整齐，标识清楚，符合安全要求；性质相抵触或灭火方法不同的物质不得混放，应保持安全间距或分开存放。

（5）危险化学品装载、转移过程中，必须保证危险化学品包装物完好，无破损、无泄漏，包装容器贴有明确的物料标签。

（6）危险化学品装载、转移过程中，要充分考虑物料禁配特性，严禁混装、超载，并有固定、隔离、防倾倒、防碰撞等措施。

（7）剧毒类药品、易制毒、易制爆品存放应进行双人双锁、双人领用管理，使用完及时退库。

7.5.5 废弃危险化学品的处理

危险化学品产生的废弃物，均属于危险废弃物。危险化学品及其用后的包装箱、纸袋、瓶桶等，必须严加管理，统一回收，任何单位和个人不得随意倾倒危险化学品及其包装物。设备管道含有危险物质，必须进行检修清洗、置换处理，经检查验收合格后方可处理。

废弃且能够回收再次利用的危险化学品废弃物可进行回收利用，不能回收利用的，应交给专业危险废弃物处理进行处理，严禁随一般生活垃圾运出。针对危险废弃物的处理牧场做好相应的处理记录。

7.5.6 应急救援和事故处理

牧场须结合自身实际情况制定《危险化学品事故应急救援预案》，配备应急救援人员和必要的应急救援器材、设备等，并定期组织演练。

发生危险化学品事故时，立即按照制定的《危险化学品事故应急救援预案》组织救援，防止事故扩大，减少事故损失。危险化学品事故的调查、处理结果及时上报。

7.5.7 其他说明

本章节条款未涉及之处，按照国家相关法律法规执行，本章节条款与牧场属地公安机关监管制度相冲突时以当地公安机关监管制度为准。

7.6 机械运行安全管理

7.6.1 从业人员职责

（1）熟练掌握牧场各设备性能及工作原理，并能迅速处理各种设备故障。

（2）认真按照计划执行周保养、月保养，并做好相关记录。

（3）对设备的关键部位要进行日常点检和定期点检，并做好记录。及时发现问题，处理隐患。

（4）维修人员在设备维修中要注重自身安全，同时要使用警示标识提醒其他人员注意安全。在修理期中下班时间要保持区域整洁，断电断气，确保安全。

（5）特种设备（防爆电气设备、压力容器和起吊设备）应严格按照国家有关规定进行使用和管理，定期进行检测和预防性试验，发现隐患，必须更换或停止使用。

（6）依照设备保养相关规定和设备操作规程来指导和监督操作工完成常规保养工作和日常检查工作，保证各设备处于良好的状态。

（7）监督并指导各设备操作人员的用电安全、使用设备安全和防火安全，提高操作人员的安全意识。

（8）监督并禁止非维修人员私自拆卸、维修设备或进行焊接工作。

（9）各类机械操作人员须穿戴专用工作服，操作旋转机械时操作人员衣口、袖口必须扎紧，女士长发必须扎紧，防止旋转机械卷入。

7.6.2 维修安全管理

（1）对车辆进行拆卸作业时，必须熟悉设备的构造和装配特点，严禁无把握的乱拆乱卸。

（2）进行拆卸作业前，应选择好干净整洁的作业场所，将需要修理的机械车辆停放在修理间或坚硬干净的水泥地面上，挂空挡，熄火，拉手刹，车轮前后用垫块垫好；举升车辆要找准支撑点，升至一定高度后使用固定物进行支撑，不允许使用千斤顶单独支撑进行维修作业。风沙灰尘较大时，应用蓬布或其他物品遮挡。不准在泥土地或有风沙灰尘的地方进行拆卸作业。

（3）进行拆卸作业前，应先对设备外部进行清洗清扫，除去外表的油污和灰尘，如需要可放尽拆卸部件内的油或水。拆卸时按照先外后内、自上而下的原则逐件进行拆卸，拆下的另部件要有次序的放好，必要时要做上记号，以方便装配。

（4）拆卸较大的部件，需使用吊车或手拉葫芦等起重工具时，要严格执行起重作业安全操作规程，零部件的起吊位置要选择恰当，捆绑的钢丝绳要牢固可靠，起吊时要有专人负责指挥。不准使用装载机、叉车等工程机械配合起吊。

（5）遇有锈蚀拆卸困难的螺栓时，要用柴油浸润后再行拆卸。严禁采取强烈锤击或火焰加热的方法强行拆卸。

（6）在拆卸机械车辆底盘或其他较隐蔽的零部件时，应有人配合作业，防止发生意外。在用铁锤击打链轨销等经过淬火的零部件时，维修人员应戴安全帽和眼镜，其他人员应离开作业现场，防止铁销飞溅伤人。

（7）在拆卸弹簧、轮胎、钢圈、蓄能器等有内力的零部件时，要采取安全可靠的措施，先释放内存的压力或动能后再行拆卸，严禁在不采取任何措施的情况下盲目拆卸。

（8）在对车辆进行焊接工作时，需要对车辆整体进行清洗清扫，除去外表的油污和灰尘；对油箱部位焊接时，一定要用水或清洗剂将油箱彻底清洗干净，并将其密封盖打开后进行焊接作业。无焊工操作证人员禁止从事焊接作业。

（9）焊接或氧气切割作业现场消防器材必须齐全、完好。作业前一定要清除作业点周围的易燃易爆物品。无焊工操作证人员禁止从事焊接或氧气切割作业。

7.6.3 故障预防管理

（1）设备管理部门要制定对司机、操作工的日常点检、规范操作和安全方面的培训计划，每月对司机、操作工进行培训1次，并对日常操作过程进行监督，提升操作工的操作技能。

（2）杜绝违规操作，由设备管理部门维修工对司机、操作工的违规操作和野蛮操作进行监督。

（3）对设备缺陷导致的关键故障点进行技术改造，从根本解决问题，实现一劳永逸。

7.6.4 车辆设备安全防护

（1）车辆须配置5kg及以上灭火器。

（2）内燃机车辆须配置防火罩。

（3）车辆须配置倒车雷达、倒车影像及语音报警器等安全附件。

（4）有轮必有罩、有轴必有套，且使用过程中不得拆卸。

（5）不得拆卸、停用安全联锁装置。

7.7 机械检修安全管理

7.7.1 一切检修工作，应严格遵守检修安全技术规程和有关检修工作的安全禁令

7.7.2 参加检修人员，除认真执行检修安全技术规程外，还必须遵守本工种安全技术规程

7.7.3 下列情况禁止进行检修

（1）没办理安全检修证不修。

（2）检修任务不明确不修。

（3）正在运转的设备不修。

（4）没有放掉压力和残液的不修。

（5）没有办理停电联系单及没有切断电源挂警示牌的不修。

（6）没有办理交接手续和未经确认安全的不修。

（7）没有有效隔绝有害物质来源的不修。

（8）酸碱灼烫，腐蚀性和危险性物质未经处理不修。

（9）进罐、入塔，没经置换和没人监护不修。

（10）没有防护安全措施不修。

7.7.4 检修前的准备

（1）编制检修计划应项目齐全，内容详细，责任明确，措施具体。凡有 2 人以上参加的检修项目，必须指定 1 人负责安全。

（2）检修单位负责人要对检修中的安全负责，并对参加检修人员交好任务，交好安全措施。

（3）检修负责人在检修前，要组织检修人员对检修的工具、设备进行详细检查，确保安全良好，并办理相关手续。

（4）凡在易燃、易爆、易中毒物质的设备、管线等上面检修，必须切断电源，将有关部位插好盲板、清洗置换和分析检验合格，此项工作由设备所属部门负责进行。

（5）对大修项目，检修工作就绪后，检修准备的单位及时通知有关部门，会同检修部门与生产部门一起对检修的准备工作进行检查，对查出不符合安全检修规定的设施、工具、安全措施等，要求有关人员限期解决后，方可施工。

7.7.5 清洗置换方法及合格标准

（1）清洗置换的设备要视具体情况选定，对爆炸物质，必须采用惰性气体、蒸汽或水清洗和置换，酸碱等易烧伤的物料可用水清洗，对人无伤害即可。

（2）进入设备内检修时，除按规定清洗置换外，尚须用空气置换，有毒气体和粉尘及浓度应符合规定。

（3）易燃、易爆、有毒、有腐蚀性物质和蒸汽设备、管道检修，必须切断物料出入口阀门，并由设备所属部门加设盲板。

7.7.6 工作场所

（1）工作场所的井、坑、孔、洞或沟道，必须覆以与地面齐平的坚固盖板。在检修工作中如

需将盖板取下，必须设临时围栏。临时打的孔、洞等施工结束后，必须恢复原状。

（2）所有楼梯、平台、通道、栏杆都要保持完整、铁板必须铺设牢固。铁板表面应有纹路以防滑跌，酸碱腐蚀等损坏部位应及时更换。

（3）作业场所的照明，特别是有水位计、安全阀、压力表、电开关、真空表、温度表、各种记录仪表等的仪表盘，楼梯通道以及所有靠近机器转动部分和高温表面等的狭窄地方的照明，尤须光亮充足，作业者要备有手电，以备必要时使用。

（4）禁止在工作场所存储易燃物品，应备有带盖的铁箱，以便放置擦拭材料，用过的擦拭材料应另放在箱内，定期清除。

（5）所有高温的管路、容器等设备上都应有保温，保温层应保证完整。

（6）所有电缆，在进入控制室、电缆夹层、控制柜开关柜等处的电缆孔洞，必须用防火材料严密封闭。

（7）冬天，烟囱、水塔、楼梯等处的冰柱，若有掉落伤人危险时，各部门的辖区应及时清除。

7.7.7　设备的维护

（1）机器的转动部分必须装有防护罩和其他防护设备，露出的轴端必须设有护盖，禁止在机器转动时，从靠背轮和齿轮上取下防护罩或其他防护设备。

（2）对于正在转动中的机器，不准装卸和校正皮带。

（3）禁止在栏杆、管道、靠背轮、安全罩或运行中的电机、设备、轴承上行走和坐立。

（4）应尽可能避免靠近和长时间的停留在可能受到烫伤的地方。

（5）外墙、烟囱等处，固定的爬梯必须牢固可靠，应设有护圈，并应定期检查和维护。

7.7.8　防触电规定

（1）所有电气设备的金属外壳均有良好的接地装置。使用中不准将接地装置拆除或对其进行任何工作。

（2）任何电气设备上的标牌，除原来放置人员或负责的运行值班人员外，其他任何人不准移动。

（3）湿手不准去摸触电灯开关以及其他电气设备。

（4）电源开关外壳和电线绝缘有破损、不完整或带电部分外露时，应立即找电工维修好，否则不准使用。

（5）发现有人触电，应立即切断电源并立即在现场进行人工呼吸等急救。

（6）遇有电器设备着火时，应立即将有关设备的电源切断，然后进行救火。

7.7.9　高处作业应采取的技措方法

（1）凡在离地面2m以上的地点进行的工作，应视作高处作业。应执行高处作业许可审批流程，高处作业人员必须身体健康。患有精神病、癫痫病及经医师鉴定患有高血压、心脏病等不宜从事高处作业的病症人员，不准参加高处作业，饮酒者禁止登高作业。

（2）高处作业均须先搭建脚手架或采取防止坠落的措施方可作业，没有脚手架或者在没有栏杆的脚手架上工作，必须使用安全带。

（3）安全带使用前要进行检查，定期进行净荷重试验，不合格的安全带不得使用。

（4）安全带的挂钩或绳子应挂在结实牢固的构件上或专挂安全带用的钢丝绳上。禁止挂在移动或不牢固的物件上。

（5）高处作业应一律使用工具袋。较大的工具应用绳拴在牢固的构件上，不准随便乱放以防止从高空坠落发生事故。

（6）在进行高处作业时，除有关人员处，不准他人在工作地点的下面通行或逗留，工作地点下面应有围栏或装设其他保护装置，防止落物伤人，如在格栅式的平台上工作，为了防止工具和器材掉落，应铺设木板。

（7）不准将工具及材料上下投掷，以免打伤下方工作人员或击毁脚手架。

（8）上下层同时进行工作时，中间必须搭设严密牢固的防护隔板罩棚或其他隔离设施，工作人员必须戴安全帽。

（9）大风、暴雨、打雷、大雾等恶劣天气，应停止露天高处作业。

（10）禁止在不坚固的结构上进行工作。

7.8　特种设备安全管理

7.8.1　特种设备类型

牧场特种设备包括叉车、锅炉、压力容器、压力管道、电梯、起重机械等。

7.8.2　安全管理

7.8.2.1　特种设备购置、安装

任何部门不得擅自安装未经国家监管部门批准的特种设备。安装完成后，应及时向有关特种设备检验检测机构申报验收检验（锅炉、压力容器、压力管道、电梯、起重机械）。

7.8.2.2　特种设备注册登记

特种设备在投入使用前或者投入使用后30日内，应向所辖地区市场监督管理部门办理注册登记。

7.8.2.3　特种设备操作人员管理

特种设备安全管理人员、检测人员和作业人员应当按照国家有关规定取得相应资格，方可从事相关工作。特种设备安全管理人员、检测人员和作业人员应当严格执行安全技术规范和管理制度，保证特种设备安全。

7.8.2.4　特种设备日常维护保养

特种设备使用单位应当对其使用的特种设备进行经常性维护保养和定期自行检查，并作好记录。

7.8.2.5　特种设备档案资料的管理

特种设备技术档案应当包括以下内容：

（1）特种设备的设计文件、产品质量合格证明、安装及使用维护保养说明、监督检验证明等

相关技术资料和文件。

（2）特种设备的定期检验和定期自行检查记录。

（3）特种设备的日常使用状况记录。

（4）特种设备及其附属仪器仪表的维护保养记录。

（5）特种设备的运行故障和事故记录。

7.8.2.6　现场安全管理

各设备使用地点场所应设置安全警示标志。锅炉房实行24小时运行值班制度，值班人员应做好值班记录，发现事故隐患应正确处理，并及时上报。设备使用地点严禁吸烟、使用明火、放置杂物等。

7.8.3　特种设备检验

7.8.3.1　共项要求

（1）设备部门应加强特种设备的维保工作，对特种设备的安全附件、安全保护装置、测量调控装置及相关仪器仪表进行定期检修，填写检修记录并按规定时间对安全附件进行校验。

（2）设备使用部门应按照特种设备安全技术规范的定期检验要求，在安全检验合格有效期满前30天，向相应特种设备检验检测机构提出定期检验要求。未经定期检验或检验不合格的特种设备，不得继续使用。

（3）根据特种设备检验结论，通知使用部门做好设备及安全附件的维修维护工作，以保证特种设备的安全状况等级和使用要求。对设备进行的安全检测报告以及整改记录，应建立档案记录留存。

（4）特种设备如存在严重事故隐患无维修价值或超过安全技术规范规定使用年限，应及时予以报废并及时向辖区市场监督管理部门办理注销手续。

（5）特种设备如需改造需由使用部门提出需求，经场长签字确认后方可进行改造，并须由具备资质的单位进行改造作业。

（6）原则上禁止对各类特种设备进行改造使用，如必须进行改造的，改造前应向监管部门进行备案，改造后不具备特种设备使用功能的，应列为非特种设备。

7.8.3.2　各类特种设备检验标准

锅炉、压力容器、压力管道检验要求：原则上参照国家TSG G0001—2012《锅炉安全技术监察规程》、TSG 21—2016《固定式压力容器安全技术监察规程》检验标准执行，实际应结合当地　质量监督管理部门要求执行。

（1）锅炉：外部检验，每年进行1次；内部检验，一般每2年进行1次；成套装置中的锅炉结合成套装置的大修周期进行，一般每3～6年进行1次。首次内部检验在锅炉投入运行后一年进行，成套装置中的锅炉可以结合第1次检修进行：水（耐）压试验，检验人员或者使用单位对设备安全状况有怀疑时，应当进行水（耐）压试验：因结构原因无法进行内部检验时，应当每3年进行1次水（耐）压试验。成套装置中的锅炉由于检修周期等原因不能按期进行锅炉定期检验时，锅炉使用单位在确保锅炉安全运行（或者停用）的前提下，经过使用单位技术负责人审批后，可以适当延长检验周期，同时向锅炉登记地质监部门备案。

（2）压力容器：金属压力容器一般投用后3年内进行首次定期检验。后期按照压力容器安全质量等级进行检验，安全状况等级为1.2级的，一般每6年检验1次；安全状况等级为3级的，一般每3～6年检验1次；安全状况等级为4级的，监控使用其检验周期由检验机构确定，累计监控使用时间不得超过3年，在监控使用期间，使用单位应当采取有效的监控措施；安全状况等级为5级的，应当对缺陷进行处理，否则不得继续使用；安全阀每年至少校验1次；压力表半年1次。

（3）压力管道：一般规定管道一般在投入使用后3年内进行首次定期检验。后期检验周期由检验机构根据管道安全状等级，按照以下要求确定，安全状况等级为1级、2级的，GC1、GC2级管道一般不超过6年检验1次，G3级管道不超过9年检验1次；安全状况等级为3级的，一般不超过3年检验1次，在使用期间内，使用单位应当对管道采取有效的监控措施；安全状况等级为4级的，使用单位应当对管道缺陷进行处理，否则不得继续使用。

（4）起重机械：牧场内部每年应对起重机进行1次定期检查；每2年进行1次安全监督部门的检验。

（5）电梯：电梯检修、维护的相关方操作人员需要持证才可以对电梯进行作业；牧场对接人员必须持有相应的管理类证件。

7.8.4 操作标准

7.8.4.1 叉车操作标准

操作叉车前按照日点检标准进行检查，发现异常及时报修，严禁带故障运行；保留检查记录表。

（1）开车前检查转向灯、刹车、喇叭、前灯和反光镜是否完好；叉子是否弯曲、损坏及有裂纹产生。

（2）检查燃料系统所有管道、接头是否有泄漏，检查燃料油、发动机油齿轮油、油箱、液压油及水箱水位、电瓶水是否足够，不足时应按标准要求或标准线增添后方可使用。

（3）叉车启动时，注意观察周围是否有其他车辆、行人或障碍物；转弯时要看反光镜及观察左右侧的情况，要亮指示灯，慢行并鸣喇叭，倒车时应先看反光镜及回头观察情况，无障碍物方能行驶。

（4）行驶时货叉应距地面200～300mm，在行进中不允许升高或降低货物，不得急刹车和高速转弯。在转运货物时，货物应靠着挡货架，货物的高度不能超过挡货架，否则易引起货物向操作人员方向滑落砸伤驾驶员。

（5）车速不得超过10km/h。

（6）运输途中停车时，一定要将货叉放到地上，把手刹拉起并挂空挡后，熄火并拔出钥匙。在确定车辆稳定后能离开叉车。必要时需要对车轮放置防溜车掩体。

（7）叉车出入门口应注意构筑物的高度，不得盲目驶入或驶出。

（8）行车时，其他人员不得坐在叉车司机身边，更不能用来运人或进行其他与叉车作业无关的工作。人员离开叉车后应拔取钥匙，并在交接班时将钥匙交与下一班人员。

（9）不得擅自接驳蓄电池等叉车电路，以免产生火花，严禁超载行驶。

（10）禁止站立在铲叉上作业。

（11）不要运送松散的货物以免翻倒，运送前应将其固定牢固；提升物品要用卡板，不易稳定的物件，如高度大的设备、空桶、易滑动的物件必须绑上绳索，绑紧后方可提升。

（12）无论有无装货，货叉下面绝对不可有人停留。

（13）叉运货物时，因货物过高阻挡视线时，应倒车行驶。

（14）作业完毕将叉车停放在指定的位置，货叉平放地面并对车辆进行必要的检查整理清洁，停放后将方向杆放在中央位置，拉好手刹车。

7.8.4.2 锅炉、压力容器、压力管道管理标准

（1）牧场内使用的锅炉、压力容器、压力管道进行登记，并按规定要求进行定期检查和做好记录。

（2）对锅炉、压力容器、压力管道进行定期检验，并做好锅炉、压力容器、压力管道在线检验报告。

（3）对停用或报废的锅炉、压力容器、压力管道，在停用或报废的30日内，向受理登记的安全监察机构备案并办理停用或注销使用登记手续。

（4）保存与锅炉、压力容器、压力管道安全质量相关的技术文件。

（5）监督牧场内使用的压力管道安装、使用、维护等工作，严禁锅炉、压力容器、压力管道粗制滥造及私自改造。

（6）牧场定期组织开展对锅炉、压力容器、压力管道进行安全培训工作，锅炉、压力容器、压力管道管理人员及岗位操作人员的安全培训工作，每年至少一次。

（7）严格执行锅炉、压力容器、压力管道章程中相关规定，做好锅炉、压力容器、压力管道的日常检查、记录等工作。

（8）如需要增加锅炉、压力容器、压力管道，应由牧场提出项目计划书，经场长审核后报主管部门批准，当地市场监督管理部门同意，方可由有许可证、项目资质的单位进行施工，并按照标准做项目验收。

（9）新建、改建、扩建的锅炉、压力容器、压力管道及其安全设施不符合国家有关规定的，使用部门有权拒绝验收使用。

（10）对在日常巡检中发现的锅炉、压力容器、压力管道安全隐患，及时向部门主管汇报。

（11）牧场内使用的锅炉、压力容器、压力管道的设计单位、安装单位、元件制造单位都应具有安全监督部门颁发的许可证。

（12）设备管理部门负责锅炉、压力容器、压力管道巡检，每月至少2次。检查内容至少包括以下方面：①锅炉、压力容器、压力管道是否正常。②管道、管道接头、阀门及各管件密封有无泄漏情况。③防腐层、保温层是否良好。④管道支吊架紧固、腐蚀、支撑情况是否需要更换，支架基础是否有下沉倾斜现象。⑤管道表面有无裂纹、变形过热等异常现象。⑥法兰有无泄漏情

况，紧固件是否齐全。⑦阀门操作是否灵活；⑧安全附件是否正常（如压力表等）。

7.8.4.3　起重机械

（1）使用前必须检查起吊钢丝绳无断股，绳卡应牢固，行走系统良好，限位开关、制动器和其他安全装置应可靠。

（2）液压系统应安全可靠。

（3）所有电气设备的金属外壳均应接地。

（4）起重机上禁止搁放或存放易爆易燃物品。

（5）工具、备件等应放在工具箱内。禁止随意搁放，以免落下伤人。

（6）走行起动前，要确认走行轨道上无障碍物，轨道地基无沉陷。

（7）起重机行走时，禁止搭人或搭物。

（8）起重机作业必须设专人指挥。操作人员必须听从指挥，不得擅自进行起吊或走行操作。

（9）被吊物体必须捆扎牢固。起吊点必须符合规定要求。起吊时要平稳垂直起吊，禁止用起重机斜拉、拖拽物体。

（10）起重机行走时，要确认两侧驱动是否同步。如发现偏移，必须停车检查、调整。

（11）起吊物下禁止站人。

（12）空车走行时，吊钩要离地面2m以上。

（13）龙门起重机的吊梁（梁架）上不许坐人，吊梁下禁止站人。

（14）禁止起吊物长时间停留在空中。

（15）对起重机进行维护或修理时必须切断电源。

7.9　外来人员安全管理

7.9.1　术语和定义

7.9.1.1　承包商

基于书面合约或采购订单为牧场提供货物或服务的人或公司。

7.9.1.2　访客

需要进入牧场会见员工的非牧场人员（参观、学习、咨询、业务洽谈）。

7.9.1.3　施工（以下范围但不局限于以下内容）

（1）现有建筑物或现有结构扩展的土建改造工程。

（2）增加新结构。

（3）下水道及地下供水管线改造施工。

（4）消防或粪水处理设施的安装（地上和地下）。

（5）建筑物的维修。

（6）工艺、设备的增加、改造。

7.9.1.4　非施工

除施工范围外的其他行为。例如保安、清洁卫生、对生产的临时性帮助等。

7.9.2 工作职责

7.9.2.1 门卫

负责外来人员进场登记，重点危险区域、应急疏散地点告知。

7.9.2.2 外来人员接待部门

负责外来人员工作区域、参观区域安全风险及注意事项告知，相关安全管理规定的培训，记录。

7.9.2.3 外包单位及施工方安全负责人

是所有安全相关事件的第一联系人，负责执行本章节中要求的安全系统，并监督所属员工严格遵守安全要求。

7.9.2.4 项目负责人（员工）

（1）负责管理项目整个进程的人员，应负责整个项目中所有相关问题包括安全。

（2）负责于签订施工合同前签订《承包商安全标准》。

（3）负责施工前安全技术交底工作。

（4）负责确保施工过程符合牧场职业健康、安全、环保要求和相关法律法规要求。

（5）负责工程安全验收工作。

7.9.3 工作程序

7.9.3.1 承包商确定程序

（1）承包商的预选：承包商预选目的在于评估承包商完成工作要求的能力，包括满足牧场职业健康、安全、环保要求。新的承包商的预选应基于：①承包商的公司满足所有当地法律法规要求。②具备法律法规要求的资质认证（证书）或完成执行某些工作所必需的相关培训。③承包商转包工程项目的协议。

（2）承包商的选择：采购部门在决定选择某承包商之前将同承包商进行沟通，承包商在了解牧场安全期望后承诺能够遵守相关安全管理程序，采购部将可以选择该承包商。

（3）合同签订：合同中应包括对承包商的分包商相关责任说明，承包商所聘请或雇用的所有人员在牧场的所有行为将由总承包商负责。合同外要签订安全管理协议，明确双方安全管理职责。

（4）承包商的管理：牧场应有承包商管理制度，承包商应建立相应的安全管理制度。承包商必须确保满足当地法律法规所有相关规定和牧场的安全规定，对相关人员尤其特种作业人员提供相关的培训，确保其为符合资格的操作人员。

（5）牧场应在施工开始前检查相关人员资格证书。

7.9.3.2 场内管理工作程序

（1）外来人员（承包商和访客）的分类：根据外来人员的工作性质及危险程度进行分类见下页表。

表 外来人员（承包商和访客）的分类

类型	描述	工作举例
A	建筑工程，所从事的工作会受公司安全技术规定影响的人或公司，例如：需要跌落预防和保护或危险能源隔离等工作	建筑施工，维修工作，机电设备安装，房屋装修等
B	所从事的工作被清楚地描述出来，需要使用一些设备，并且是每天重复进行的工作，以及其他不包括在 A 类和 C 类的工作	清洁服务，饮水食品提供，保安门卫等劳务外包工作
C	所从事的工作没有或有极少限制	培训教师、检查人员、社区领导以及其他的来访者（仅限于办公室、可控制的通道和休息区域）

（2）进场及安全培训：相关方人员进入牧场应确保所有人员全部经过相关安全培训并合格后方可上岗操作。如有人员更换需求时必须事先通知牧场相关负责人并进行登记，新增/更换人员完成安全培训后方可进行操作，如出现未经培训或培训不合格人员进入牧场工作或出现违反安全规定的情况时，按照承包商惩罚规定处理。

A 类承包商：所有需要进入牧场内工作的人员（包括承包商聘请的其他公司人员）应第一时间由项目负责人通知牧场安全风险管理人员进行安全培训，并确认合格后方可上岗操作。如出现未经培训或培训不合格人员进入牧场工作或出现违反安全规定的情况时，按照承包商惩罚规定处理。

B 类承包商：清洁服务、餐厅饮水食品提供、保安服务、劳务外包等承包商负责人在承包商开始工作前根据其工作范围为承包商提供相关安全培训并保存其培训记录，确认培训合格后方可上岗。承包商如有人员更换需求时必须事先通知承包商负责人。新增/更换人员（包括承包商聘请的其他牧场人员）完成安全培训后方可进行操作，培训和考核记录存档备查。如出现未经培训或培训不合格人员进入牧场工作或出现违反安全规定的情况时，按照承包商惩罚规定处理。

C 类承包商/访客：C 类承包商或访客在进入牧场前在门卫处领取证件，门卫帮助其阅读《入场须知》并由本人签字，确保其理解后方可进入牧场。C 类承包商或访客在牧场内的行动应该有员工陪同，其安全由牧场员工负责。

（3）安全管理：所有承包商在牧场内的工作应遵守本章节条款。

A 类承包商：A 类承包商牧场必须安排专人负责现场安全管理。A 类承包商工作期间项目负责人（牧场人员）和承包商现场安全管理人员共同执行管理，当施工项目持续时间超过 1 天，要求每天至少执行 2 次检查，如果可能同部门/班组安全员共同完成检查。项目负责人每周将承包商安全检查表交给安全风险管理部门存档。

B 类承包商：B 类承包商工作期间必须遵守与所从事工作相关的安全技术规程要求。对于 B 类承包商，安全管理员每月至少执行 1 次安全检查。并将承包商安全检查表存档。

C 类承包商：访客接待遵守牧场外来人员进出管理规定。如需进入生产运作区域佩戴相应的防护用品。

注：所有政府人员来访，被访人员必须到牧场门卫处接待，并引导所有来访者进入牧场。但是不得由承包商人员带领进入牧场。

（4）工作许可证：所有施工项目需要由项目负责人申请《承包商工作许可证》，得到审批后方可进行施工。

（5）事故汇报和调查：所有事故无论轻重必须在24小时内汇报给项目负责人，项目负责人通知牧场安全风险管理员，根据事故等级依据《事故报告和处置管理制度》决定参与事故调查人员。

7.9.4 管理要求

7.9.4.1 管理程序

（1）工作开始前牧场项目负责人和承包商牧场安全负责人根据《承包商工作许可证》要求的内容，共同检查准备工作完成情况。如在检查过程中有不合格情况，应立即通知其改正直至合格，检查合格后由牧场项目负责人签发《承包商工作许可证》。

（2）承包商牧场在牧场范围内工作期间，牧场内任何人员都有权对承包商的不安全行为提出反馈，并反馈给牧场安全风险管理人员。

（3）承包商雇佣员工必须为身体健康且无精神类疾病人员。

（4）如果在工作/服务期间出现违反本章节条款的行为，将依据以下处罚规定执行。

7.9.4.2 处罚规定

（1）A类错误：①未经安全培训上岗作业。②不随身携带证件（承包商员工证、特种作业操作证等）。③在工作现场奔跑、嬉闹、去与工作无关的区域。④除指定的休息区域外，不得在工作区域内休息。⑤酒后作业。⑥在可移动的设备上（手推车、叉车等）停留。⑦非施工操作情况在非人行区域行走。⑧违反个人防护安全的行为。⑨违反工作现场安全要求的行为。⑩违反装卸和运输安全要求的行为。

（2）B类错误：①高空作业时不使用或错误使用安全带或其他违反高空作业安全规定的行为。②在非指定区域吸烟。③不服从安全检查及反馈。④未经牧场允许擅自使用或拆改牧场设备，例如拆卸电焊机闸箱内部保护盖等。⑤使用损坏的或不符合安全要求的设备，例如有断裂痕迹的梯子；接线口没有防护罩的电焊机；移动电器导线破损或接头没有规范绝缘措施。⑥非紧急情况下未经许可使用牧场的消防设备。⑦使用安全淋浴/洗眼器作为其他工作的水源。⑧特种作业人员无证上岗（电工、焊工、高空作业等）。⑨ 不主动及时汇报或故意隐瞒工伤事故；⑩违反电器安全的行为。⑪违反土建施工安全的行为。⑫违反设备安装安全（包括起重要求和焊接操作）要求的行为。⑬违反《高处作业安全管理制度》《临时用电安全管理制度》《动火作业安全管理制度》《有限空间安全管理制度》的行为。

7.10 防护用品管理

7.10.1 术语和定义

（1）劳动防护用品：指配发给员工在工作中应随身穿（佩）戴，以免遭受或减轻生产过程中事故伤害和职业危害的用品，简称"劳保"。

（2）特种劳动防护用品：使劳动者在劳动过程中预防或减轻严重伤害和职业危害的劳动防护用品，简称"特种劳保"。

国家对特种劳动防护用品实施安全标志管理。特种劳动防护用品安全标志标示由图形和特种劳动防护用品安全标志编号构成。

（3）特种劳动防护用品安全标志：确认特种劳动防护用品安全防护性能符合国家标准、行业标准，准许生产经营单位配发和使用该劳动防护用品的凭证。

（4）防护功能：指劳保具有的某种防护能力。

（5）统管护品：指牧场统一管理、采购、配备、标识的劳保，包括各种绝缘鞋、防化服装和防静电类劳保、安全帽、护目镜等特种劳保，以及主管部门认为应统一管理的其他劳保用品。

7.10.2 工作职责

7.10.2.1 安全管理部门职责

（1）负责根据国家标准及牧场存在的危险因素情况，与职能部门共同确定并更新劳动防护用品配备标准。

（2）负责对牧场制度执行情况的监督检查及考核。

（3）负责选择具有劳动防护用品生产资质的供应厂家。

（4）负责购买符合国家标准要求的劳动防护用品。

7.10.2.2 其他部门

（1）按照本章节要求配备劳动防护用品。

（2）监督各生产场所按要求使用劳动防护用品。

7.10.3 工作标准

7.10.3.1 配备标准

为了防止员工人身伤害和职业病的形成及保证产品安全卫生，必须根据实际情况给员工配备必要的劳动防护用品。

7.10.3.2 劳动防护用品的购置

选用的劳动防护用品必须为符合国家标准的产品，采供部门在选择劳动防护用品供应商时必须符合如下要求：

（1）所提供的劳动防护用品必须有"生产许可证""产品合格证"和"安全鉴定证"三证。

（2）若选用的为特种劳动防护用品必须取得安全标志。

（3）采供部门在与供应商确立合作关系，签订采购合同后，必须将以上证件存档备案。

7.10.3.3 防护用品的发放、使用及保养

（1）发放：牧场内部明确劳动防护用品的发放流程，确保所有劳动防护用品及时发放到位；在发放劳保防护用品时，必须作详细记录且有领用人亲笔签字，确保物品发放到个人手中。并将防护用品发放记录归档保存，保存时间至少 3 年；针对区域配置的公共劳动防护用品，在配置现场要张贴防护用品清单，并按照防护用品使用说明书的要求进行日常的检查，确保防护用品的完好性。

（2）使用：用人部门应针对劳动防护用品如何使用对员工进行培训，并保存培训记录；在必须佩戴劳动防护用品的区域，张贴要求佩戴防护用品的标识，并进行日常监督检查，确保所有人员均按要求佩戴劳动防护用品；特种劳动防护用品在使用前应做详细的检查，确保防护用品可用。

（3）保养：对于一般防护用品，应该经常清洗和修补，对于特种劳动防护用品每月进行定期检查，所有检查要有详细的检查记录，检查记录归档保存至少 3 年。

（4）劳动防护用品的废弃：劳动防护用品符合下列条件之一者，即予判废，判废后的劳动防护用品禁止作为劳动防护用品使用。①不符合国家标准或专业标准。②未达到上级劳动保护监察机构根据有关标准和规程所规定的功能指标。③在使用或保管贮存期内遭到损坏，或超过有效使用期，使用期的判定根据 GB 11651—2008《个体防护装备选用规范》的最新要求，经检验未达到原规定的有效防护功能最低指标。

7.11 交通安全管理

7.11.1 工作职责

（1）安全管理部门负责牧场交通安全工作的统一管理，负责组织交通安全工作检查，组织或参与牧场道路交通事故的调查、统计、分析及考核，组织牧场内机动车辆检验及驾驶人员安全培训。

（2）安全管理部门负责牧场内交通事故的调查和处理，负责牧场内机动车辆驾驶人员的日常安全管理。

（3）各区域负责人负责各区域道路的隐患整改。

7.11.2 牧场内机动车辆安全管理

（1）牧场内机动车辆必须保持车容整洁、车身周正。车辆的装备、安全防护装置及附件应齐全有效。

（2）新增以及经大修或改造的牧场内机动车辆，投入使用前，应当每年进行 1 次定期检验。遇可能影响其安全技术性能的自然灾害或者发生设备事故后的牧场内机动车辆，以及停止使用 1 年以上再次使用的牧场内机动车辆，进行大修后，应当进行验收检验。

（3）全车各部位在发动机运转及停车时应无漏油、漏水、漏电、漏气现象。

（4）车辆转向应轻便灵活，行驶中不得轻飘、摆振、抖动、阻滞及跑偏现象。在平直的道路上能保持车辆直线行驶，转向后能自动回正。

（5）行车制动装置的制动力、储备行程、踏板的自由行程及制动完全释放时间等指标应符合有关标准、规定及该车整车有关技术条件。气压制动系统技术指标应符合有关标准及规定，必须装有放水装置和限压装置。

（6）车辆的制动距离、跑偏量、驻车制动性能要求等应符合有关标准及规定。

（7）车辆照明及指示灯具应安装牢固、齐全有效。灯泡要有保护装置，不得因车辆震动而松脱、损坏、失效或改变光照方向。所有灯光开关应安装牢固，开关自如，不得因车辆振动而自行开关。

（8）每月应组织对牧场内机动车辆的技术状况进行检查并做记录，车辆驾驶员应对所驾车辆进行"一日三检"（即出车前、行车中、收车后），以确保车况良好。

（9）重要节假日和长假期间除工作用车、值班用车和生产用车外，其他车辆应一律暂时封存。

（10）牧场内机动车辆应逐台建立安全技术管理档案，其内容包括：①车辆出牧场的技术文件和产品合格证。②使用、维护、修理和自检记录。③安全技术检验报告。④车辆事故记录。

（11）牧场区内车辆的清洗废水需经处理后达标排放；燃油机动车辆尾气和噪声排放，应达到排放标准。

7.11.3　牧场内机动车辆驾驶人员安全管理

（1）牧场内机动车辆驾驶人员，必须经过专门培训，考试合格并取得驾驶证（操作证）方准驾驶与驾驶证相符的机动车辆，严格禁止无证驾驶。驾驶人员必须随身携带驾驶证，禁止将车辆交给无驾驶证的人驾驶。

（2）驾驶人员的基本条件：①工作认真负责，作风正派。②身体健康、没有妨碍从事驾驶人员工作的疾病和生理缺陷。③必须经过专业培训，具有本专业所需的安全生产专业技术知识及实践经验。

（3）驾驶人员必须遵守交通规则，禁止超速行驶、酒后开车。进入牧场区内行驶的各种车辆严禁超高、超载、超速行驶，超车时不准妨碍被超车辆行驶和行人安全。

（4）各种车辆均按规定乘人，未经有关部门同意，牧场区机动车不得擅自开出牧场外。

（5）各类车辆必须遵守牧场区内划分的交通标志和交通标线的指示行驶，牧场内机动车辆应按规定的工作路线行驶。

（6）使用叉车作业时，凡无副驾驶员座位的叉车禁止携带人员行驶。

（7）在无划分交通标志和交通标线的牧场区道路上行驶时，机动车辆在中间行驶，非机动车和行人靠右通行。机动车辆行驶时遇有非机动车和行人横过车道时必须停车或减速让行。

7.11.4　牧场区道路

（1）牧场区主要通道要设立明显的交通标志，车辆停放不能影响牧场区交通安全，且不得在牧场大门周围 20m，生产区域进出口周围 10m 以及消防通道的拐弯处停放。

（2）牧场区交通限速为 5km/h，叉车不得超过 10km/h。

（3）牧场区道路应保持平整、完好，牧场区植树、绿化和架空管道不应妨碍机动车辆正常通行。在牧场区道路的交叉路口、跨越道路的架空设施和重要路段处应设置必要的反光镜、限高标志、限速标志等交通安全设施或标志。

（4）牧场区道路实施养护、维修时，施工单位应当在施工路段设置必要的安全警示标志和安全防护设施。牧场区主要道路断路施工，必须到安全管理部门办理手续，且通知保卫部门。

（5）所有进出牧场区的机动车辆必须接受门卫管理人员的检查和登记。

7.11.5 交通事故处理

7.11.5.1 事故报告

（1）在牧场区域外发生道路交通事故后，当事人在做好保护现场，及时抢救伤员和牧场财产的同时，要立即报告当地的公安交通管理部门，等待处理。

（2）当事人应及时将事故发生时间、地点、伤亡情况等向单位领导和安全管理部门报告。

（3）在牧场区域内发生事故后，除保护好现场外，应报告安全管理部门。

7.11.5.2 事故处理

事故发生后，事故单位及其主要负责人应及时赶赴现场，采取必要的措施防止事态扩大，配合公安交通管理部门做好事故原因和经过的调查，妥善处理有关善后工作。发生重大以上的交通事故时，事故单位负责人应赶赴事故现场或委托有关单位配合公安交通管理部门的事故调查。

牧场区域内发生的交通事故，由安全管理部门组织事故部门按照牧场有关规定进行调查和处理。

7.12 防雷安全管理

牧场的主要建筑物应设置防直击雷的外部防雷装置并采取防闪电电涌侵入的措施，建筑物金属体，金属装置，建筑物内系统，进出建筑物的金属管线等物体应与防雷装置做防雷等电位连接。

（1）牧场主要建筑，如牛舍、油库、配电室、食堂、公寓等重点区域要设置防雷装置。

（2）每年应由具备防雷检测资质的检测机构对防雷装置进行一次检测。

（3）室外通信与安全监控设备应处在接闪器保护范围之内。

（4）室外电气设备的金属部分，除另有规定，均应接地接零。

（5）新、改、扩建项目验收时，防雷装置应同时进行验收。

7.13 粉尘防爆安全管理

牧场的封闭、半封闭式饲料车间、精饲料库房、搅拌站，在作业时极易扬起粉尘，遇明火、电火花或高温易发生粉尘爆炸，为了防止粉尘爆炸事故发生，保证财产和员工人身安全，建议采取以下安全防控措施。

（1）通风除尘：采用机械式通风除尘，安装相对独立的通风除尘装置和设置收尘设施（严禁直排，推荐采用布袋收尘或湿式收尘装置），收尘设施宜设置在建筑物外露天场所，离明火产生处不少于 6m，回收的粉尘应储存在独立的堆放场所。

（2）清洁管理：每天对作业场所进行清理，视尘量及时对收尘装置进行清理，使作业场所积累的粉尘量降至最低，禁止使用压缩空气进行吹扫。清洁时必须停止产生粉尘的作业。

（3）禁火措施：粉尘爆炸危险场所严禁各类明火，在粉尘爆炸危险场所进行明火作业时，必须办理动火审批手续，采取相应防护措施。检修时应使用防爆工具，不得敲击各金属部件。

（4）器材配备：根据不同的作业条件与环境配备消防器材和个人劳动防护用品。配备 $1m^3$ 的消防沙，可燃爆粉尘燃烧时必须使用消防沙灭火，灭火时应防止粉尘扬起形成粉尘云。严禁使用普通灭火器灭火。

（5）电气电路：存在可燃爆粉尘的车间的电器线路采用镀锌钢管套管保护，在车间外安装空气开关和漏电保护器，设备、电源开关应采用防爆防静电措施，严禁乱拉私接临时电线，电气线路应符合行业标准。

（6）培训检查：配备专（兼）职安全管理人员，每天对粉尘区域进行安全巡查；负责人、员工要定期参加安全教育培训。各部门安全员对新入职员工应做好粉尘爆炸安全生产教育，危险岗位的职工应进行专门的安全技术和业务培训，并经考试合格，方准上岗。

8 危险作业安全管理

8.1 动火作业管理

8.1.1 术语和定义

8.1.1.1 动火作业

动火作业是指能直接或间接产生明火的工艺设置以外的可能产生火焰、火花和炽热表面的非常规作业。

8.1.1.2 易燃易爆场所

易燃易爆场所是指 GB 50016—2018《建筑设计防火规范》中火灾危险性分类为甲、乙类区域的场所，具体为空气湿度低，存放着火点较低物体，容易发生火灾、爆炸等事故的场所，如油库、加油加气站、燃气供气场站、燃气储备站、城市燃气设施、小化危场所、烟花爆竹仓库及常年零售点、民用爆炸物品储存仓库及使用场所等。

8.1.1.3 固定动火区

在固定的、经常性和重复性进行常规动火作业的区域或场所。

8.1.1.4 动火作业分级

（1）动火作业分为非固定动火区的作业和固定动火区的动火作业两类情形。

（2）非固定动火区的动火作业分为高度危险（特殊动火）、较大危险（1 级动火）和一般危险（2 级动火）三个级别。

I. 高度危险（特殊动火作业）

在生产运行状态下的易燃易爆生产装置、输送管道、储罐、容器部位上等特殊危险场所进行的动火作业。带压不置换动火作业按高度危险（特殊动火）作业管理。

II. 较大危险（1级动火作业）

在易燃易爆场所进行的除高度危险（特殊动火）作业以外的动火作业。在牧场输送易燃易爆介质管廊上的动火作业按较大危险（1级动火）动火作业管理。

III. 一般危险（2级动火作业）

除常规固定动火作业之外的非固定动火区的动火作业。

易燃易爆场所的生产装置或系统全部停车，装置经清洗、置换、取样分析合格并采取安全隔离措施后，该区动火视为一般危险（2级动火作业）。

8.1.1.5 常规固定动火作业

在固定动火区动火作业且火灾危险性小、安全措施落实妥当的情况下为常规固定动火作业，无须开《动火作业安全许可证》。

（1）质检化验室使用电炉子、酒精灯或其他加热装置。

（2）机械加工生产区域使用电焊、气割、氩弧焊、等离子切割等。

（3）食堂使用液化石油气、天然气作燃料烹饪等。

（4）其他符合常规固定动火作业情形。

固定动火区设置：由动火区所属部门实施风险辨识、落实安全措施、制定现场处置方案、落实责任人并提出申请，经安全管理部门书面审理和现场确认后予以审批，固定动火区设置每年审批1次。

8.1.1.6 "四不动火"原则

《动火作业安全许可证》没有经过批准不动火；动火监护人不在现场不动火；安全措施没有落实不动火；动火部位、时间与《动火作业安全许可证》不符不动火。

8.1.1.7 "三个一"原则

高度危险、较大危险动火作业严格执行"1个动火点、1张《动火作业安全许可证》、1个动火监护人"。

8.1.1.8 作业单位

实施动火作业的班组、生产区域、部门或相关方。

8.1.1.9 作业主管部门

牧场对动火作业负有主要管理责任的职能部门，如工程部、设备部等。

8.1.1.10 作业所在部门

牧场内实施动火作业的场所所在生产区域或部门，如饲养部、设备部等。

8.1.1.11 作业现场负责人

直接指挥动火作业活动的现场负责人，如指定人员、班组长、生产区域负责人、相关方现场负责人等。

8.1.2 职责要求

8.1.2.1 作业单位职责

（1）对动火作业负全面责任。

（2）参加动火作业碰头会，介绍作业任务，当天的作业流程和工作安排，涉及作业方案，满足作业方案的措施。

（3）负责组织进行动火作业风险分析，编制动火作业方案和现场处置方案。

（4）负责申请办理《动火作业安全许可证》，设立安全警示标志。

（5）动火作业实施过程中，安排专人全程监护。

（6）在动火作业发生异常情况时，下达停止作业指令，组织应急救援。

（7）组织作业后清理和总结工作。

8.1.2.2 作业主管部门职责

（1）组织召开动火作业碰头会，明确参加会议人员，介绍作业任务基本情况、职责分工和注意事项等内容。

（2）审查作业单位动火作业方案，审批动火作业安全许可证，审核作业人员安全资质，对现场安全情况进行确认。

（3）监督现场动火作业安全，发现违章作业立即制止。

8.1.2.3 作业所在部门职责

（1）按照属地管理的原则，对动火作业实施属地管理。

（2）参加动火作业碰头会，协助作业单位开展风险分析、制定安全措施。

（3）为作业单位提供必要的现场作业安全条件。

（4）协助审查作业单位动火作业方案。

（5）当作业主管部门（平级）派人全程监督时，指派人员协调现场动火作业安全；当上级部门要求指派作业所在部门人员进行全程监督时，服从安排。

（6）督促作业单位执行作业许可制度。

（7）一旦发生事故，为作业单位和人员及时提供现场救援并通知作业相关单位。

8.1.2.4 安全管理部门职责

（1）参加动火作业碰头会，分析是否具备安全条件，提出安全管理要求。

（2）对较大及以上危险动火作业安全条件进行现场确认，对动火作业许可进行审核。

（3）对作业现场安全管理情况进行监督检查，发现违章及时制止，发现不符合项督促作业部门及时整改。

（4）对动火作业许可、监护、监督、关闭环节中各部门履责情况进行倒查，并定期考核、通报。

（5）对动火作业安全许可证进行归口管理。

8.1.2.5 作业现场负责人职责

（1）对动火作业负全面责任。

（2）参加动火作业碰头会，组织作业场所风险辨识，组织制定动火作业方案和现场处置方案。

（3）负责办理动火作业安全许可证。

（4）负责作业前对作业人员的安全培训和现场安全技术交底。

（5）组织落实作业安全管理要求，安排专人全程监护。

（6）保障作业现场安全条件，督促作业人员正确穿戴劳动防护用品，不得出现"三违"现象。

（7）作业完毕负责组织现场清理及验收。

8.1.2.6　作业人员职责

（1）掌握动火作业安全操作程序，具备相应操作能力按规定持证上岗，并主动接受动火作业相关管理要求。

（2）持经审批有效的《动火作业安全许可证》进行动火作业，按照作业许可及操作规程的要求进行作业，正确使用现场安全设备设施，正确穿戴劳动防护用品。

（3）作业前，充分了解作业的内容、地点、时间、要求，熟知作业过程中的危害因素并核实相应对策处理措施是否落实，审批手续是否完备，若发现不具备条件时，有权拒绝实施作业。

（4）明确作业人员自保互保联保的职责。1名员工应自我保护，2名员工应相互保安，3名及以上员工之间应共同保安。作业过程中如发现"三违"情形和作业条件或人员异常等情况，应停止作业，及时报告，并采取适当安全措施。

（5）作业完毕，对现场进行清理。

8.1.2.7　监护人职责

（1）全面了解作业区域的环境、工艺情况、作业活动危险有害因素和安全措施，掌握急救方法，熟悉现场处置方案，熟练使用应急救援设备设施，负责动火作业现场的监护与检查。

（2）作业前核实安全措施落实及警示标识设置情况。

（3）作业期间全程监护作业人员动态和作业进展，监控作业环境和周边动态，发现现场施工人员的"三违"行为，或安全措施不完善等，有权提出停止作业；及时制止与作业无关的人员进入作业区域，在动火作业发生异常情况时，立即进行应急处置并上报。

（4）动火作业后，参与作业完成后现场清理和验收。

（5）配备必要的救护用具，监护期间严禁擅自离岗，不得同时从事其他与监护无关的工作。

8.1.2.8　监督人职责

（1）监督人不能为相关方作业单位人员，必须经过培训并经考核合格，具备监督能力，掌握动火作业管理要求，熟悉工况环境与工艺情况，清楚作业活动危险有害因素、安全措施和现场处置方案，熟练使用应急救援设备设施。

（2）对相关方人员进入作业区域至离开作业区域全过程开展监督。

（3）应使用摄像头或执法仪全程监控作业活动，严禁离岗，不得做与监督无关的工作。

（4）作业过程中及时制止动火作业人员的违章行为，终止不符合安全作业条件的动火作业。

（5）动火作业结束后，参与现场验收。

（6）当作业活动为牧场内部组织，且由内部员工进行作业时，监护人可承担监督人的职责，由1人在现场进行监督监护。

8.1.2.9　作业审批人员职责

（1）掌握动火作业风险和应急程序，具备审批动火作业的能力。

（2）按照规定权限审批《动火作业安全许可证》。

（3）对于高度危险、较大危险的动火作业，作业前到现场指导、监督安全措施落实情况。

8.1.2.10　带班值班领导职责

（1）召开每日带班值班例会，分析当班动火作业工作的重点；将动火作业落实情况作为当班巡查时重点巡查内容，记录及处置巡查发现问题。

（2）将当班动火作业状况、存在的问题及原因、需要注意的事项等做好记录并交接。

（3）动火作业出现异常或紧急情况时，安排相关部门和专业人员进行处置；发生动火作业事故时，立即组织抢险和救援，根据事故危害程度，组织现场人员撤离或者采取可能的应急措施后撤离；在规定的时间内上报政府相关部门，不得迟报、漏报、谎报和瞒报。

8.1.3　作业前安全管理要求

8.1.3.1　基本要求

（1）动火作业基本原则：按照规避、消除、减轻先后次序，尽可能减少动火作业的风险、频次、持续时间和作业人员数量，避免动火作业为首选。

（2）明确作业人员：作业过程中参与人员包括作业现场负责人、作业人员、监护人、作业审批人和安全监督人员。

作业现场负责人应指定具备监护能力的人员担任作业监护人，监督人由作业主管部门、所在部门或安全管理部门，根据需要会商确定派人进行全程监督。

（3）落实责任制：作业现场负责人是动火作业第一责任人，应对动火作业安全技术负责落实动火作业安全生产责任制，明确作业负责人、作业人员、监护人安全生产职责，将责任落实到具体人员。

（4）承包商管理：①单位委托承包单位进行动火作业时，应严格承包管理，规范承包行为，不得委托给不具备安全生产条件或不具备安全生产资质的单位。②由外来人员施工的除执行本章节条款外，还应执行外来作业人员安全管理相关规定。

8.1.3.2　作业风险分析

（1）实施作业风险辨识：牧场应统一组织对牧场的动火作业风险辨识与评估，识别可能存在的动火作业场所/区域、作业位置、作业方式，对动火等级进行标注，并进行风险培训告知和现场设置安全警示标识。

动火作业前，作业现场负责人应结合作业活动内容和现场环境，进行风险辨识。较大危险及以上动火作业宜会同作业主管部门、安全管理部门或作业所在部门等进行风险辨识。风险辨识包括人的不安全行为、物的不安全状态和管理上缺陷三大方面，还应包含作业前、作业中、作业后三大环节，重点展现作业过程存在风险识别与控制措施的制定情况，将风险分析结果填入《动火作业安全风险分析表》，内容包括但不限于：①未经许可进行操作，忽视安全，忽视警告。②冒险作业。③使用不安全设备，用手代替工具进行操作。④采取不安全的作业姿势或方位。⑤在有危险的设备上进行工作；不停机工作。⑥注意力分散，嬉闹等。⑦存在危险物和有害物。⑧工作场所的面积狭小或有其他缺陷。⑨安全防护装置失灵。⑩缺乏防护用具和服装或防护用具存在缺陷。⑪作业方法不安全。⑫照明、通风条件等不良。⑬劳动组织不合理。⑭对现场工作缺乏检查指导或检查指导失误。⑮没有安全操作规程或不健全。⑯工作人员缺乏安全知识。⑰应急物资配备不全，应急人员缺失或能力不足。⑱其他需要进行风险辨识的内容。

（2）实施动火分析：凡在易燃易爆装置、管道、储罐、阴井、有限空间等部位及其他认为应进行分析的部位动火时，动火作业前必须进行动火分析，主要目的是对相对密闭空间中可能存在的易燃易爆、有毒有害气体、粉尘等物质浓度进行检测，以确定是否存在爆炸、中毒和窒息等风险及其程度。

动火分析的取样点要有代表性。在较大的设备内动火作业，应采取上、中、下取样且每两小时必须重新取样分析；在较长的物料管线上动火，应在彻底隔绝区域内分段取样；在设备外部动火作业，应进行环境分析，且分析范围不小于动火点 10m。取样与动火间隔不得超过 30min，如超过此间隔或动火作业中断时间超过 30min，应重新取样分析。特级动火作业期间还应随时进行监测。

用便携式可燃气体检测仪或其他类似手段进行分析时，检测设备应经标准气体样品标定合格，被测的可燃气体或可燃液体蒸气浓度应小于其与空气混合爆炸下限的 10%（LEL）。

用色谱法检测时，被测的可燃气体或可燃液体蒸汽的爆炸下限 ≥ 4%（V/V）时，其被测浓度应 < 0.5%（V/V）；被测的可燃气体或可燃液体蒸汽的爆炸下限 < 4%（V/V）时，其被测浓度应 < 0.2%（V/V）。

在粉尘爆炸危险场所作业时，应对所处的范围和等级进行评估、界定和划分，并采用良好的通风、除尘等措施，减小爆炸危险场所的范围或降低区域等级，达到粉尘防爆要求条件，方可作业，否则不得作业。

（3）制定控制措施：根据风险辨识结果，作业现场负责人应组织制定相应的作业程序及安全措施，并针对作业风险在《动火作业安全风险分析表》中填写安全控制措施内容，并对安全措施是否具备和实施进行确认，然后再根据现场实际情况进行合理的补充完善。

高度危险、较大危险应由作业单位制定动火作业方案和现场处置方案，方案有变动且未经批准的，禁止动火作业。方案内容应明确人员角色分配、职责分工、作业流程、作业要求、作业工具、作业设备、防护用品、应急管理等相关要求。

高度危险、较大危险动火作业还应满足以下管理要求：①对易燃易爆场所内处于运行状态的设备、管道等能拆移的部件，应拆移到安全地点动火。②不得在输送、储存可燃、有毒介质的容器、设备和管线上动火。必须动火时，应制定可靠的动火作业方案及现场处置方案后，方可动火。③与动火点相连的管线应进行可靠的隔离、封堵或拆除处理。动火前应切断物料来源并加盲板或断开，打开人孔，通风换气，彻底吹扫、清洗、置换后，检测符合规范要求后才能动火。
④与动火点直接相连的阀门应上锁挂牌；动火作业区域内的设备、设施须由生产单位人员操作。
⑤需要动火的塔、罐、容器、槽车等设备和管线，清洗、置换和通风后，除要检测可燃气体外，还应对有毒有害气体、氧气浓度（19.5%～23.5%）进行检测，达到许可作业浓度后，方可进行动火作业。

（4）制定现场处置方案：动火作业前，作业单位应与作业主管部门制定动火作业现场处置方案，明确可能出现的紧急情况、现场应急措施、可靠的联络方式、作业人员紧急状况时的逃生路线和救护方法、现场应配备的救生设施和灭火器材等。现场处置方案应与作业所在单位的应急体系保持协调和统一。必要时，安全管理部门、作业所在部门对方案制定进行协助和审查。

（5）现场安全条件验证确认：作业前，由动火作业的主管部门组织相关部门或单位召开碰头会（会议室或现场），内容应至少包括：①作业单位介绍作业任务，当天的作业流程和工作安排，涉及的作业风险与作业方案，并介绍作业方案的有关要求。②作业所在部门应当介绍基本情况、潜在的风险和注意事项。③安全管理部门或现场安全审核人员，对现场作业安全条件是否具备的情况进行分析，提出工作要求，并对作业现场安全条件是否具备进行验证确认。④按照《动火作业安全条件确认表》，对作业人员（包括相关方）、设备设施、作业方案和安全防护措施等进行现场检查、验收，分级验证确认职责分工如下表。⑤对作业时间超过24小时的动火作业，必须每天对现场安全条件进行重新确认。

表　现场安全条件验证确认职责表

危险等级	作业单位 （作业现场负责人）	作业主管部门	作业所在部门	安全管理部门	安全分管负责人
高度危险	√	√	√	√	√（相关方作业时）
较大危险	√	√	√	√	
一般危险	√	√	√（相关方作业时）		

（6）作业人员条件验证确认：①动火作业前，作业现场负责人应对动火作业人员的资格和身体状况进行检查。动火作业人应了解作业过程面临危害，掌握危害控制措施，按规定持有相关单位核发的安全培训上岗证。特种作业人员应有《特种作业操作证》。对患有职业禁忌证（如心脏病、贫血症、癫痫病、精神疾病等）、饮酒、患病等不适于动火作业的人员，不得进行动火作业。②严禁超龄使用人员（男性年龄不超过60周岁，女性年龄不超过55周岁）。

（7）设施设备检查验证确认：①动火作业用的工具、仪器仪表、电气设备、劳动防护用品、车辆和各种设备，确认其完好后方可投入使用。②使用的电气设备应符合《临时用电作业安全许可标准》要求。③用于检测气体的检测仪应在校验有效期内，气体检测人员应在每次使用前与其他同类型检测仪进行比对检查，以确定其处于正常工作状态。④动火作业需要取样检测时，气体检测的位置和所采的样品应具有代表性，必要时分析样品应保留到动火结束。⑤高度危险、较大危险动火作业分析使用便携式检测仪，宜采用双人、双检测仪平行检测。⑥现场应由作业单位负责配备足够适用的消防器材，并设置警示标识。

（8）作业环境检查验证：①作业现场负责人根据实际情况合理划定动火作业区域，设置警戒线、警示灯、隔离栏杆等警戒设施，设定与现场风险相对应的"动火作业，注意安全"等安全警示标识，并在现场张贴或悬挂动火作业安全许可证。②落实无关人员或车辆进入动火区域禁止措施和警示标识。③作业现场及周围易燃物品得到了清除。④作业涉及的电源开关、人孔、阀门等处挂牌，并分别明确所禁止的行为。⑤加盲板断开隔离与动火设备相连接的所有管线。

8.1.3.3　办理《动火作业安全许可证》

（1）分级审批：动火作业实行作业许可，实行分级审批。除常规固定动火作业外，在任何时间、地点进行动火作业时，均应根据动火分级，申请办理《动火作业安全许可证》。

经现场安全条件验证确认符合安全作业条件，由作业现场负责人填写《动火作业安全许可证》，准确填写作业时间、地点、作业内容、作业单位、作业危险等级、作业现场负责人、作业人员、监护人员、监督人等信息；相关方动火作业的，由作业主管部门协助办理《动火作业安全许可证》。

一般危险和较大危险动火作业，由作业现场负责人提出申请，作业所在部门、安全管理部门审核，作业主管部门审批。

高度危险作业，由作业现场负责人提出申请，作业所在部门、安全管理部门审核，作业主管部门审批后，应由主管领导签字审批。

（2）提级审批：遇到以下情况时，应提级审批管理，①动火作业遇疫情、节假日、多方交叉作业、特定气候条件等情形时。②动火作业涉及多项危险作业时，原则上以风险最高的危险作业为主申请危险作业安全许可，兼顾其他危险作业安全要求时，必须提级审批和管理。

动火作业与其他危险作业交叉实施时，作业前作业所在部门应指定专人负责联络和沟通，召集作业各方统一制定安全方案。涉及相关方的，还应执行《外来施工作业人员作业安全许可标准》，须签订安全管理协议，明确作业期间各方安全管理责任。发生紧急情况时，由联络人向相关各方通报。

（3）审批拒绝：动火作业审批时应经现场确认符合安全作业条件，有以下情形之一的，不得批准，①作业人员和监护人、监督人、审核人未经过相关培训并考核合格，或者身体条件达不到作业安全要求。②作业方案、安全防护措施、现场处置措施不全或错误。③劳务用工、劳动组织不合理。④设备设施存在缺陷或超范围使用。⑤环境条件不符合作业标准；环境检测不合格或达不到要求；现场危险告知不全的。⑥现场存在隐患或其他威胁作业安全的情况。确需作业时，应整改隐患后重新提交作业申请。

8.1.3.4　安全技术交底

由作业现场负责人对作业人、监护人进行安全技术交底，填写《动火作业安全技术交底表》。相关方动火作业，由作业主管部门对相关方实施安全技术交底，相关方对作业人、监护人等进行安全技术交底。交底内容包括但不限于：①作业方案、安全作业步骤与注意事项。②作业现场及周边环境情况。③相关人员分工与职责，包括自保互保和联保职责。④作业主要安全风险与控制措施。⑤作业监护和监测要求。⑥防护用品佩戴及要求。⑦可能应急情形与处置程序。⑧与周边单位联络和沟通方式等；⑨其他需要交底的内容。

8.1.3.5 作业现场负责人在动火作业实施前，应组织现场安全检查，逐项检查和确认所有必需的安全措施落实后，方可作业，未落实的，不得作业。

8.1.4 作业中安全管理要求

8.1.4.1 通用安全管理要求

（1）作业现场负责人组织落实动火作业安全措施，现场配备足够适用的消防器材；动火作业过程中严格按照安全措施或作业方案的要求进行作业。

（2）动火作业人员应在动火点的上风向作业，应位于避开可燃液体、气流可能喷射和封堵物射出的方位，并采取隔离围堵等措施控制火花飞溅。

（3）用气焊（割）动火作业时，氧气瓶与乙炔气瓶的间隔不小于5m，且乙炔气瓶严禁卧放，二者与动火作业地点距离不得小于10m，并不得在烈日下暴晒。

（4）高度危险、较大危险作业过程中，应根据动火作业方案中规定的气体检测时间和频次进行检测，填写检测记录，注明检测的时间和检测结果。

（5）动火作业过程中，监护人和安全监督人员应坚守作业现场，发现违章动火应立即制止动火作业。

（6）在地面进行动火作业，周围有可燃物，应由作业单位负责采取防火措施。动火点附近如有阴井、地沟、水封等应进行检查，并根据现场的具体情况采取相应的安全防火措施，距动火点15m内所有的漏斗、排水口、各类井口、地沟等应封严盖实，确保安全。

（7）在距铁路专用线25m范围以内进行动火作业时，遇装有易燃易爆危险化学品的火车通过或停留时，应立即停止动火。

（8）动火期间距动火点30m内不得有低闪点易燃液体泄漏和排放各类可燃气体；距动火点15m内不得有其他可燃物泄漏、暴露和排放各类可燃液体；不得在动火点10m范围内及用火点下方同时进行可燃溶剂清洗或喷漆等作业。

（9）作业中应监控天气条件，遇有六级以上（含六级）风应停止室外一切动火作业。

（10）高度危险、较大危险作业中断超过30min的，继续动火前，动火作业人、动火监护人应重新确认安全条件。

（11）动火作业人员、地点、监护人、动火方式等动火作业实质性内容发生变更的，应重新办理《动火作业安全许可证》。

（12）动火作业过程中，作业现场负责人、作业人员、监护人、作业所在部门、安全管理部门应保持良好的信息沟通。

（13）安全管理部门应随时检查动火作业现场，发现隐患立即督促整改，确保作业安全。

（14）动火作业现场的通排风要良好，以保证泄漏的气体能顺畅排走。

（15）相关方进行动火作业时，由作业所在部门、作业主管部门或安全管理部门派人进行全程监督。当作业活动为牧场内部组织，且由内部员工进行作业时，监护人可承担监督人的职责，由1人在现场进行监督监护即可。

（16）动火作业过程中，应全程进行影像记录监控。作业人员应正确佩戴劳动防护用品。劳动防护用品的性能和数量应满足国家法规标准要求及现场作业需要。

8.1.4.2　与其他危险作业交叉作业时

（1）动火作业与其他危险作业交叉实施时，还应执行其他危险作业安全许可标准之规定，在明确不能同时交叉作业时（如熏蒸作业），应分开实施确保安全。

（2）高处动火作业：①高处动火作业还应执行《高处作业安全许可标准》，佩戴好阻燃安全带等防护用品。②高处动火作业，其下部地面如有可燃物、空洞、阴井、地沟、水封等，应检查并采取措施，在下方铺垫阻燃毯、封堵孔洞等防止火花溅落措施，动火监护人应随时关注火花可能溅落的部位。③遇有五级以上（含五级）风不应进行室外高处动火作业。

（3）有（受）限空间动火作业：进入有（受）限空间的动火作业，还应执行《有限空间作业安全许可标准》。对有（受）限空间等涉及有毒有害或火灾爆炸危险的动火作业，作业现场负责人应安排专人对气体、温度等环境指标进行监测至少每2h监测1次，作业现场负责人应事先通知有关应急人员做好应急准备，发现异常应立即采取措施。

（4）动土作业中的动火作业：①动土作业中的动火作业还应执行《动土作业安全许可标准》，采取安全措施，确保动火作业人员的安全和逃生。②在埋地管线操作坑内进行动火作业的人员应系阻燃或不燃材料的安全绳。

（5）带压不置换动火作业：①带压不置换动火作业为高度危险作业，应严格执行标准要求。严禁在生产不稳定以及设备、管道腐蚀等情况下进行带压不置换动火；严禁在输送含有毒气物质管道等可能存在中毒危险环境下进行带压不置换动火。②带压不置换动火作业中，由管道内泄漏出的可燃气体遇明火后形成的火焰，如无特殊危险，不宜将其扑灭。③严禁负压动火。

8.1.4.3　应急处置

发生以下情形之一的作业人员有权拒绝或停止动火作业：

（1）动火作业未经审批，许可证过期或失效。

（2）现场设施设备、作业环境未进行检测或达不到安全作业条件。

（3）自身或其他员工不具备动火作业所需的能力和身体条件。

（4）未按照动火作业安全许可证及作业方案要求实施作业。

（5）劳动防护用品达不到防护要求。

（6）作业监护人未到场。

（7）已经出现明显的事故征兆的。

（8）其他严重影响作业安全的情况。

作业过程中发现动火作业的安全技术设施有缺陷和隐患时，应及时解决；危及人身安全时，应停止作业，并根据现场处置方案规定程序撤离。

8.1.5　作业后安全管理要求

（1）作业完成后，牧场作业主管部门组织作业现场负责人等人员对现场进行验收，明确验收条件，合格后方可关闭作业。验收不合格的应组织整改，消除隐患后方可关闭作业。作业人、作业现场负责人、监护人、监督人对作业关闭进行现场签字确认。

（2）动火作业完工后，清除残火，10min 后，作业单位现场负责人确认现场无遗留火种（包括暗火），组织将作业现场清扫干净，作业用的工具、拆卸下的物件及余料和废料清理运走。

（3）涉及临时用电的动火作业，应由电气专业人员拆除电气线路和用电设备。

（4）动火作业完工后，作业现场负责人对作业过程进行总结，对发现的问题加以改进，将总结评估及改进意见和《动火作业安全许可证》存档于作业所在单位安全管理部门。

8.1.6　动火作业许可证管理

（1）《动火作业安全许可证》办理：动火作业实行作业许可按本章节规定进行办理，分级审批。

（2）《动火作业安全许可证》时效管理：①高度危险作业不超过 8h；较大危险作业不超过 8h，最多延长至 12h；一般危险作业不超过 72h。②动火作业超过有效期限，应重新进行作业审批，办理《动火作业安全许可证》。

（3）《动火作业安全许可证》是动火作业现场操作依据，只限在指定地点、指定措施和时间范围内使用，不得涂改、代签和转让，不得异地使用或扩大使用范围。

（4）《动火作业安全许可证》1 式 3 份：作业单位、作业主管部门和安全管理部门各持 1 份。作业完成后，由作业单位、作业主管部门将《动火作业安全许可证》交安全管理部门存档。

（5）动火作业因故取消，《动火作业安全许可证》由原审批人签批，并告知各相关方。

（6）《动火作业安全许可证》应编号，牧场安全管理部门应妥善保存动火作业记录，记录内容应包含但不限于以下资料：①动火作业许可证。②作业方案。③安全交底记录。④作业过程视频影像记录。⑤监督检查等其他相关记录。

文字记录保存时限不少于 2 年，影像记录不得少于 1 个月。

8.2　临时用电管理

8.2.1　术语和定义

8.2.1.1　临时用电

除按标准成套配置的，有插头、连线、插座的专用接线排和接线盘以外的，所有其他用于临时性用电的电缆、电线、电气开关、设备等组成的供电线路为非标准配置的临时性用电线路，简称临时用电线路。为施工、生产、检维修等需要，在正式运行的电源上接引临时用电线路的非永久性用电统称临时用电。

8.2.1.2　临时用电作业分级

临时用电作业按照危险等级分为一般危险、较大危险、高度危险三级，具体见下页表。

表　临时用电作业风险分级

级别	内容
高度危险	火灾危险性为甲类的场所（如易燃液体主剂库）或有限空间内进行临时用电作业；　同时进行其他危险作业且临时用电作业为较大危险级别
较大危险	火灾危险性为乙类的场所（如，锅炉房、易燃易爆粉尘）的临时用电；　潮湿环境的临时用电
一般危险	其他区域的临时用电

8.2.1.3　作业单位

实施临时用电作业的班组、生产区域、部门或相关方。

8.2.1.4　供电单位

根据批准的《临时用电作业安全许可证》，为临时用电作业单位执行供电的单位，如生产区域、牧场等。

8.2.1.5　作业主管部门

牧场对临时用电作业负有主要管理责任的职能部门，如工程部、设备部等。

8.2.1.6　作业所在单位

牧场内实施临时用电作业的场所所在生产区域或部门，如生产区域、仓储部门等。

8.2.1.7　作业现场负责人

直接指挥作业活动的现场负责人，如班组长、生产区域负责人、相关方现场负责人等。

8.2.2　职责要求

8.2.2.1　作业单位职责

（1）对临时用电作业负全面责任。

（2）参加临时用电作业现场碰头会，负责组织进行作业风险辨识，编制临时用电施工组织设计和作业方案。

（3）负责申请办理临时用电作业安全许可证，设立安全警示标志、安全告知牌。

（4）临时用电作业实施过程中，安排专人全程监护。

（5）在临时用电作业发生异常情况时，下达停止作业指令，组织应急救援。

（6）组织作业后清理和总结工作。

8.2.2.2　供电单位职责

（1）对临时用电施工组织设计和现场安全条件进行审核、确认，在临时用电线路铺设验收完成前不得送电，作业完成后切断电源。

（2）了解临时用电风险和应急程序。

（3）对临时用电作业进行现场检查，发现安全措施不完善，应立即停止用电作业。

（4）执行临时用电挂牌、上锁和摘牌、解锁。

8.2.2.3　作业主管部门职责

（1）组织临时用电作业现场碰头会，参与作业风险分析、作业方案制定。

（2）审核作业方案及作业人员安全资质，审批临时用电作业安全许可证，对现场安全情况进行确认。

（3）监督现场作业安全，发现违章作业立即制止。

8.2.2.4　作业所在部门职责

（1）按照属地管理的原则，对临时用电作业实施属地管理。

（2）参加临时用电作业现场碰头会，协助作业单位开展风险分析、制定安全措施。

（3）为作业单位提供必要的现场作业安全条件。

（4）协助审查作业单位临时用电作业方案。

（5）当作业主管部门（平级）派人监督时，指派人员协调现场临时用电作业安全；当上级部门要求指派作业所在部门人员进行监督时，服从安排。

（6）督促作业单位执行作业许可制度。

8.2.2.5　安全管理部门职责

（1）参加较大、高度危险临时用电作业现场碰头会。

（2）对临时用电作业安全条件进行现场确认，对危险作业许可进行审核。

（3）对临时用电作业现场安全管理情况进行监督检查，发现违章及时制止，发现不符合项督促相关单位及时整改。

（4）对临时用电作业许可、监护、监督、关闭环节中各部门履责情况进行倒查，并定期考核、通报。

（5）妥善保存危险作业记录。

（6）作业许可证归口管理。

8.2.2.6　作业现场负责人职责

（1）对临时用电作业负全面责任。

（2）参加临时用电作业现场碰头会，组织作业场所风险辨识，组织制定临时用电施工组织设计和作业方案。

（3）办理《临时用电作业安全许可证》。

（4）组织现场安全技术交底和安全培训。

（5）组织落实作业安全管理要求，安排专人全程监护。

（6）保障作业现场安全条件，督促作业人员正确穿戴劳动防护用品，不得出现"三违"现象。

（7）作业完毕，负责组织现场清理及验收。

8.2.2.7　作业审批人职责

（1）清楚作业过程中可能存在的风险，具备审批能力。

（2）按照规定权限审批危险作业安全许可证。

（3）对于较大、高度危险作业，作业前到现场指导、监督安全措施落实情况。

（4）批准或取消作业。

8.2.2.8 作业人员职责

（1）掌握作业安全操作程序，具备相应操作能力并持证上岗。

（2）持经审批有效的作业安全许可证进行作业，严格按照作业许可及操作规程的要求进行作业，正确使用现场安全设备设施，正确穿戴劳动防护用品。

（3）作业前，充分了解作业的内容、地点、时间和要求，熟知作业过程中的危害因素并核实相应安全措施是否落实，审批手续是否完备，若发现不具备条件或违章指挥时，有权拒绝实施作业。

（4）明确作业人员自保互保联保的职责。1名员工应自我保护，2名员工应相互保安，3名及以上员工之间应共同保安。作业过程中如发现"三违"情形和作业条件或人员异常等情况，应停止作业，及时报告，并采取适当安全措施。

（5）作业完毕，对现场进行清理。

8.2.2.9 监护人职责

（1）全面了解作业区域的环境、工艺情况、作业活动危险有害因素和安全措施，掌握急救方法，熟悉现场处置方案，熟练使用应急救援设备设施，负责临时用电作业现场的监护与检查。

（2）作业前核实安全措施落实及警示标识设置情况。

（3）作业期间全程监护作业人员动态和作业进展，监控作业环境和周边动态，发现现场施工人员的"三违"行为，或安全措施不完善等，有权提出停止作业，及时制止与作业无关的人员进入作业区域，在危险作业发生异常情况时，立即进行应急处置并上报。

（4）参与作业完成后的现场清理和验收。

（5）配备必要的救护用具，监护期间严禁擅自离岗，不得同时从事其他与监护无关的工作。

8.2.2.10 监督人职责

（1）具备监督能力，掌握临时用电作业管理要求，熟悉工况环境与工艺情况，清楚作业活动危险有害因素、安全措施和现场处置方案，熟练使用应急救援设备设施。

（2）对临时用电作业过程开展监督。

（3）使用摄像头或执法仪监督作业活动。

（4）作业过程中及时制止作业人员的违章行为，终止不符合安全作业条件的作业。

（5）作业结束后，参与现场验收。

8.2.2.11 带班值班领导职责

（1）召开每日带班值班例会，分析当班临时用电作业工作的重点；将临时用电作业落实情况作为当班巡查时重点巡查内容，记录及处置巡查发现问题，巡查内容包括但不限于：①作业许可证是否处于有效期内。②实际作业内容与作业方案、作业许可证是否相符。③作业相关人员是否变化，监护人是否在场。④作业现场应急装备、劳动保护用品是否配备齐全并按规定使用。⑤5作业现场环境是否发生变化。⑥作业现场是否存在明显重大安全隐患。⑦将当班临时用电作业状况、存在的问题及原因、需要注意的事项等做好记录并交接。

（2）作业出现异常或紧急情况时，安排相关部门和专业人员进行处置；发生作业事故时，立即组织抢险和救援，根据事故危害程度，组织现场人员撤离或者采取可能的应急措施后撤离； 在规定的时间内上报政府相关部门，不得迟报、漏报、谎报和瞒报。

8.2.3 作业前安全管理要求

8.2.3.1 作业前准备工作

（1）危险作业基本原则：按照规避、消除、减轻先后次序，尽可能减少临时用电作业的风险、频次、持续时间和作业人员数量，避免临时用电作业为首选。

（2）明确人员：作业过程中参与人员包括作业现场负责人、作业人员、监护人、作业审批人和监督人。

相关方进行危险作业时，由作业所在部门、作业主管部门或安全管理部门对其作业活动进行监督。当作业活动为内部组织，且由内部员工进行作业时，监护人可承担监督人的职责，由一人在现场进行监督监护即可。监督人必须经过培训并经考核合格。

（3）落实责任制：作业单位现场负责人是临时用电作业第一责任人。应对安全技术负责并建立、健全临时用电作业安全生产责任制，明确临时用电作业负责人、作业人、监护人安全生产职责，将责任落实到具体人员。

（4）承包商管理：单位委托承包单位进行临时用电作业时，应严格承包管理，规范承包行为，不得将工程发包给不具备安全生产条件的单位和个人。

（5）实施风险辨识：作业前，作业单位现场负责人应对作业内容、作业环境、作业人员资质、用电设备、供电线路等方面进行风险辨识，将辨识结果填入《临时用电作业安全风险分析表》。

（6）制定控制措施：根据风险辨识结果，作业单位现场负责人应组织制定相应的作业程序及安全措施，并安全控制措施填入《临时用电作业风险分析表》。

临时用电时间超过 1 个月或临时用电设备在 5 台以上（含 5 台）或设备总容量在 50kW 以上（含 50kW）的，应专门进行临时用电施工组织设计，临时用电施工组织设计可包括但不限于以下内容：①现场勘测结果。②确定电源进线，变电所或配电室、配电装置、用电设备位置及线路走向。③负荷计算；④选择变压器容量、导线截面、电器的类型和规格；⑤设计配电系统，绘制临时用电工程图纸，主要包括：用电工程总平面图、配电装置平面布置图、配电系统接线图、临时用电施工图、接地装置设计图；⑥确定个人防护装备；⑦制定临时用电线路设备接线、拆除方案；⑧制定安全用电技术措施和电气防火措施；⑨设计防雷装置；⑩现场应急处置措施、应急资源配置。

施工现场临时用电设备在 5 台以下和设备总容量在 50kW 以下者，也应制定安全用电和电气防火措施。

（7）作业方案：针对较大、高度级别的临时用电作业，作业单位应制定专门的作业方案。

方案内容包括但不限于以下内容：编制依据；危险作业概况（作业时间、作业地点、作业内容、人员分工、作业程序）；作业安全分析；劳务用工及劳动组织合理性分析；安全措施及落实人；现场应急处置措施等。

（8）提交作业信息：作业单位应在完成上述工作后填写《临时用电作业安全许可证》，并将经过相关单位审核的《临时用电作业风险分析表》、作业方案及临时用电施工组织设计（如涉及）提交作业主管部门和安全管理部门审查，《临时用电作业安全许可证》各项内容应填写齐全。

（9）召开现场碰头会：

——现场碰头会

在签发许可证前，作业主管部门应当组织相关单位和部门召开现场碰头会。涉及相关方的，应当通知相关方派人员参加碰头会。

碰头会的主要内容应至少包括：①作业单位，介绍作业任务、当天的作业流程和工作安排，涉及作业方案，应介绍作业方案的有关要求。②供电单位、作业所在部门，应当介绍基本情况、潜在的风险和注意事项。③安全管理部门，对现场作业安全条件是否具备的情况进行分析，提出工作要求。④作业单位、供电单位、作业所在部门、安全管理部门、相关方等相关部门和单位应针对作业前、作业中、作业后整个过程可能存在的风险、防护措施、注意事项、应急处置等内容进行相互告知，相互确认。

——安全措施验证

根据作业分级，安全管理部门或作业单位应会同作业相关单位进行现场安全措施验证检查，并填写《安全条件确认表》。

一般危险作业由作业单位兼职安全员进行现场验证检查； 较大及以上的危险作业由安全管理部门委派人员进行现场验证检查。

安全措施验证时，发现安全措施不到位或存在着未经辨识的风险时，应立即提出并要求采取控制措施，风险未经控制前，不得审批。

（10）办理许可证：

——许可证审批

作业单位现场负责人负责提交危险作业许可证申请，一般作业、较大危险作业由作业所在部门和安全管理部门审核、作业主管部门审批，高度危险作业，还应提交安全分管领导或牧场主要负责人审批。作业审批人对作业单位提交的《临时用电作业安全许可证》及相关材料进行审查，必要时进行现场确认后签署审批意见。

作业审批时应经现场确认符合安全作业条件。有以下情形之一的，不得批准：①作业人员和监护人、监督人、审核人未经过相关培训并考核合格，或者身体条件达不到作业安全要求。②作业方案、安全防护措施、现场处置措施不全或错误。③劳务用工、劳动组织不合理。④设备设施存在缺陷或超范围使用。⑤环境条件不符合作业标准；环境检测不合格或达不到要求；现场危险告知不全的。⑥现场存在隐患或其他威胁作业安全的情况。确需作业时，应整改隐患后重新提交作业申请。

——提级管理

以下情形应按照上一级风险等级的危险作业进行管理：①事故应急和紧急抢修等情况下确需作业的。②交叉危险作业，当一方的作业活动影响到另一方的安全的。③多方交叉作业，当一方的作业活动影响到另一方的安全的。④节假日、极端天气下及重大社会活动期间确需进行作业的。⑤有必要执行的其他情形。

夜间等特殊时段以及暴雨等极端天气条件下，原则上不得安排临时用电作业。

（11）安全技术交底：临时用电作业前，作业现场负责人应对作业人员进行安全技术交底，并填写《临时用电作业安全技术交底表》，告知作业中存在的风险、现场环境和作业安全要求，以及作业中可能遇到意外时的处理和救护方法。作业现场负责人、作业人员、监护人与监督人应熟知现场情况和现场处置方案。包括但不限于：①作业时间。②作业现场及周边环境情况。③作业主要安全风险与控制措施。④安全作业步骤与注意事项。⑤相关人员分工。⑥作业监护和监测要求。⑦个人防护用品佩戴。⑧可能应急情形与处置程序。⑨与周边单位联络和沟通方式等。⑩其他需要交底的内容。

（12）安全警示标识及挂牌：作业现场负责人应根据实际情况合理划定危险作业区域，并在现场张贴或悬挂危险作业安全许可证，设定与现场风险相对应的安全警示标识。

在临时用电场所的进入位置及作业区域应实施隔离和出入管控措施，并设置安全警示标识。

禁止标志："禁止靠近""禁止跨越""禁止攀登""禁止合闸""禁止烟火"。

警告标志："当心触电""注意安全""当心电缆"。

指令标志："必须穿防护鞋""必须带防护手套""必须戴安全帽""必须接地"。

对较大及以上危险作业应在现场张贴《临时用电作业安全告知》，明确作业内容、作业时间、作业单位、注意事项、现场负责人、监护人等相关人员及联系方式。

8.2.3.2　作业前检查

作业现场负责人应对照《临时用电作业安全条件确认表》《临时用电作业安全技术交底表》中所提出的临时用电作业涉及的设备设施、工具、劳动防护用品、环境条件、安全警示标志等安全措施和要求进行逐项检查和确认。

（1）作业人员条件检查：临时用电作业前，作业单位现场负责人应对作业人员的资格和身体状况进行检查。作业人员应了解作业过程面临危害，掌握危害控制措施，持有生产经营单位核发的安全培训上岗证。特种作业人员应具有《特种作业操作证》。对患有职业禁忌证（如色盲、癫痫病、精神疾病等）、饮酒、患病、超龄等不适于临时用电作业的人员，不得进行临时用电作业。

（2）设施设备安全检查：临时用电作业中用到的安全警示标志、工具、仪表、电气设施和各种设备，作业单位应在作业前加以检查，确认其完好后方可投入使用。

（3）《临时用电作业安全许可证》检查：作业前，作业现场负责人及监督人应对照《临时用电作业安全许可证》相关内容，对现场环境、防护措施、安全设施等进行仔细检查，核实安全防护措施落实到位后方可批准作业。现场发现《临时用电作业安全许可证》内容不全、安全措施不到位或存在未经辨识的危害时，应立即提出并要求采取控制措施，风险未经控制前，不得作业。

（4）劳动防护用品检查：安装连接临时用电所需的劳保用品是否经过检测，是否在有效期内；严禁使用未经检测或已报废的电工劳动保护用品。作业人员应具备辨识临时用电作业隐患及其防范措施，正确辨识和使用相应的劳动保护用品。

8.2.3.3 员工拒绝不符合安全条件的危险作业情形

发生以下情形之一的，作业人员有权拒绝或停止危险作业：

（1）危险作业未经审批，许可证过期或失效。

（2）现场设施设备、作业环境未进行检测或达不到安全作业条件。

（3）自身或其他作业人员不具备危险作业所需的能力和身体条件。

（4）未按照危险作业安全许可证及作业方案要求实施作业。

（5）劳动防护用品达不到防护要求。

（6）作业监护人未到场。

（7）已经出现明显的事故征兆的。

（8）作业条件发生重大变更的情形。

（9）其他严重影响作业安全的情况。

8.2.3.4 多项危险作业处理

临时用电作业中涉及其他危险作业时，作业证审批应以危险等级较大的进行办理，但风险分析、安全措施确认等内容应同时符合其他危险作业要求。由外来人员施工的除执行本章节外，还应执行外来人员作业相关安全管理规定。

8.2.4 作业中安全管理要求

8.2.4.1 临时用电线路铺设及用电设备安装

临时用电线路及设备须经专业电工安装完毕，并由作业部门现场负责人、安全管理部门联合验收，符合本章节要求后，方可开始供电。

（1）安装、巡检、维修或拆除临时用电线路、设备的作业，应由具备相应资质和能力的电工进行，并应有人监护。电工等级应同工程的难易程度和技术复杂性相适应。

（2）临时用电电源应安装漏电保护器，在每次使用前应利用试验按钮进行测试。

（3）各类移动电源及外部自备电源，不得接入电网。动力和照明线路应分路设置；临时用电作业单位不得擅自增加用电负荷，变更用电地点、用途。

（4）在施工现场使用专用变压器供电的 TN-S 接零保护系统中，电气设备的金属外壳必须与保护零线连接。保护零线应由工作接地线、配电室（总配电箱）电源侧零线或总漏电保护器电源测零处引出。

（5）爆炸危险区域的临时用电线路和电气设备的设计与选型应符合有关防爆、防粉尘规范的等级要求。

（6）使用一次侧为 50V 以上电压的接零保护系统供电，二次侧为 50V 及以下电压的安全隔离变压器时，二次侧不得接地，并应将二次线路用绝缘管保护或采用橡皮护套软线，当采用普通隔离变压器时，其二次侧一端应接地，且变压器正常不带电的外露可导电部分应与一次回路保护零线相连接；以上变压器还应采取防直接接触带电体的保护措施。

（7）施工现场的临时用电电力系统严禁利用大地做相线或零线。

（8）保护零线必须采用绝缘导线。配电装置和电动机械相连接的 PE 线应为截面不小于

$2.5mm^2$ 的绝缘多股铜线。手持式电动工具的 PE 线应为截面不小于 $1.5mm^2$ 的绝缘多股铜线。

（9）PE 线上严禁装设开关或熔断器，严禁通过工作电流，且严禁断线。

（10）在 TN 系统中，下列电气设备不带电的外露可导电部分应保护接零：①电机、变压器、电器、照明器具、手持式电动工具的金属外壳。②电气设备传动装置的金属部件。③配电柜与控制柜的金属框架。④配电装置的金属箱体、框架及靠近带电部分的金属围栏和金属门。⑤电力线路的金属保护管、敷线的钢索、起重机的底座和轨道、滑升模板金属操作平台等。⑥安装在电力线路杆（塔）上的开关、电容器等电气装置的金属外壳及支架。

（11）TN 系统中的保护零线除必须在配电室或总配电箱处做重复接地外，还必须在配电系统的中间处和末端处做重复接地。

在 TN 系统中，保护零线每一处重复接地装置的接地电阻值不应大于 10Ω。在工作接地电阻值允许达到 10Ω 的电力系统中，所有重复接地的等效电阻值不应大于 10Ω。

（12）使用期限在 1 个月以上的临时用电线路，应采用架空方式安装，并满足以下要求：①临时用电线路径选择要合理，宜避开热力管线、易碰、易撞、易受雨水冲刷、振动和气体腐蚀地带，确实无法避开的应采取相应保护措施。②架空线路应架设在专用电杆或支架上，严禁架设在树木、脚手架及临时设施上。③在架空线路上不得进行接头连接，如果必须接头，则须进行结构支撑，确保接头不受拉力、张力。④临时架空线最大弧垂与场面距离，在施工现场不低于 2.5m，穿越机动车道不低于 5m。⑤在起重机等大型设备进出的区域内不允许使用架空线路。

（13）使用期限在 1 个月以下的临时用电线路，可采用地面（地埋）走线方式，走线应满足以下要求：①所有的地埋走线应设有走向标识和安全标识。②横跨道路或在有重物挤压危险的部位，应加设防护套管，套管应固定；当位于交通繁忙区域或有重型设备经过的区域时，应用混凝土预制件对其进行保护，并设置安全警示标识。③要避免敷设在可能施工的区域内；④电线地埋深度不应小于 0.7m。

（14）所有的临时用电线路必须采用耐压等级不低于 500V 的绝缘导线。

（15）临时用电线路应设置过载、短路保护开关，并设置接地保护，使用前应检查电气装置和保护设施是否良好。

（16）配电箱、开关箱应装设端正、牢固。固定式配电箱、开关箱的中心点与地面的垂直距离应为 1.4～1.6m。移动式配电箱、开关箱应装设在坚固、稳定的支架上。其中心点与地面的垂直距离宜为 0.8～1.6m。

（17）配电箱、开关箱应装设在干燥、通风及常温场所，不得装设在有严重损伤作用的瓦斯、烟气、潮气及其他有害介质中，也不得装设在易受外来固体物撞击、强烈振动、液体浸溅及热源烘烤场所；配电箱、开关及电焊机等电气设备 15m 范围内，不得存放易燃、易爆、腐蚀性等危险物品。否则，应予清除或做防护处理。

（18）配电箱、开关箱内的电器（含插座）应先按其规定位置紧固安装在金属或非木质阻燃绝缘电器安装板上，不得歪斜和松动。然后方可整体紧固在配电箱、开关箱体内。

（19）配电箱的电器安装板上必须分设 N 线端子板和 PE 线端子板。N 线端子板必须与金属电器安装板绝缘；PE 线端子板必须与金属电器安装板做电气连接；进出线中的 N 线必须通过 N 线端子板连接；PE 线必须通过 PE 线端子板连接。

（20）临时用电线路的保护开关型号和熔丝（片）规格应符合安全用电要求，不得用其他金属丝代替熔丝。

（21）所有断开开关、临时插座应贴有标签，并注明供电电压。

（22）开关箱、配电箱（电源箱）应保护整洁，接地良好，设有电压标识和危险标识。使用电缆供电的，绝缘皮不得有破损，接头应做好绝缘，确保线路完好。

（23）开关箱必须装设隔离开关、断路器或熔断器、漏电保护器。当漏电保护器同时具有短路、过载、漏电保护功能的漏电断路器时，可不装设断路或熔断器。漏电保护器应装设在总配电箱、开关箱靠近负荷的一侧，且不得用于启动电气设备的操作。漏电保护器应按产品说明书安装、使用。

（24）生产区域内为检修而设置的固定电源箱，布线应符合规范要求，并具有漏电、过载、短路保护，设在爆炸危险场所的应符合防爆等级要求。

（25）临时电源暂停使用时，搬迁、移动临时用电线路时，应在电源接引点切断电源挂牌上锁，钥匙由执行断电的电气专业人员保管，由供电单位验收后方可继续供电。

（26）用电作业现场应配备状态良好且数量适宜的绝缘杆、绝缘靴（鞋）等应急器具。

8.2.4.2 送电、停电程序

送电操作顺序为：总配电箱—分配电箱—开关箱（上级过载保护电流应大于下级）。停电操作顺序为：开关箱—分配电箱—总配电箱（出现电气故障的紧急情况除外）。

施工现场停止作业 1 小时以上时，应将动力开关箱断电上锁。

8.2.4.3 作业中安全防护

临时用电作业人员必须按规定佩戴劳动防护用品。

8.2.4.4 作业中沟通

作业过程中，作业人员、监护人、电气专业人员之间应保持良好信息沟通，发现问题应及时沟通和处理。

8.2.4.5 劳动纪律

用电作业过程中，作业人员、监护人不得离开现场。

8.2.4.6 作业过程监督

供电单位、作业主管部门或安全管理部门应随时对临时用电作业现场进行安全检查，发现隐患及时督促整改。临时用电线路、设备安装、拆除及送、断电作业过程应全程进行影像记录监控。

临时用电线路、设备安装完毕并正式送电后的用电作业管理，纳入日常安全监督管理。

临时用电线路及用电设备拆除，应由供电单位电气专业人员停止供电，电气专业人员佩戴好劳动防护用品，使用绝缘工具拆除。线路拆除后应将原接线电箱进行锁闭，防止上端误送电。

8.2.4.7 应急管理

作业过程中发现临时用电作业的安全技术设施有缺陷和隐患时，应及时解决；危及人身安全时，应停止作业，并根据现场处置方案规定程序启动应急和撤离。

8.2.5 作业后安全管理要求

8.2.5.1 现场清理

临时用电作业结束后，作业现场负责人应组织作业人员清扫现场、清理物品，运走作业用工具、拆卸下的物件、余料和废料，现场恢复原状。

8.2.5.2 摘牌解锁

执行挂牌、上锁的电气专业人员，作业完毕或危险状态消除后，实施摘牌、解锁。

8.2.5.3 作业验收与总结

作业现场负责人组织对现场进行验收合格后方可关闭作业，作业人员撤离作业场所。验收不合格的，应组织整改，消除隐患后方可关闭作业。作业现场负责人、监护人、监督人、供电单位要对作业关闭进行现场签字确认。同时，对作业过程进行总结，对发现的问题加以改进。总结评估改进意见会同《临时用电作业安全许可证》存档作业所在单位安全管理部门。

8.2.6 临时用电作业安全许可证管理

（1）作业安全许可证应按时、定点、定人和定内容使用。

如发生时间、地点、环境、人员或作业内容等变更，应重新履行审批程序。危险作业许可证严禁超期、转让、异地使用或扩大范围使用。

（2）《临时用电作业安全许可证》有效期限：①生产场所检维修临时用电不超过 8 小时。②生产场所检维修临时用电，用电人员、现场条件没有发生变化，经书面审查和现场核查，确认需要更长时间作业，根据作业性质、作业风险、作业时间，经供电单位、作业主管部门、安全管理部门协商一致确定有效期限，但不得超过 15 天。③工程施工临时用电，经供电单位、安全管理部门、作业主管部门协商一致确定具体有效期限。

（3）《临时用电作业安全许可证》1 式 3 份：作业单位、供电单位、作业主管部门各持 1 份。作业完成后，作业现场负责人、监护人、监督人、供电单位将《临时用电作业安全许可证》签字关闭，交安全管理部门存档。

（4）临时用电作业因故取消，由原批准人取消《临时用电作业安全许可证》，并告知各相关方。

（5）《临时用电作业安全许可证》应编号存档，保存期不少于 2 年，影像记录不得少于 1 个月。

8.3 有限空间作业管理

8.3.1 术语和定义

8.3.1.1 有限空间

是指封闭或者部分封闭，与外界相对隔离，出入口较为狭窄，作业人员不能长时间在内工作，自然通风不良，易造成有毒有害、易燃易爆物质积聚或者氧含量不足的空间。

8.3.1.2　有限空间作业

是指作业人员进入有限空间实施的作业活动。作业包括施工、维修、保养、清理等。

8.3.1.3　封闭（半封闭）设备

指储罐、锅炉、管道、槽车等。

8.3.1.4　地下有限空间

指地下管道、地下室、地下仓库、地下工程、地下污水泵房、沟、坑、井、窖、污水池（井）、沼气池及化粪池、下水道等。

8.3.1.5　地上有限空间

指储藏室、蓄水塔（池）、烟道等。

8.3.1.6　风险分级

有限空间作业分为三级，具体如下表：

表　有限空间作业分级表

级别	作业人数	作业环境风险
高度危险	≥ 10	火灾爆炸风险，如存在甲烷、酒精、一氧化碳等
较大危险	3 ～ 9	中毒风险，如存在硫化氢等
一般危险	≤ 2	其他风险

8.3.1.7　作业单位

实施危险作业的班组、生产区域、部门或相关方。

8.3.1.8　作业主管部门

牧场对危险作业负有主要管理责任的部门，如业务部、仓储部、设备部等。

8.3.1.9　作业所在部门

牧场内实施危险作业的场所所在生产区域或部门，如生产区域、仓储部或外包方等。

8.3.1.10　作业现场负责人

直接指挥作业活动的现场负责人，如班组长、生产区域负责人、相关方现场负责人等。

8.3.2　有限空间管理

（1）牧场对有限空间应实行编号清单管理，形成本单位的《有限空间清单》。

（2）《有限空间清单》应实行动态管理。各部门应坚持在日常持续关注、不断识别并及时上报进行增减和完善。每年安全主管部门应组织相关部门进行一次集中识别、判定，并更新《有限空间清单》。

（3）安全主管部门应组织各部门在有限空间入口处或醒目处设置"有限空间作业安全告知牌"，安全主管部门予以协助和监督指导。告知牌内容应包括警示标志、作业现场危险性、安全操作注意事项、危险有害因素浓度要求、应急处置措施和联系方式等。各部门应在日常加强对告知牌的维护和管理，保持其清晰、完好，并教育和督促员工严格执行告知牌所告知的要求。

（4）牧场对有限空间控制应按照"优先综合治理，其次封闭隔离，而后作业控制"的原则进行，具体控制措施及其先后顺序如下：①采取技术革新、设备改造等措施从本质上减少或消除有限空间。②采取改进作业组织、封闭隔离等措施，减少或消除有限空间作业。③按照本制度及有关规定、规程对有限空间作业过程进行控制。

8.3.3 职责要求

8.3.3.1 作业单位职责

（1）对有限空间作业安全负全面责任。

（2）负责组织进行作业风险辨识，编制有限空间作业安全方案和现场处置方案。

（3）负责办理《有限空间作业安全许可证》，设立安全警示标志。

（4）有限空间作业实施过程中，安排专人全程监护。

（5）在有限空间作业环境、作业方案和防护设施及用品达到安全要求并对作业人员进行安全技术交底后，方可安排人员进入有限空间作业。

（6）在有限空间及其附近发生异常情况时，负责下达停止作业指令，组织应急救援。

（7）组织作业后清理和总结工作。

8.3.3.2 作业主管部门职责

（1）审查作业单位安全施工方案，审批有限空间作业安全许可证，审核作业人员安全资质，对现场安全情况进行确认；检查、确认作业前安全准备情况。

（2）监督、检查现场有限空间作业安全，发现违章及时制止，发现不符合项督促作业单位及时整改。

（3）督促作业单位执行作业安全许可制度。

（4）审核现场处置方案。

（5）作业过程监督和应急。

8.3.3.3 作业所在部门职责

（1）按照属地管理的原则，对有限空间作业实施属地管理。

（2）向作业单位讲明有限空间的危险状况，协助作业单位开展危害识别、制定安全措施，并向作业单位提供现场作业安全条件。

（3）审查作业单位安全施工方案、应急处置方案，监督现场作业安全，发现违章作业立即制止。单位包括生产区域、牧场等。

（4）协助审查作业单位有限空间作业安全施工方案。

（5）当作业主管部门（平级）派人全程监督时，指派人员协调现场有限空间作业安全；当上级部门要求指派作业所在部门人员进行全程监督时，服从安排。

（6）督促作业单位执行作业许可制度。

8.3.3.4 安全管理部门职责

（1）对有限空间作业安全条件进行现场确认，对有限空间作业许可进行审核。

（2）对许可证、施工组织设计和现场处置方案进行审查。

（3）对作业现场安全管理情况进行监督检查，发现违章及时制止，发现不符合项督促作业单位及时整改。

（4）对有限空间作业许可、监护、监督、关闭环节中各部门履责情况进行倒查，并定期考核、通报。

（5）作业许可证归口管理。

8.3.3.5 作业现场负责人职责

（1）对有限空间作业负全面责任。

（2）组织作业场所风险辨识，组织制定有限空间作业安全措施方案。

（3）负责办理有限空间作业安全许可证。

（4）组织落实作业安全管理要求，安排专人全程监护。

（5）保障作业现场安全条件，督促作业人员正确穿戴劳动防护用品，不得出现"三违"现象。

（6）作业完毕，负责组织现场清理及验收。

8.3.3.6 作业人员职责

（1）负责在保障安全的前提下进入有限空间实施作业任务。作业前应了解作业的内容、地点、时间、要求，熟知作业中的危害因素和应采取的安全措施。

（2）掌握作业安全操作程序，具备相应操作能力并持证上岗。

（3）持经审批有效的作业安全许可证进行作业，严格按照作业许可及操作规程的要求进行作业。

（4）确认安全防护措施落实情况。

（5）遵守有限空间作业安全管理标准，正确使用有限空间作业安全设施与个体防护用品。

（6）与监护人员进行有效的信息交流。

（7）服从作业监护人的指挥，如发现作业监护人员不履行职责时，应停止作业并撤出有限空间。

（8）如出现异常情况或感到不适、呼吸困难时，应立即向作业监护人发出信号，由监护人协助迅速撤离现场。

（9）对违章指挥、强令冒险作业、安全措施未落实等情况，有权拒绝作业。

（10）明确作业人员自保互保联保的职责。1名员工应自我保护，2名员工应相互保安，3名及以上员工之间应共同保安。作业过程中如发现"三违"情形和作业条件或人员异常等情况，应停止作业，及时报告，并采取适当安全措施。

（11）作业完毕，对现场进行清理。

8.3.3.7 监护人职责

（1）全面了解有限空间和周围状况，掌握急救方法，熟悉应急处置预案，熟练使用应急器材及其他救护器具，确认各项安全措施落实到位后方可允许作业，对所有现场施工人员的违章行为，有权批评教育或制止。

（2）作业前核实安全措施落实及警示标识设置情况。

（3）监护人要佩戴明显的标志，坚守岗位，不得擅离现场，特殊情况需要离开时，应要求作业人员停止作业。

（4）对有限空间作业人员的安全负有监督和保护的职责。

（5）了解可能面临的危害，对作业人员出现的异常行为能够及时察觉并做出判断，与作业人员及时沟通，保持联系，观察作业人员的状况，发现现场施工人员的"三违"行为或安全措施不完善等，有权提出停止作业。

（6）紧急情况下，立即向作业人员发出撤离警报，同时向周围发出救援信息，启动撤离行动并帮助作业人员迅速撤离，并在有限空间外实施救援，进行应急处置并上报。

（7）掌握应急救援的基本知识。

（8）对未经允许试图进入有限空间者进行劝阻。

（9）作业前，对作业人员和作业工器具进行登记。作业结束后，参与作业完成后现场清理和验收，清点作业人员和作业工器具。

8.3.3.8 监督人职责

（1）监督人不能为相关方作业单位人员，必须经过培训并经考核合格，具备监督能力，掌握有限空间作业管理要求，熟悉工况环境与工艺情况，清楚作业活动危险有害因素、安全措施和现场处置方案，熟练使用应急救援设备设施。

（2）对相关方人员进入作业区域至离开作业区域全过程开展监督。

（3）应使用摄像头或执法仪全程监控作业活动，严禁离岗，不得做与监督无关的工作。

（4）作业过程中及时制止有限空间作业人员的违章行为，终止不符合安全作业条件的有限空间作业。

（5）有限空间作业结束后，参与现场验收。

8.3.3.9 作业审批人职责

（1）掌握有限空间作业风险和应急程序，具备审批有限空间作业的能力。

（2）作业前详细了解作业内容及周围情况，检查安全防护措施是否到位，参与作业安全措施的制定、落实，向作业人员交代作业任务和作业安全注意事项。

（3）负责审查《有限空间作业安全许可证》的办理是否符合要求，与作业方沟通工作区域危害和基本安全要求，到现场核查安全措施落实情况，审批《有限空间作业安全许可证》。

（4）书面授权具有审批有限空间作业能力的人批准《有限空间作业安全许可证》，承担有限空间作业的审批责任。

（5）对于较大、高度有限空间作业，作业前到现场指导、监督安全措施落实情况。

8.3.3.10 带班值班领导职责

（1）召开每日带班值班例会，分析当班有限空间作业工作的重点；将有限空间作业落实情况作为当班巡查时重点巡查内容，记录及处置巡查发现问题。

（2）将当班有限空间作业状况、存在的问题及原因、需要注意的事项等做好记录并交接。

（3）有限空间作业出现异常或紧急情况时，安排相关部门和专业人员进行处置；发生有限空间作业事故时，在确保自身安全条件下立即组织抢险和救援，根据事故危害程度，组织现场人员撤离或者采取可能的应急措施后撤离；在规定的时间内上报政府，不得迟报、漏报、谎报和瞒报。

8.3.4 作业前安全管理要求

8.3.4.1 基本原则

按照规避、消除、减轻先后次序，尽可能减少有限空间作业的风险、频次、持续时间和作业人员数量，避免有限空间作业为首选。

8.3.4.2 作业人员

作业过程中参与人员包括作业现场负责人、作业人员、监护人、作业审批人和安全监督人员。监护人应由有限空间作业单位班组长或外来施工单位指定有经验的人员担任，安全监督人员由作业所在单位安全管理部门或监理单位根据实际需要委派。

8.3.4.3 职责分工

作业单位现场负责人是有限空间作业第一责任人。应对安全技术负责并建立、健全有限空间作业安全生产责任制，明确有限空间作业负责人、作业者、监护者职责；将责任落实到具体人员。

8.3.4.4 承包商管理

（1）单位委托承包单位进行有限空间作业时，应严格承包管理，规范承包行为，不得将工程发包给不具备安全生产条件的单位和个人。

（2）由外来人员施工的除执行本章节要求外，还应执行《外来施工人员现场安全许可标准》。

8.3.4.5 作业方案

（1）除作业频次高于1次/月、作业等级为一般危险的有限空间作业外，作业单位均应当制定作业方案。作业方案内容包括但不限于以下内容：①编制依据。②有限空间作业概况（作业时间、作业地点、作业内容、人员分工、作业程序）。③作业安全分析。④劳务用工及劳动组织合理性分析。⑤安全措施及落实人。⑥现场应急处置措施等。⑦其他。

（2）有限空间作业前，作业单位应会同安全管理部门、作业主管部门针对风险评估出来的重大风险制定有限空间作业事故应急预案，明确可能出现的紧急情况、现场应急措施、可靠的联络方式、作业人员紧急状况时的逃生路线和救护方法、现场应配备的救生设施和灭火器材等。应急预案应与作业所在单位的应急体系保持协调和统一。

8.3.4.6 作业安全许可

（1）牧场应根据不同的作业分级严格按照有限空间作业流程的规定开展有限空间作业安全许可申请。提交申请信息：①作业主管部门应结合作业内容和现场环境，根据不同的仓房形式，从作业前、作业中、作业后全过程对人的不安全行为、物的不安全状态、管理的缺陷和作业环境等方面，进行风险辨识，制定《有限空间作业安全风险分析表》。②作业现场负责人应对照《有限空间作业安全风险分析表》相关内容，对现场环境、防护措施、安全设施等进行仔细检查，核实安全防护措施落实到位，并在《有限空间作业风险分析表》上签字确认。③作业现场负责人填写《有限空间作业安全许可证》，并向作业主管部门提交审核，同时提交《有限空间作业风险分析表》。

（2）召开现场碰头会

——现场碰头会

作业主管部门收到作业现场负责人提交的信息后，应当适时组织作业所在部门、安全管理部门等相关单位和部门召开现场碰头会。涉及相关方作业的，作业主管部门应当通知相关方派员参加碰头会。碰头会的主要内容应至少包括：①作业单位，介绍作业任务、当天的作业流程和工作安排，涉及作业方案，应对介绍作业方案的有关要求。②作业所在部门，应当介绍基本情况、潜在的风险和注意事项。③安全管理部门，对现场作业安全条件是否具备的情况进行分析，提出工作要求。④作业单位、作业所在部门、安全管理部门、相关方等相关部门和单位应针对作业前、作业中、作业后整个过程可能存在的风险、防护措施、注意事项、应急处置等内容进行相互告知，相互确认。

——安全措施验证

根据作业分级，安全管理部门或作业单位兼职安全员应会同作业相关单位进行现场到现场进行安全措施验证检查，并填写《安全条件确认表》。

一般危险作业由作业单位兼职安全员进行现场验证检查；较大及以上的危险作业由安全管理部门委派人员进行现场验证检查。

安全措施验证时，发现安全措施不到位或存在着未经辨识的风险时，应立即提出并要求采取控制措施，风险未经控制前，不得审批。

（3）作业许可证办理：①分级审批，高度危险作业、较大危险作业、一般危险作业分别由牧场主要负责人、牧场主管负责人、作业所在部门负责人审批。②提级审批，在休息日、法定年节假日、特殊时期、多重危险作业和多方交叉作业等情况下开展有限空间作业时，提级至牧场主要负责人审批，并及时向相关部门和相关负责人提交有关资料说明情况。③多项危险作业及交叉作业，单一作业涉及多项危险作业时，原则上以风险最高的危险作业为主申请危险作业安全许可，兼顾其他危险作业安全要求。多项作业涉及交叉作业时，由作业所在部门进行统一指挥、统一协调，制定专项作业方案，签订安全管理协议，明确各自责任，作业时必须提级审批和管理。④审批拒绝：危险作业审批时应经现场确认符合安全作业条件。有以下情形之一的，不得批准：作

注：（1）休息日又称公休假日，是劳动者满一个工作周后的休息时间，即周六和周日。

（2）法定年节假日指国家法律、法规统一规定的用以开展纪念、庆祝活动的休息时间，即元旦、春节、清明节、劳动节、端午节、中秋节和国庆节等。

（3）特殊时期指极端天气、全国及地方两会期间，国家、地区重大活动期间以及其他重要或敏感时期。

业人员和监护人、监督人、审核人未经过相关培训并考核合格，或者身体条件达不到作业安全要求；作业方案、安全防护措施、现场处置措施存在重大缺陷；劳务用工、劳动组织不合理；作业工具或设备设施存在缺陷或超范围使用；环境条件不符合作业标准；环境检测不合格或达不到要求；现场危险告知不全的；现场存在隐患或其他威胁作业安全的情况。

（4）安全技术交底：作业现场负责人应对作业人员进行安全技术交底，告知作业中存在的风险、现场环境、作业安全要求，以及作业中遇到意外事故时的处理和救护方法，交底内容包括但不限于：①作业现场及周边环境情况。②作业方案、步骤与注意事项。③相关人员分工与职责，包括自保、互保和联保职责。④作业主要安全风险与控制措施。⑤作业监护和监测要求。⑥可能发生的事故、主要征兆与报告、处置程序。⑦防护用品佩戴及要求。⑧与周边单位联络和沟通方式等。⑨其他需要交底的内容。安全技术交底模板见附录。

（5）采用电子化审批有限空间作业时，可以不填写纸质许可，但是应当审批表中环境监测的相关内容。

8.3.4.7　作业前检查

（1）作业人员条件检查。有限空间作业前，作业单位现场负责人应对有限空间作业人员的作业资格和身体状况进行检查，检查内容主要包括但不限于：①作业人员是否了解作业过程面临危害，掌握危害控制措施。②作业人员是否持有相应的职业资格或经培训考核合格。③是否存在超龄人员（男不超60周岁，女不超50周岁）。④是否存在患有职业禁忌证、年老体弱、疲劳过度、视力不佳、饮酒、患病或精神不振等情形。

（2）设施设备安全检查：有限空间作业中使用的安全标志、工具、检测仪器、仪表、设施和各种设备，作业单位应在作业前加以检查，确认其完好后方可投入使用。

（3）《有限空间作业安全许可证》检查：作业前，作业现场负责人及安全监督人员应对照《安全措施确认表》相关内容，对现场环境、防护措施、安全设施等进行仔细检查，核实安全防护措施落实到位后方可批准作业。现场发现《有限空间作业安全许可证》内容不全、安全措施不到位或存在着未经辨识的危害时，应立即提出并要求采取控制措施，风险未经控制前，不得作业。

（4）作业现场负责人应在作业现场放置《有限空间安全风险告知牌》，明确危险作业等级、作业内容、作业时间、作业单位、注意事项、现场负责人、监护人等相关人员及联系方式。

8.3.5　作业中安全管理要求

8.3.5.1　基本原则

有限空间作业按照"先通风、再检测、后作业"的原则开展。

8.3.5.2　作业环境检测

（1）凡要进入有限空间进行作业，必须根据实际情况事先测定其氧气、有害气体、可燃性气体、粉尘的浓度，符合安全要求后方可进入。在未准确测定氧气浓度、有害气体、可燃性气体、粉尘的浓度前，严禁进入该有限空间作业场所。

（2）用于检测有限空间中气体的检测、分析仪器应在校验有效期内，在每次使用前、使用后，检查检测仪是否处于正常工作状态。

（3）采样点应有代表性、合理性，根据有限空间内容可能存在的气体性质确定采样点，容积较大的有限空间，应采取上、中、下各部位取样，上、下检测点距离有限空间顶部和底部均不应超过1m，中间检测点均匀分布，检测点之间距离不应超过8m。

（4）在作业过程中可能散发可燃、有毒有害气体的作业，应进行连续检测，有限空间进入者应随身携带连续检测仪，放置在能看到、听到或震动感受到的地方，以便于发现异常及时处理。

（5）作业者工作面发生变化时，视为进入新的有限空间，应重新检测后再进入。

（6）采样人员进入或深入有限空间应处于安全环境，采样时应采取必要的防护措施。

（7）检测时要做好检测记录，包括检测时间、地点、气体种类和检测浓度等。

8.3.5.3 危害因素评估

根据检测结果对作业环境危害状况进行评估，制定消除、控制危害的措施，确保整个作业期间处于安全受控状态。危害评估应依据 GB 8958—2006《缺氧危险作业安全规程》、GBZ 2.1—2019《工作场所有害因素职业接触限值 第1部分：化学有害因素》等标准进行。

8.3.5.4 消除危害措施

（1）安全隔绝：①有限空间与其他系统连通的可能危及安全作业的管道应采取有效隔离措施。②管道安全隔绝可采用插入盲板或拆除一段管道进行隔绝，不能用水封或关闭阀门等代替盲板或拆除管道。采用插入盲板进行隔绝的应执行《盲板抽堵作业安全许可标准》。③与有限空间相连通的可能危及安全作业的孔、洞应进行严密封堵。④有限空间带有搅拌器等用电设备时，应在停机后有效切断电源，加挂"有人作业、禁止合闸"警示牌并上锁，钥匙由作业人员保存。确实无法上锁的必须派专人监护。完工确认后解锁，摘除"有人作业、禁止合闸"警示牌。

（2）清洗或置换：有限空间作业前，应根据有限空间盛装（过）的物料的特性，对有限空间进行清洗或置换，检测并达到下列要求：①有限空间内的氧浓度应保持在19.5%～23.5%。②检测有毒、有害气体（物质）浓度应符合 GBZ 2.1—2019《工作场所有害因素职业接触限值标准》的规定。③有限空间内易燃易爆气体或液体挥发物应低于可燃烧极限或爆炸极限下限（LEL）的10%。对槽车、油轮船舶的拆修，以及油罐、管道的检修，空气中可燃气体浓度应低于可燃烧极限下限或爆炸极限下限（LEL）的1%。

（3）通风：应采取措施，保持有限空间空气良好流通，包括：①打开人孔、手孔、料孔、风门、烟门等与大气相通的设施进行自然通风。②通风后达不到标准时采取机械强制通风。③采用管道送风时，送风前应对管道内介质和风源进行分析确认。④禁止向有限空间充纯氧气或富氧空气。⑤在条件允许的情况下，尽可能采取正向通风即送风方向可使作业人员优先接触新鲜空气。⑥爆炸环境下，应使用防爆风机。

（4）作业防护措施：作业人员应当根据作业类别、风险分析等选择适宜的个体防护装备、采取相应的防护措施，有限空间经清洗或置换不能达到要求时，应采取相应的防护措施方可作业；①在缺氧或有毒的有限空间作业时，应佩戴隔绝式呼吸器、氧含量测定仪等，如佩戴长管呼吸器时，一定要仔细检查其气密性，同时防止通气长管被挤压，吸气口应置于新鲜空气的上风口。②在易燃易爆的有限空间作业时，作业人员应穿防静电服装、工作鞋，使用防爆工具。③当有限空间存在可燃性气体和爆炸性粉尘时，检测、照明、通信设备应符合防爆要求，作业人员在有酸碱等腐蚀性介质的有限空间作业时，应佩戴或穿着化学品防护服、防化学品手套、防化学品鞋等防护装备。④在产生噪声的有限空间作业时，应佩戴耳塞或耳罩等防噪声护具。⑤在有坠落风险的有限空间作业时，应戴安全带、系安全绳等防坠落防护装备。⑥在有物体打击风险的有限空间作业时，应佩戴或穿着安全帽、护目镜、防砸鞋等防击打防护装备。⑦防护装备以及应急救援设备设施应妥善保管，并按规定定期进行检验、维护，以保证设施的正常运行。

（5）照明及用电安全：①有限空间照明电压应≤36V，在潮湿容器、金属容器、狭小容器内作业电压应≤12V。在易燃易爆的有限空间作业时，作业人员应使用防爆电筒或电压≤12V的防爆安全行灯。②使用超过安全电压的手持电动工具作业或进行电焊作业时，应配备漏电保护器。在潮湿容器中，作业人员应采取可靠的绝缘措施，同时保证金属容器接地可靠。③临时用电应办理临时用电手续，应执行《临时用电作业安全许可标准》。④有限空间作业环境存在爆炸危险的，电气设备、照明用具应满足防爆要求。

（6）其他安全要求：①在有限空间作业时应在有限空间外设置安全警示标志，有限空间出入口应保持畅通。②有限空间作业不允许进行多工种、多层交叉作业。③作业人员不得携带与作业无关的物品进入有限空间，作业中不得抛掷材料、工器具等物品。④严禁作业人员在有毒、窒息环境摘下防毒面具。⑤难度大、劳动强度大、作业环境恶劣、时间长的有限空间作业应采取定时轮换作业。⑥在有限空间内使用二氧化碳或惰性气体保护焊作业时，必须在作业过程中通风换气，确保作业空间空气符合安全要求。⑦在有放射源的有限空间作业，作业前要对放射源进行处理，作业人员应采取防辐射个体防护措施，保证人员作业时接触剂量符合国家要求。⑧作业前，监护人员应对作业人员和作业工器具进行登记。

8.3.5.5 作业过程监护

（1）有限空间作业，在有限空间外应设有专人监护，监护人应全面了解有限空间和周围状况，掌握急救方法，熟悉应急处置预案，熟练使用应急器材及其他救护器具；在风险较大的有限空间作业，应增设现场救护人员。

（2）进入有限空间作业过程中，监护人应同作业人员按照事先约定的联络信号随时保持联络。

（3）监护人员不得脱离岗位及做与监护无关的事，并应掌握有限空间作业人员的人数、身份和作业进展情况，做好工作记录。

（4）作业过程中，严禁非作业人员进入受限作业空间，因工作需要进入的其他人员，须办理相关手续。在进入有限空间作业期间，严禁同时进行各类与该有限空间有关的工作。

（5）在受限作业空间从事具有挥发有毒有害气体的作业（如涂刷作业）时，应采取强制通风措施，保证有限空间作业的安全。

（6）作业环境监测：①作业中应定时监测，至少每 2 小时监测 1 次，也可同时选用有效的便携式检测仪对有限空间进行连续检测，如有一项不合格或监测分析结果有明显变化，应立即停止作业，撤离作业人员，经对现场处理并达到安全作业条件后方可恢复作业。②进入存在有毒有害物质的有限空间进行作业时，应当携带便携式检测仪对有限空间进行连续检测。③作业中断超过 30 分钟应重新进行监测分析，对人员重新进行清点，对可能释放有害物质的有限空间，应采用氧含量测定仪和便携式可燃气体检测仪连续监测。情况异常时应立即停止作业，撤离、清点作业人员，经对现场处理并取样分析合格后方可恢复作业。④涂刷具有挥发性溶剂的涂料时，有限空间存在残渣、自聚物等，在作业过程中可能散发可燃、有毒有害气体的作业，应做连续监测。

8.3.5.6 安全防护

（1）作业单位实施有限空间作业前和作业过程中，可采取强制性持续通风措施降低危险，保持空气流通。严禁用纯氧进行通风换气。

（2）作业过程中发现有限空间作业的安全技术设施有缺陷和隐患时，应及时解决；危及人身安全时，应停止作业，并根据现场处置方案规定程序启动应急和人员撤离。

8.3.5.7 应急处置

（1）在进行只存在窒息风险的有限空间作业时，作业单位应配备长管式呼吸器；在进行存在中毒风险的有限空间作业时，作业单位应配备正压呼吸器。

（2）作业单位应配备应急通信报警器材、便携式检测设备、大功率强制通风设备、应急照明设备、安全绳、救生索和安全梯等。

（3）监护人发现异常情况时，立即向作业人员发出撤离警报，同时向周围发出救援信息，并在有限空间外实施撤离救援。

（4）有限空间内发生窒息、中毒等事故时，救护人员必须佩戴隔离式防护面具进入有限空间内实施抢救，同时至少有 1 人在外部负责联络、协调、报告工作。

（5）任何人员不得在未佩戴呼吸防护装备的情况下进入有限空间内实施救援，救援过程中的其他个体防护装备根据实际情况选择。

8.3.6 作业后安全管理要求

（1）作业结束后，作业人员应认真检查有限空间内外，及时清理作业现场，将作业工具、材料带出有限空间，监护人员清点作业人员和作业工器具，并由作业主管部门负责验收。

（2）需要封闭有限空间前，由作业所在部门和作业单位现场负责人共同检查有限空间内外，清点作业人数和验收人，现场确认无误后方可封闭。进入有限空间作业完工后，作业单位现场负责人与作业所在部门负责人在作业安全许可证完工验收栏中签名。

（3）有限空间作业完工后，作业单位对作业过程进行总结，对发现的问题加以改进。总结检查表、评估改进意见会同《有限空间作业安全许可证》存档作业所在单位安全管理部门。

8.3.7 作业安全许可证管理

（1）进入有限空间作业必须办理《有限空间作业安全许可证》。一般有限空间由作业现场负责人将《有限空间作业安全许可证》、现场取样分析报告、现场处置方案和施工安全方案交作业所在部门审核后，经作业主管部门负责人审批后实施，报安全管理部门备案。

（2）夜班和节假日等特殊时段以及暴雨等极端天气条件下，原则上不安排有限空间作业。如确需开展有限空间作业，应当按照上一级风险等级的有限空间作业进行审批。

（3）工艺条件、作业环境条件改变、时间变更应重新办理《有限空间作业安全许可证》。

（4）1处有限空间、同一作业内容办理1张《有限空间作业安全许可证》。

（5）《有限空间作业安全许可证》有效期不超过8小时。

（6）《有限空间作业安全许可证》1式3份：作业人员、作业所在单位和作业主管部门各持1份。作业完成后，监护人将《有限空间作业安全许可证》签字关闭，交安全管理部门存档。

（7）《有限空间作业安全许可证》应编号，交由安全管理部门存档，保存期为3年。

8.4 吊装作业安全管理

8.4.1 术语和定义

8.4.1.1 吊装作业

利用各种吊装机具将设备、工件、器具、材料等吊起，使其发生位置变化的作业过程。

8.4.1.2 吊装机具

指桥式起重机、门式起重机、装卸机、缆索起重机、汽车起重机、轮胎起重机、履带起重机、铁路起重机、塔式起重机、门座起重机、桅杆起重机、升降机、电葫芦及简易起重设备和辅助用具。

8.4.1.3 吊装设备的标准负载能力

由制造商标明的最大吊升能力，与吊臂的长度及半径有关。

8.4.1.4 支腿

吊装设备上用于增加其稳定性或负载能力的可延伸且起固定作用的臂。

8.4.1.5 起吊重量

在货物起吊中，货物及所有在吊臂顶端悬挂的提升器械的最大总重量。

8.4.1.6 作业半径

吊挂货物中心的垂线与吊臂转动中心之间的距离。作业半径范围的区域称吊装区域。

8.4.1.7 吊装作业分级（见下表）

表　吊装作业分级

等级	内容
高度风险（一级）	吊装重物的质量＞100t的吊装作业
较大风险（二级）	吊装重物的质量≥40t至小于等于100t的吊装作业
一般风险（三级）	吊装重物的质量＜40t的吊装作业

有固定的起重设备进行的常规性吊装不在此管理范围，可参照本章节内容执行，无须办理许可证。

吊装作业根据不同风险等级，在审批流程、许可证有效期限、安全管理要求等方面实施差异化管理。遇特殊时段（节假日等）或同时涉及其他危险作业、多方交叉作业时应提级管理。

8.4.1.8　作业单位

实施吊装作业的班组、部门或相关方。

8.4.1.9　作业主管部门

牧场对吊装作业负有主要管理责任的部门，如生产部、设备部、工程部、项目部等。

8.4.1.10　作业所在部门

牧场内实施吊装作业的场所所在区域或部门，如生产区域、仓储部或外包方等。

8.4.1.11　作业现场负责人

直接指挥吊装作业活动的现场负责人，如班组长、生产区域负责人、相关方现场负责人等。

8.4.2　职责要求

8.4.2.1　作业单位职责

（1）对吊装作业安全负全面责任。

（2）负责组织进行作业风险辨识，编制吊装作业安全方案。

（3）负责办理吊装作业安全许可证，设立安全警示标志。

（4）吊装作业实施过程中，安排专人全程监护。

（5）在吊装作业环境、作业方案和防护设施及用品达到安全要求并对作业人员进行安全技术交底后，方可安排人员进行吊装作业。

（6）在吊装及其附近发生异常情况时，负责下达停止作业指令，组织应急救援。

（7）组织作业后清理和总结工作。

8.4.2.2　作业主管部门职责

（1）审查作业单位吊装作业安全施工方案。

（2）监督现场吊装作业安全，发现违章作业立即制止。

（3）审核一级《吊装作业安全许可证》及作业方案，审批二级、三级《吊装作业安全许可证》。

8.4.2.3　第三方（监理单位）职责

由第三方（监理单位）审批的《吊装作业安全许可证》，第三方应负责监督吊装作业，并履行作业监护人及其他职责。

8.4.2.4　作业所在部门职责

（1）按照属地管理的原则，对吊装作业实施属地管理。

（2）协助作业单位开展风险分析，制定安全措施。

（3）为作业单位提供必要的现场作业安全条件。

（4）协助审查作业单位危险作业方案。

（5）审核《吊装作业安全许可证》。

（6）当作业主管部门派人全程监督时，指派人员协调现场作业安全；当上级部门要求指派作业所在部门人员进行全程监督时，服从安排。

（7）督促作业单位执行作业许可制度。

8.4.2.5 安全管理部门职责

（1）对一、二级吊装作业安全条件进行现场确认，审核《吊装作业安全许可证》及作业方案。

（2）对作业现场安全管理情况进行监督检查，发现违章及时制止，发现不符合项督促作业单位及时整改。

（3）对吊装作业许可、监护、监督、关闭环节中各部门履责情况进行倒查，并定期考核、通报。

（4）对吊装作业安全许可证进行归口管理。

8.4.2.6 作业现场负责人职责

（1）对吊装作业负全面责任。

（2）在吊装作业前详细了解作业内容及周围情况，分析作业活动风险，检查安全防护措施是否到位。

（3）组织吊装作业安全措施的制定、落实。

（4）向作业人员有效传达作业任务和吊装作业安全注意事项，并对作业人员进行安全技术交底。

（5）负责办理吊装作业安全许可证。

（6）组织落实作业安全管理要求，安排专人全程监护。

（7）保障作业现场安全条件，督促作业人员正确穿戴劳动防护用品，消除"三违"现象。

（8）作业完毕，负责组织现场清理及验收。

8.4.2.7 指挥人员职责

（1）取得质量监督部门颁发的特种设备作业人员证书（起重机指挥Q1），掌握起重、吊装任务的技术要求。

（2）参加编制吊装作业方案制定、危险辨识和安全措施制定。

（3）组织起重吊装作业人员进行安全技术交底，认真交代指挥信号。

（4）选择和确定吊点及吊装器具。

（5）组织司机进行起重机检查、注油、空转和必要时的试吊。

（6）检查、落实吊装工具的种类、规格、件数及完好程度，检查索具的完好程度。

（7）对作业现场进行实地勘察，排除起重吊装的障碍物，检查高压线路是否对作业有影响、是否需要迁移，检验地面平整程度及耐压程度，确定起重机在作业时的位置，实地察看吊物，核算重量，估出重心，确定是否设牵制绳等。

8.4.2.8　起重司机职责

（1）取得质量监督部门颁发的特种设备作业人员证书（起重机司机 Q2），掌握起重、吊装任务的技术要求，遵守国家相关法律、法规及安全操作规程，不违章操作，拒绝违章指挥。

（2）作业前，充分了解作业的内容、地点、时间、要求，熟知作业过程中的危害因素并核实相应安全措施是否落实，审批手续是否完备。

（3）持经审批有效的作业安全许可证并严格按照要求进行作业，正确使用现场安全设备设施，正确穿戴劳动防护用品。

（4）司机必须听从指挥人员的指挥，当指挥信号不明时，司机应发出"重复"信号询问，明确指挥意图后，方可启动。

（5）对起重机及作业现场进行检查，确定达到安全作业条件。

（6）司机必须熟练掌握标准规定的通用手势信号和有关的各种指挥信号，并与指挥人员密切配合。

（7）司机在开车前必须鸣铃示警，必要时在吊装中应鸣铃，通知受负载威胁的地面人员撤离。

（8）在吊装过程中，司机对任何人发出的"紧急停止"信号都应服从。

8.4.2.9　司索人员职责

（1）必须穿戴好劳动防护用品，明确工作任务，检查作业现场是否合乎要求。

（2）司索人员交接班时，应对吊装索具及起重设备进行检查，发现异常时必须在操作前进行排除。

（3）根据吊装物件正确选用吊装工具和吊装方法，正确选择绑扎点，吊件需绑扎牢固，尖锐边角处用软物垫好。

（4）作业前应清理无关人员、吊装地点及运行通道上的障碍物。

（5）严格按照作业方案和作业规程进行作业，作业过程中如发现"三违"情形和作业条件或人员异常等情况，应停止作业。

8.4.2.10　监护人职责

（1）熟悉作业区域的环境、工艺情况、作业活动危险有害因素和安全控制措施，具备吊装监护经验，具备判断和处理异常情况的能力，掌握急救知识。

（2）核实安全措施落实情况，对现场进行监督检查，发现与作业票不符、安全措施未落实或出现异常情况时应立即制止作业。

（3）配备必要的救护用具，严禁擅自离岗，不得做与监护无关的工作。

（4）认真检查吊装作业使用的安全防护用品、器具并符合安全标准，监督作业人员正确使用。

（5）及时制止吊装作业人员的违章行为，严禁无关人员进入吊装区域或在吊物下通行或逗留。

（6）负责作业全过程视频录像。

8.4.2.11　监督人职责

（1）对相关方人员进入作业区域至离开作业区域全过程开展监督；监督人不能为相关方作业单位人员，必须经过培训并经考核合格，具备监督能力，掌握吊装作业管理要求，熟悉工况环境与工艺情况，清楚作业活动危险有害因素、安全措施和现场处置方案，熟练使用应急救援设备设施。

（2）应使用摄像头或执法仪全程监控作业活动，作业监督过程中严禁离岗，不得做与监督无关的工作。

（3）作业过程中及时制止吊装作业人员的违章行为，必要时可要求停止作业。

（4）当作业活动为牧场内部组织，且由内部员工进行作业时，监护人可承担监督人的职责，由1人在现场进行监督监护即可。

（5）吊装作业结束后，参与现场验收。

8.4.2.12　作业审批人员职责

（1）掌握吊装作业风险和应急程序，具备审批吊装作业的能力。

（2）按照规定权限审批吊装作业安全许可证。

（3）对于一、二级吊装作业，作业前到现场指导、核实安全措施落实情况。

8.4.2.13　带班值班领导职责

（1）分析当班吊装作业风险，部署安全措施，将安全措施落实情况作为当班巡查重点内容，及时解决巡查发现问题，并做好记录。

（2）吊装作业出现异常或紧急情况时，安排相关部门和专业人员进行处置；发生吊装作业事故时，立即组织抢险和救援，并按规定上报。

8.4.3　作业前安全管理要求

8.4.3.1　吊装作业基本原则

（1）指挥信号不明不准吊。

（2）斜牵斜拉不准吊。

（3）被吊物重量不明或超负荷不准吊。

（4）散物捆扎不牢或物料装放过满不准吊。

（5）吊物上有人不准吊。

（6）埋在地下物不准吊。

（7）机械安全装置失灵不准吊。

（8）现场光线暗看不清吊物起落点不准吊。

（9）棱刃物与钢丝绳直接接触无保护措施不准吊。

（10）六级以上大风不准吊。

8.4.3.2　明确作业人员

作业过程中参与人员包括作业现场负责人、指挥人员、司机、司索人员、监护人、作业审批人和监督人。监护人应由作业现场负责人指定具备监护能力的人员担任，监督人由作业所在部门或监理单位根据实际需要委派。

8.4.3.3 落实职责

作业现场负责人应对吊装作业安全技术负责，并要求相关人员落实安全职责。

8.4.3.4 实施风险辨识

吊装作业前，作业现场负责人应会同作业所在部门结合现场环境对作业活动进行风险辨识，辨识结果填入《吊装作业安全风险分析表》。

8.4.3.5 制定控制措施

根据风险辨识结果，作业现场负责人应组织制定相应的作业程序及控制措施，并将控制措施填入《吊装作业安全风险分析表》。

一、二级吊装作业应编制吊装作业方案。吊装物体虽不足40t，但形状复杂、刚度小、长径比长、精密贵重，以及特殊天气、特殊场地等条件下的吊装作业，也应编制吊装作业方案。作业方案包括但不限于以下内容：

——编制依据。

——作业概况。

——作业安全分析。

——劳务用工及劳动组织合理性分析。

——安全措施及落实人。

——现场应急处置措施等。

同时，方案中还应明确人员角色分配、职责分工、作业流程、作业要求、作业工具、作业设备、防护用品、应急管理等相关要求。作业人员、工具、设备、防护用品应列出清单。

8.4.3.6 作业安全条件确认

（1）召开碰头会：作业主管部门收到作业现场负责人提交的作业申请资料后，应当组织作业所在部门、安全管理部门等相关人员召开现场碰头会。涉及相关方作业的，作业主管部门应当通知相关方派员参加碰头会。碰头会的主要内容应至少包括：①作业单位：介绍作业任务、当天的作业流程和工作安排，涉及的作业风险与作业方案，并介绍作业方案的有关要求。②作业所在部门：应当介绍基本情况、潜在的风险和注意事项。③安全管理部门或现场安全审核人员：对现场作业安全条件是否具备的情况进行分析，提出工作要求。

（2）现场确认作业安全条件：作业单位会同相关人员，对照《吊装作业安全条件确认表》进行现场安全措施验证。

三级吊装作业，由作业单位负责人或作业单位兼职安全员进行现场安全条件验证；一、二级吊装作业，由作业单位负责人（或作业单位兼职安全员）和安全管理部门共同进行现场安全条件验证；相关方三级吊装作业，由作业主管部门负责人或作业主管部门兼职安全员进行现场安全条件验证；相关方一、二级吊装作业，由作业主管部门负责人（或作业主管部门兼职安全员）和安全管理部门共同进行现场安全条件确认。

——作业人员条件确认

吊装作业前，作业现场负责人应对作业人员作业资格进行检查。吊装作业人员应了解作业过程面临危害，掌握危害控制措施，作业人员应持证上岗，证书处于有效期内。对饮酒、患病等不适于吊装作业的人员，不得进行吊装作业。

——设备设施安全条件确认

监护人及作业单位现场负责人应在作业前对起重机械、吊具、索具、安全装置加以检查，确认其完好后方可投入使用。

——安全防护用品使用情况确认

吊装作业人员应按照规定穿戴符合国家标准的安全帽、安全鞋等个体防护用品。作业前，作业现场负责人、监护人和安全监督人员应检查作业人员是否正确穿戴防护用品。

——作业现场防火措施确认

处于易燃易爆场所的作业，作业单位使用汽车吊装作业时，作业现场负责人和安全监督人员应确认安装有汽车阻火器，并监测现场可燃气体浓度，采取必要的通风设施、防爆工具和静电接地措施。

——作业现场警戒措施确认

实施吊装作业前，作业现场负责人应对吊装区域内的安全状况进行检查，在作业半径以外划定警戒区域、设置警示标志，安全标志符合 GB 2894—2008《安全标志及其使用导则》要求。现场已放置《吊装作业安全告知》，明确危险作业等级、作业内容、作业时间、作业单位、注意事项、现场负责人、监护人等相关人员及联系方式，并设专人监护，禁止非作业人员入内。

——多项危险作业处理情况确认

吊装作业中涉及其他危险作业时，应按照相关程序同时办理该类危险作业安全许可证。由外来人员施工的除执行本章节要求外，还应执行《外来施工人员现场安全许可标准》。

8.4.3.7　办理吊装作业安全许可证

经现场安全条件确认符合安全作业条件，由作业现场负责人办理作业许可。作业许可实行分级授权审批。

（1）一级吊装作业的《吊装作业安全许可证》，分别由作业所在部门负责人、安全管理部门负责人、作业主管部门负责人审核，由主管领导审批。

（2）二级吊装作业的《吊装作业安全许可证》，分别由作业所在部门负责人、安全管理部门负责人审核，由作业主管部门负责人审批。

（3）三级吊装作业的《吊装作业安全许可证》，分别由作业所在部门、安全管理部门审核，由作业主管部门审批。

存在以下情况之一的，不得批准作业：①作业人员和监护人、监督人、审核人未经过相关培训并考核合格，或者身体条件达不到作业安全要求。②作业方案、安全防护措施、现场处置方案不全或错误。③劳务用工、劳动组织不合理。④设备设施存在缺陷或超范围使用。⑤环境条件不符合作业标准，现场危险标识与告知不全。⑥遇有六级以上大风、浓雾等恶劣气候下的吊装作业。⑦现场存在隐患或其他威胁作业安全的情况。

8.4.3.8 安全技术交底

吊装作业前，作业现场负责人应对吊装作业人员进行安全教育和安全技术交底，告知作业中存在的风险、现场环境、作业安全要求及应急处置要求。

8.4.4 作业中安全管理要求

8.4.4.1 安全防护警示设施配备

吊装作业中指挥人员应佩戴明显标志，所有人员均应佩戴安全帽等防护用品。吊装区域周围应设置符合 GB 2894—2016《安全标志及其使用导则》要求的安全警示标志。监护人和安全监督人员对作业中防护警示设施佩戴和使用情况进行监督和督促纠正。

8.4.4.2 作业过程监督

（1）作业过程监督要求：吊装作业时，监护人应坚守岗位，正确佩戴劳动防护用品，全程监护作业活动，全程进行视频记录监控。由相关方进行吊装作业时，由作业主管部门派人进行全程监督。

吊装作业期间，安全管理部门应对作业现场进行监督检查，重点检查吊装作业人员资质，监护人员在岗情况，作业现场风险与《吊装作业安全风险分析表》符合性，现场安全措施、条件与《吊装作业安全条件确认表》一致性，事故防范措施可靠性以及作业人员个体防护用品规范性。

（2）视频监控要求：危险作业过程中，监护人应全程进行影像记录监控。

8.4.4.3 作业中沟通

吊装过程中，司索人员、起重司机和指挥人员应采用口哨、指挥旗、对讲机或手机等方式进行沟通，保证沟通的有效进行。

8.4.4.4 正式起吊前试吊

试吊中司索人员应检查全部机具、地锚受力情况，发现问题应将工件放回地面，排除故障后重新试吊，确认一切正常，方可正式吊装。

8.4.4.5 吊装作业注意事项

（1）按规定负荷进行吊装，吊具、索具经计算选择使用，严禁超负荷运行。所吊重物接近或达到额定起重吊装能力时，应检查制动器，用低高度、短行程试吊后，再平稳吊起。利用 2 台或多台起重机吊同一重物时，升降、运行应保持同步；各台起重机械所承受的载荷不得超过各自额定起重能力的 80%。

（2）吊物捆绑应牢靠，吊点和吊物的中心应在同一垂直线上。

（3）当起重臂吊钩或吊物下面有人，吊物上有人或浮置物时，不得进行起重操作。

（4）严禁利用管道、管架、电杆、机电设备、建筑物及构筑物等作吊装锚点。

（5）严禁起吊超负荷或重物质量不明和埋置物体；不得捆挂、起吊不明质量，或与其他重物相连，或埋在地下或与其他物体冻结在一起的重物。

（6）在制动器、安全装置失灵、吊钩防松装置损坏、钢丝绳损伤达到报废标准等情况下严禁起吊操作。

（7）重物捆绑、紧固、吊挂不牢，吊挂不平衡而可能滑动，或斜拉重物，棱角吊物与钢丝绳之间没有衬垫时不得进行起吊。钢筋、型钢、管材等细长和多根物件必须捆扎牢靠，多点起吊。单头"千斤"或捆扎不牢靠不准吊。

（8）不准用吊钩直接缠绕重物，不得将不同种类或不同规格的索具混用。

（9）无指挥、无法看清场地、无法看清吊物和吊车运行的轨迹及无法看清吊物情况和指挥信号时，不得进行起吊。

（10）氧气瓶、乙炔瓶等危险物品未采取可靠的安全措施不得进行起吊。

（11）起重机严禁穿越无防护的架空输电线路作业。在输电线路附近吊装时，起重机的任何部位或被吊物边缘在最大偏斜时与架空线路边线的最小安全距离应符合下表规定，不能满足时，应停电后再进行起重作业。

表　起重机与架空线路边线的最小安全距离　　　　　　　　　　　（单位：m）

安全距离	电压（kv）						
	< 1	10	35	110	220	330	500
沿垂直方向	1.5	3.0	4.0	5.0	6.0	7.0	8.5
沿水平方向	1.5	2.0	3.5	4.0	6.0	7.0	8.5

（12）在起重机械工作时，不得对起重机械进行检查和维修；在有载荷的情况下，不得调整起升变幅机构的制动器。

（13）下方吊物时，严禁自由下落（溜）；不得利用极限位置限制器停车。

（14）起吊重物就位前，严禁解开吊装索具。

8.4.4.6　停止作业要求

吊装作业过程中，遇到下列几种情况应立即停止作业：

（1）作业内容与作业票不符。

（2）安全措施不落实，安全设施、保护及联锁系统不完好。

（3）安全监护人不在现场。

（4）六级及以上大风、雷雨、浓雾等恶劣天气。

（5）其他紧急或影响作业安全的情况。

8.4.4.7　应急处置

吊装过程中出现故障，应立即向指挥者报告，没有指挥令，除危及生命安全情况除外，任何人不得擅自离开岗位，应听从指挥，按照应急程序进行处置。

8.4.5　作业后安全管理要求

（1）将起重臂和吊钩收放到限位位置，所有控制手柄均应放到零位，使用电气控制的起重机械，应断开电源开关。

（2）对在轨道上作业的起重机，应将起重机停放在指定位置有效锚定。

（3）吊索、吊具应收回放置到规定的地方，并对其进行检查、维护、保养。

（4）对接班人员，应告知设备存在的异常情况及尚未消除的故障。

（5）吊装作业完工后，作业单位、作业主管部门对作业过程进行关闭验收。

8.4.6 吊装作业安全许可证管理

（1）《吊装作业安全许可证》由安全管理部门负责归口管理。

（2）作业单位应严格按《吊装作业安全许可证》上填报的内容进行作业，严禁涂改、转借《吊装作业安全许可证》，变更作业内容，扩大作业范围或转移作业部位。需变更作业内容，扩大作业范围或转移作业部位时，应重新办理《吊装作业安全许可证》。

（3）三级吊装作业安全许可证有效期为 7 天，一、二级吊装作业《吊装作业安全许可证》有效期为 8 小时。

（4）《吊装作业安全许可证》1 式 3 份，审批后第一联交作业单位指挥人员，第二联交作业主管部门，第三联交安全管理部门存档，保存 2 年，影像记录不得少于 1 个月。

8.5 高空作业安全管理

8.5.1 术语和定义

8.5.1.1 高处作业

在距坠落高度基准面 2m 及以上有可能坠落的高处进行的作业。

8.5.1.2 最低坠落着落点

在作业位置可能坠落到的最低点，称为该作业位置的最低坠落的落点。

8.5.1.3 可能坠落范围半径

为确定可能坠落范围而规定的相对于作业位置的一段水平距离。

> 注：可能坠落范围半径的大小取决于与作业现场的地形、地势或建筑物分布等有关的基础高度，具体的规定是在分析统计了许多高处坠落事故案例的基础上做出的。

表　可能坠落范围半径对照

作业高度	可能的坠落范围半径
2m ≤ h ≤ 5m	3m
5m < h ≤ 15m	4m
15m < h ≤ 30m	5m
h > 30m	6m

8.5.1.4　可能坠落范围

以作业位置为中心，可能坠落范围半径为半径划成的与水平面垂直的柱形空间。

8.5.1.5　坠落高度基准面

通过可能坠落范围内最低处的水平面。

8.5.1.6　坠落高度（作业高度）

从作业位置到坠落基准面的垂直距离，称为坠落高度（也称作业高度）。

8.5.1.7　基础高度

以作业位置为中心，6m 为半径，划出的垂直于水平的柱形空间内的最低处与作业位置间的高度差。基础高度用米表示。

8.5.1.8　临边作业

在工作面边沿无围护或围护设施高度低于 800mm 的高处作业，包括楼板边、楼梯段边、屋面边、阳台边，各类坑、沟、槽等边沿的高处作业。

8.5.1.9　攀爬作业

借助于登高用具或登高设施，在攀登条件下进行的高处作业。

8.5.1.10　悬空作业

在周边无任何防护设施或防护设施不能满足防护要求的临空状态下进行的高处作业。

8.5.1.11　洞口作业

在地面、楼面、屋面和墙面等有可能使人和物料坠落，其坠落高度 ≥ 2m 的洞口处的高处作业。

8.5.1.12　高处作业分级

高处作业按照危险等级分为一般危险、较大危险、高度危险三级，具体见下表。

表　高处作业分级

高处作业危险等级	高处作业危险等级特征描述
高度危险 （3级、特级、特殊）	3 级高处作业：15m＜作业高度 ≤ 30m ；特级高处作业：作业高度＞ 30m 以上。 特殊高处作业：涉及以下任何一种及以上类型的高处作业均属于特殊高处作业： ①阵风风力五级（风速 8m/s）以上； ②平均气温等于或低于 5℃ 的作业环境； ③接触冷水温度等于或低于 12℃ 的作业； ④作业场地有冰、雪、霜、水、油等易滑物； ⑤自然光线不足，能见度差； ⑥作业活动范围与危险电压带电体的距离小于下表的规定；

（续表）

高处作业危险等级	高处作业危险等级特征描述
高度危险 （3级、特级、特殊）	表　作业活动范围与危险电压带电体的距离 [见下表] ⑦摆动，立足处不是平面或只有很小的平面，即任一边小于500mm的矩形平面、半径小于500mm的圆形平面或具有类似尺寸的其他形状的平面，致使作业者无法维持正常姿势。 ⑧可能会引起各种灾害事故的作业环境和抢救突然发生的各种灾害事故。
较大危险（2级）	2级高处作业：5m＜作业高度≤15m
一般危险（1级）	1级高处作业：2m≤作业高度≤5m

表　作业活动范围与危险电压带电体的距离

危险电压带电体的电压等级（kV）	距离（m）
≤10	1.7
35	2.0
63~100	2.5
220	4.0
330	5.0
500	6.0

8.5.1.13　钩锁

带有保险装置的蹄形或椭圆形的连接锁件。

8.5.1.14　个人坠落防护系统

防止从作业平面坠落的系统。该系统包括锚固点、连接装置、全身安全带等。

8.5.1.15　全身式安全带

能够系住人的躯干，把坠落力量分散在大腿的上部、骨盆、胸部和肩部等部位的安全保护装置，包括用于挂在锚固点或救生索上的两根系索。

8.5.1.16　救生索

一种柔韧的、固定在两个锚固点之间的垂直或水平的绳索。

8.5.1.17　定位装置系统

用于使工作人员在高处作业时能够腾出双手（比如向后倾斜等）进行工作的固定装置。

8.5.1.18　挂点

连接安全带与固定构造物的固定点。

注：该点强度应满足安全带的负荷要求。该装置不是安全带的组成部分，但同安全带的使用密切相关。

8.5.1.19　缓冲器

串联在系带和挂点之间，发生坠落时吸收部分冲击能量、降低冲击力的部件。

8.5.1.20　速差自控器

安装在挂点上，装有可伸缩长度的绳（带、钢丝绳），串联在系带和挂点之间，在坠落发生时因速度变化引发制动作用的部件。

8.5.1.21　自锁器

附着在导轨上、由坠落动作引发制动作用的部件。

注：该部件不一定有缓冲能力。

8.5.1.22　围杆作业安全带

通过围绕在固定构造物上的绳或带将人体绑定在固定构造物附近，使作业人员的双手可以进行其他操作的安全带。

8.5.1.23　区域限制安全带

用以限制作业人员的活动范围，避免其到达可能发生坠落区域的安全带。

8.5.1.24　坠落悬挂安全带

高处作业或登高人员发生坠落时，将作业人员安全悬挂的安全带。

8.5.1.25　作业单位

实施高处作业的班组、生产区域、部门或相关方。

8.5.1.26　作业主管部门

牧场对危险作业负有主要管理责任的职能部门，如工程部、设备部等。

8.5.1.27　作业所在部门

牧场内实施危险作业的场所所在生产区域或部门，如生产区域和仓储部门等。

8.5.1.28　作业现场负责人

直接指挥高处作业活动的现场负责人，如班组长、生产区域负责人、相关方现场负责人等。

8.5.2　职责要求

8.5.2.1　作业单位职责

（1）对高处作业负全面责任。

（2）参加高处作业现场碰头会，实施作业风险分析、制定作业方案以及现场处置方案，组织安全技术交底。

（3）指定作业现场负责人。

（4）确认现场安全条件。

（5）负责申请办理危险作业安全许可证，设立安全警示标志。

（6）危险作业实施过程中，安排专人全程监护。

（7）在危险作业发生异常情况时，下达停止作业指令，组织应急救援。

（8）实施作业后清理，参与总结。

8.5.2.2　作业主管部门职责

（1）组织高处作业现场碰头会，参与作业风险分析、制定作业方案以及现场处置方案。

（2）审查作业单位安全施工方案，审核作业人员安全资质，对现场安全情况进行确认。

（3）审批一般危险、较大危险高处作业安全许可证。

（4）对相关方实施的高处作业，确认现场安全条件，并对相关方实施安全技术交底。

（5）监督现场危险作业安全，对相关方高处作业实施全程监督，发现并制止违章行为。

（6）高处作业结束后，组织现场验收与总结。

8.5.2.3　作业所在部门职责

（1）按照属地管理的原则，对高处作业实施属地管理。

（2）参加高处作业现场碰头会，协助作业单位作业风险分析、制定作业方案以及现场处置方案。

（3）协助审查作业单位高处作业安全施工方案。

（4）参与在本部门实施的较大及以上危险高处作业现场安全条件确认。

（5）为作业单位提供必要的现场作业安全条件。

（6）当作业主管部门（平级）派人全程监督时，指派人员协调现场危险作业安全；当上级部门要求指派作业所在部门人员进行全程监督时，服从安排。

（7）监督作业单位执行高处作业许可制度。

8.5.2.4　安全管理部门职责

（1）参加较大及以上危险高处作业现场碰头会，参与作业风险分析、制定作业方案以及现场处置方案。

（2）对较大及以上危险高处作业，进行现场安全条件确认。

（3）审核高处作业安全许可证。

（4）对高处作业现场安全管理情况进行监督检查，发现违章及时制止，发现不符合项督促相关单位及时整改。

（5）对高处作业许可、监护、监督、关闭环节中各部门履责情况进行倒查，并定期考核、通报。

（6）对高处作业安全许可证进行归口管理。

8.5.2.5　作业现场负责人职责

（1）对危险作业负全面责任。

（2）参加高处作业现场碰头会，组织作业场所风险分析、组织制定作业方案以及现场处置方案。

（3）负责办理危险作业安全许可证。

（4）组织作业现场安全条件确认，组织落实作业安全管理要求，作业前指定监护人全程监护。

（5）保障作业现场安全条件，督促作业人员正确穿戴劳动防护用品，不得出现"三违"现象。

（6）负责对作业人、监护人等进行安全技术交底。

（7）作业完毕，负责组织现场清理。

8.5.2.6 作业人员职责

（1）掌握作业安全操作程序，具备相应操作能力并持证上岗。

（2）持经审批有效的作业安全许可证进行作业，严格按照作业许可及操作规程的要求进行作业，正确使用现场安全设备设施，正确穿戴劳动防护用品。

（3）作业前，接受安全培训与安全技术交底，充分了解作业的内容、地点、时间、要求，熟知作业过程中的危害因素并核实相应安全措施是否落实，审批手续是否完备，若发现不具备条件或违章指挥时，有权拒绝实施作业。

（4）明确作业人员自保互保联保的职责。1名员工应自我保护，2名员工应相互保安，3名及以上员工之间应共同保安。作业过程中如发现"三违"情形和作业条件或人员异常等情况，应停止作业，及时报告，并采取适当安全措施。

（5）接受监护人、监督人员的检查，负责或参与不符合问题的整改。

（6）作业完毕，对现场进行清理。

8.5.2.7 监护人员职责

（1）全面了解作业区域的环境、工艺情况、作业活动危险有害因素和安全措施，掌握急救方法，熟悉现场处置方案，熟练使用应急救援设备设施，负责危险作业现场的监护与检查。

（2）作业前核实安全措施落实及警示标识设置情况。

（3）作业期间全程监护以及视频记录作业人员动态和作业进展，监控作业环境和周边动态，发现现场施工人员的"三违"行为或安全措施不完善等，有权提出停止作业；及时制止与作业无关的人员进入作业区域，在危险作业发生异常情况时，立即进行应急处置并上报。

（4）危险作业后，参与现场清理和验收。

（5）监督配备必要的救护用具配备情况，监护期间严禁擅自离岗，不得同时从事其他与监护无关的工作。

8.5.2.8 监督人职责

（1）监督人不能为相关方作业单位人员，必须经过培训并经考核合格，具备监督能力，掌握危险作业管理要求，熟悉工况环境与工艺情况，清楚作业活动危险有害因素、安全措施和现场处置方案，熟练使用应急救援设备设施。

（2）对相关方人员进入作业区域至离开作业区域全过程开展监督。

（3）应使用摄像头或执法仪全程监控作业活动，严禁离岗，不得做与监督无关的工作。

（4）作业过程中及时制止危险作业人员的违章行为，终止不符合安全作业条件的危险作业。

（5）当作业活动为牧场内部组织，且由内部员工进行作业时，监护人可承担监督人的职责，由1人在现场进行监督监护即可。

（6）危险作业结束后，参与现场验收。

8.5.2.9 作业审批人员职责

（1）掌握危险作业风险和应急程序，具备审批危险作业的能力。

（2）按照规定权限审批危险作业安全许可证。

（3）对于较大、高度危险高处作业，作业前到现场指导、监督安全措施落实情况。

8.5.2.10 带班值班领导职责

（1）召开每日带班值班例会，分析当班危险作业工作的重点，部署落实安全措施；将危险作业安全措施落实情况作为当班巡查时重点巡查内容，记录及处置巡查发现问题。

（2）将当班危险作业状况、存在的问题及原因、需要注意的事项等做好记录并交接。

（3）危险作业出现异常或紧急情况时，安排相关部门和专业人员进行处置；发生危险作业事故时，立即组织抢险和救援，根据事故危害程度，组织现场人员撤离或者采取可能的应急措施后撤离；在规定的时间内上报政府，不得迟报、漏报、谎报和瞒报。

8.5.3 作业前安全管理要求

8.5.3.1 基本要求

（1）识别高处作业点：①牧场应对作业过程中潜在的高处作业活动进行识别（包括常态、非常态和紧急状态），确定需要开展高处作业的场所/区域、作业位置、作业内容、作业方式等，根据评估结果制定有效安全措施，建立牧场《高处作业点信息统计表》。②组织识别承重表面与脆弱表面，包括彩钢板屋顶、采光板、石棉瓦、瓦楞板等轻型材料，生产区域内临时平台、地下/半地下有限空间（污水池、原水池、雨水收集池、化粪池、隔油池等）的盖板等，建立《承重及脆弱表面识别统计表》。

（2）高处作业点的风险预防：按照规避、消除、减轻先后次序，采取高处作业点安全防范措施，包括但不限于：①在潜在的高处作业场所设置平台、固定直梯、标准防护栏。②安全带的系挂装置。③移动作业平台。④高处作业面入口实施锁控或隔离。⑤张贴高处作业安全警示标识进行告知。⑥安全防护用品和应急措施等。⑦建立高处作业管理制度进行安全教育培训。

（3）安全警示标识：①在高处作业面的进入位置及作业区域应实施锁控或隔离，并设置安全警示标识：

禁止标志："禁止跨越""禁止攀登""禁止蹬踏""严禁抛物"。

警告标志："当心坠落""小心攀爬""高空作业、危险勿近"。

指令标志："必须系安全带""必须佩戴安全帽"。

在未设置平台、固定直梯、标准防护栏的罐体、水箱以及高处的维修点（法兰、阀门等）的位置，应设置同高处作业面的进入位置同样的安全警示标志。

吊顶入口应实施锁控，标识吊顶的结构、材质、最大承重量。

（4）培训教育：①应将《高处作业点信息统计表》以及已辨识的高处作业风险信息作为牧场

三级安全教育（牧场、生产区域、班组）的内容之一。②高处作业审批人、审核人、监护人、监督人、作业人应接受高处作业培训，并经考核合格方可参与高处作业审批、审核、监护、监督以及实施。③登高架设作业以及高处安装、维护、拆除作业人员，应接受专业安全教育培训并经考核合格，取得特种作业操作资质并持证上岗作业。

8.5.3.2　提级管理

以下情形应按照上一级风险等级的危险作业进行管理：①应急和紧急抢修等情况下确需作业的。②多方交叉作业，任何一方的作业活动影响到其他任何一方安全的。③同一作业区域内多项危险作业交叉实施的。④节假日以及重大社会活动期间的高处作业。⑤特定气候条件或异常天气下的高处作业。⑥公共卫生事件以及疫情期间的高处作业。⑦有必要执行的其他情形。

夜班和节假日等特殊时段以及暴雨等极端天气条件下，原则上不得安排高处危险作业。

8.5.3.3　作业安全许可

（1）作业安全许可的分级管理：①《高处作业安全许可证》交由作业所在部门、安全管理部门审核，并经审批人批准。高处作业实行分级授权审批。②高度危险的《高处作业安全许可证》，分别由作业所在部门负责人、安全管理部门负责人、作业主管部门负责人审核，由主管领导批准。③较大危险的《高处作业安全许可证》，分别由作业所在部门负责人、安全管理部门负责人审核，由作业主管部门负责人审批。④一般危险的《高处作业安全许可证》，分别由作业所在部门、安全管理部门审核，由作业主管部门审批。

（2）作业风险分析：①作业单位组织，从作业前、作业中、作业后全过程对人的不安全行为、物的不安全状态、管理的缺陷和作业环境等方面分析存在的风险、现有控制措施以及措施是否满足要求等，填写《高处作业安全风险分析表》。②对于较大及以上危险的高处作业、交叉作业、重大变更作业等，以及按照《危险性较大的分部项工程安全管理办法》属于在建项目的危险性较大的分部分项工程的，作业单位应组织编制《高处作业安全方案》，内容包括：编制依据；危险作业概况；作业安全分析；劳务用工及劳动组织合理性分析；安全措施及落实人；现场应急处置措施等。同时，方案中还应明确人员角色分配、职责分工、作业流程、作业要求、作业工具、作业设备、防护用品、应急管理等相关要求。作业人员、工具、设备、防护用品应列出清单，描述清楚。③作业现场负责人提出危险作业安全许可申请，填写《高处作业安全许可证》，包括作业时间、作业地点、作业内容、作业单位、作业危险等级、作业现场负责人、作业人员、监护人员、监督人等信息。④高处作业与其他危险作业交叉作业时，原则上以危险等级最高的危险作业为主，提出危险作业安全许可申请。

（3）召开碰头会。作业主管部门收到作业现场负责人提交的作业申请信息后，应当组织作业所在部门、安全管理部门等相关人员召开现场碰头会。涉及相关方作业的，作业主管部门应当通知相关方派员参加碰头会。碰头会的主要内容应至少包括：①作业单位，介绍作业任务、当天的作业流程和工作安排，涉及的作业风险与作业方案，并介绍作业方案的有关要求。②作业所在部门，应当介绍基本情况、潜在的风险和注意事项。③安全管理部门或现场安全审核人员，对现场作业安全条件是否具备的情况进行分析，提出工作要求，并对作业现场安全条件是否具备进行确认。

（4）组织现场高处作业条件验证：作业单位会同相关人员，对照《高处作业安全条件确认表》进行现场安全措施验证。

一般危险高处作业，由作业单位负责人或作业单位兼职安全员进行现场安全条件验证；较大及以上的危险高处作业，由作业单位负责人（或作业单位兼职安全员）和安全管理部门共同进行现场安全条件验证；相关方一般危险高处作业，由作业主管部门负责人或作业主管部门兼职安全员进行现场安全条件验证；相关方较大及以上的危险高处作业，由作业主管部门负责人（或作业主管部门兼职安全员）和安全管理部门共同进行现场安全条件确认。

（5）作业许可证办理：经现场安全条件确认符合安全作业条件，由作业现场负责人办理作业许可，相关方高处作业，由作业主管部门协助办理。作业许可实行分级授权审批。

——高度危险的《高处作业安全许可证》，分别由作业所在部门负责人、安全管理部门负责人、作业主管部门负责人审核，由主管领导审批；

——较大危险的《高处作业安全许可证》，分别由作业所在部门负责人、安全管理部门负责人审核，由作业主管部门负责人审批；

——一般危险的《高处作业安全许可证》，分别由作业所在部门、安全管理部门审核，由作业主管部门审批。

存在以下情况之一的，不得批准作业：①存在替代作业方案，无须进行高处作业的。②作业人员和监护人、监督人、审核人未经过相关培训并考核合格，或者身体条件达不到作业安全要求。③作业方案、安全防护措施、现场处置方案不全或错误。④劳务用工、劳动组织不合理。⑤设备设施存在缺陷或超范围使用。⑥环境条件不符合作业标准，现场危险标识与告知不全。⑦遇有6级以上强风、浓雾等恶劣气候下的高处作业（含露天攀登与悬空高处作业）。⑧现场存在隐患或其他威胁作业安全的情况。

（6）安全技术交底。

由作业现场负责人对作业人、监护人进行安全技术交底，告知作业中存在的风险、现场环境、作业安全要求，以及业中遇到意外事故时的处理和救护方法，填写《高处作业安全技术交底表》。交底内容包括但不限于：①作业现场及周边环境情况。②作业主要安全风险与控制措施。③作业方案、步骤与注意事项。④相关人员分工与职责，包括自保互保和联保职责。⑤作业监护和监测要求。⑥可能发生的事故、主要征兆与报告、处置程序。⑦防护用品佩戴及要求。⑧与周边单位联络和沟通方式等。⑨相关方高处作业，由作业主管部门对相关方现场负责人进行交底，相关方现场负责人对作业人、监护人等完成交底。⑩其他需要交底的内容。

（7）作业前安全检查：①作业现场负责人应对照《高处作业安全条件确认表》《高处作业安全技术交底表》中提出的高处作业涉及的设备设施、仪器工具、安全防护用品、环境条件、安全警示标志等安全措施和要求进行逐项检查和确认。确认其完好后方可投入使用和实施高处作业。②作业现场负责人应在作业现场放置《高处作业安全许可证》《高处作业安全告知》，明确危险作业等级、作业内容、作业时间、作业单位、注意事项、现场负责人、监护人等相关人员及联系方式。

8.5.4 作业中安全管理要求

8.5.4.1 一般、较大高处作业安全要求

1）设施设备管理要求

（1）因作业需要，临时拆除或变动安全防护设施时，应经审批人同意，并采取相应的安全防护措施，作业后应立即恢复。

（2）不得在不坚固的结构（如彩钢板屋顶、石棉瓦、瓦棱板等轻型材料等）上作业，登高作业前，应计算承重的立柱、梁、框架的受力能否满足所承载的负荷，如不能满足，应采取应对措施。

（3）防护棚搭设时，应设警戒区，并派专人监护。

（4）高处作业用的脚手架的搭设应符合 JGJ 130—2011《扣件式钢管脚手架安全技术规范》。搭架人员必须经特殊工种培训并考核合格，做到持证上岗。铺设脚手板时，两端应捆绑牢固。应有防滑措施。根据实际要求配备符合安全要求的防护围栏、挡脚板。高处作业前，作业人员应仔细检查作业平台是否坚固、牢靠，安全措施是否落实。

（5）高处作业应根据实际要求配备符合安全要求的防护围栏、挡脚板等。跳板应符合安全要求，两端应捆绑牢固。

（6）供高处作业人员上下用的梯道、电梯、吊笼等要符合 GB 4053—2009《固定式钢梯及平台安全要求》、GB 7059—2007《便携式木梯安全要求》、GB 12142—2007《便携式金属梯安全要求》、GB 10055—2007《施工升降机安全规程》要求；作业人员上下时要有可靠的安全措施。便携式木梯和便携式金属梯梯脚底部应坚实，不得垫高使用。①禁止 2 人以上在同一架直梯上工作，禁止带人移动梯子，梯子上方两级踏板不得站人。②踏板不得有缺挡，踏步间距不得大于 350mm。③梯子的上端应有固定措施。如果梯子上部没有固定，下方必须有人护梯；立梯工作角度以 75°±5° 为宜。④在平滑面上使用的梯子，应采取端部套绑防滑胶皮等防滑措施。⑤梯子如需接长使用，应有可靠的连接措施，且接头不得超过 1 处。连接后梯梁的强度，不应低于单梯梯梁的强度。⑥折梯使用时上部夹角以 35°～45° 为宜，铰链应牢固，并应有可靠的拉撑措施。

（7）高处作业中，作业人员应正确使用安全绳、加长绳等其他劳动保护工具，安全带严禁当作绑扎绳用来捆绑物体或他用。系安全带后应检查扣环是否扣牢。

2）正确使用登高与防坠落器具

作业中高处作业人员应正确使用防坠落用品与登高器具、设备。高处作业人员应系用与作业内容相适应的安全带，安全带应系挂在作业处上方的牢固构件上或专为挂安全带用的钢架或钢丝绳上，不得系挂在移动或不牢固的物件上；不得系挂在有尖锐棱角的部位。安全带不得低挂高用。

3）高处作业物品管理

作业场所有坠落可能的物件，作业单位应组织先行撤除或加以固定。高处作业所使用的工具、材料、零件等应装入工具袋，上下时手中不得持物。工具在使用时应系安全绳，不用时放入

工具袋中。不得投掷工具、材料及其他物品。易滑动、易滚动的工具、材料堆放在脚手架上时，应采取防止坠落措施。高处作业中所用的物料，应堆放平稳，不妨碍通行和装卸。作业点下方要设安全警戒区，要有明显的警戒标志，并设专人监护。作业中的走道、通道板和登高用具，应随时清扫干净；拆卸下的物件及余料和废料均应及时清理运走，不得任意乱置或向下丢弃。

4）安全防护用品使用要求

（1）高处作业人员应按照规定穿戴符合国家标准的安全帽、安全带、防滑鞋等个体防护用品，衣着要灵便。

（2）在特殊环境下实施高处作业，安全带应满足以下要求。①如工作面存在某些可能发生坠落的脆弱表面（如玻璃、薄木板、瓦楞板、彩钢板），应选用坠落悬挂安全带，不应使用区域限制安全带。②作业过程中需要提供作业人员部分或全部身体支撑，使作业人员双手可以从事其他工作时，应使用围杆作业安全带。③当围杆作业安全带使用的固定构造物可能产生松弛、变形时，则不应使用围杆作业安全带，而应使用坠落悬挂安全带。④专门为区域限制安全带设计的零部件，不应用于围杆作业安全带及坠落悬挂安全带。专门为围杆作业安全带设计的零部件，不应用于坠落悬挂安全带。⑤使用坠落悬挂安全带时，应根据使用者下方的安全空间大小选择具有适宜伸展长度的安全带，并保证发生坠落时不会碰撞到任何物体。⑥使用区域限制安全带时，其安全绳的长度应保证使用者不会到达可能发生坠落的位置，并在此基础上具有足够的长度，能够满足工作的需求。⑦当安全带用于悬吊作业、救援、非自主升降时，应符合 YGB 6095—2009《安全带》中附录 C 的要求。

（3）在特殊环境下实施高处作业，安全帽应满足以下要求。①在有明火或具有易燃物质的场所实施高处作业，应佩戴阻燃安全帽。②在不允许有放电发生的场所实施高处作业，应佩戴防静电安全帽。③在带电作业场所实施高处作业，应佩戴电绝缘安全帽。④在可能产生头部挤压的作业场所实施高处作业，应佩戴抗压安全帽。⑤在低温作业环境中实施高处作业，应佩戴防寒安全帽。⑥在高温作业环境中实施高处作业，应佩戴耐高温安全帽。

5）劳动纪律要求

作业人员不得在高处作业处嬉戏打闹、休息、睡觉，连续作业中断超过 10 min 应返回到安全平台。

6）交叉作业管理

高处作业与其他作业交叉实施时，作业前由作业所在部门指定专人负责联络和沟通，召集作业各方统一制定安全方案。

涉及相关方的，须签订安全管理协议，明确作业期间各方安全管理责任。发生紧急情况时，由联络人向相关各方通报。

作业中应按指定的路线上下，不得上下垂直作业，如果需要垂直作业时应采取可靠的隔离措施。

7）应急处置

作业过程中发现高处作业的安全技术设施有缺陷和隐患时，作业现场负责人和监护人应及时组织解决；危及人身安全时，应停止作业，必要时组织人员撤离。

8.5.4.2 特殊情况高处作业管理

（1）雨雪天高处作业：雨天和雪天进行高处作业时，应采取可靠的防滑、防寒和防冻措施。凡水、冰、霜、雪均应及时清除。对进行高处作业的高耸建筑物，应事先设置避雷设施。暴风雪及5级以上大风暴雨后，高处作业人员应对高处作业安全设施逐一加以检查，发现有松动、变形、损坏或脱落等现象，应立即修理完善。

（2）工况高处作业：在临近有排放有毒、有害气体、粉尘的放空管线或烟囱的场所进行高处作业时，应由安全管理部门对有毒有害物浓度进行检测，作业点的有毒物浓度应在允许浓度范围内，并采取有效的防护措施和制定应急处置方案。

（3）带电高处作业：带电高处作业应符合GB/T 13869—2017《用电安全导则》的有关要求。高处作业涉及临时用电时应符合JGJ 46—2005《施工现场临时用电安全技术规范》的有关要求。在采取地（零）电位或等（同）电位作业方式进行带电高处作业时，应使用绝缘工具或穿均压服，梯子必须使用绝缘梯。

（4）特殊情况下高处作业避险　尽量避免在恶劣天气条件或环境中实施高处作业，在紧急状态下应立即启动应急处置方案：①夜间、噪声、强光、弱光等环境下的高处作业。②临近有排放有毒、有害气体、粉尘的放空管线或烟囱的场所进行高处作业时，作业点的有毒物浓度不明。

8.5.4.3 拒绝或停止危险作业要求

发生以下情形之一的，作业人员有权拒绝或停止危险作业：

（1）危险作业未经审批，许可证过期或失效。

（2）作业内容与许可证不符。

（3）安全措施不落实，现场设施设备、安全设施、作业环境未进行检测或达不到安全作业条件。

（4）自身或其他员工不具备危险作业所需的能力和身体条件。

（5）未按照危险作业安全许可证及作业方案要求实施作业。

（6）劳动防护用品达不到防护要求。

（7）作业监护人不在现场。

（8）雷雨、六级及以上大风、浓雾等恶劣天气。

（9）已经出现明显的事故征兆的。

（10）其他严重影响作业安全的情况。

8.5.4.4 作业监护与监督要求

（1）高处作业时，监护人应坚守岗位，正确佩戴劳动防护用品，全程监护作业活动，全程进行视频记录监控。

（2）由相关方进行高处作业时，由作业主管部门派人进行全程监督。

（3）高处作业期间，安全管理部门应对作业现场进行监督检查，重点检查高处作业人员资质；监护人员在岗情况。

作业现场风险与《高处作业安全风险分析表》符合性；现场安全措施、条件与《高处作业安全条件确认表》一致性；防坠落保护措施可靠性以及作业人员个体防护用品规范性。

（4）带班值班领导原则应每4h对高处作业现场进行监督检查，重点检查带班值班例会部署的安全措施执行情况，以及作业现场安全管理10项基本措施，安全红线、危险作业"五必须"，现场作业"五落实"执行情况。

8.5.5 作业后安全管理要求

8.5.5.1 现场清理

高处作业完工后，作业现场负责人应组织清扫现场，作业用的工具、拆卸下的物件及余料和废料应清理运走。

相关方高处作业结束，由作业主管部门组织现场清理。

8.5.5.2 拆除作业

脚手架、防护棚拆除时，应设警戒区，并派专人监护；拆除脚手架、防护棚时不得上部和下部同时施工；高处作业完工后，临时用电的线路应由持有特种作业操作证书的电工拆除。

8.5.5.3 作业验收与总结

高处作业完成后，作业主管部门应组织对现场进行验收合格后方可关闭作业。验收不合格的，应组织整改，消除隐患后方可关闭作业。作业人、作业现场负责人、监护、监督人要对作业关闭进行现场签字确认。同时，对作业过程进行总结，对发现的问题加以改进。

8.5.6 高处作业安全许可证管理

（1）高处作业前经现场安全条件检查，发现不符合高处作业条件且无法继续组织实施高处作业的，由作业现场负责人取消高处作业，并在《高处作业安全许可证》中注明取消原因并签字。相关方实施的高处作业，由作业主管部门人员在《高处作业安全许可证》中注明取消原因并签字。

（2）一般危险等级的《高处作业安全许可证》有效期不超过7天；较大危险等级的《高处作业安全许可证》有效期不超24h；高度危险等级的《高处作业安全许可证》有效期不超过12h。

（3）高处作业中断2h或作业时间超过24h，应按照高处作业现场安全条件确认要求，重新进行确认。确认时与办证过程的分级管理要求一致，符合要求可继续作业。

（4）高处作业时间、地点、人员、作业条件与作业内容等变更时，以及作业时间超过有效期限，应重新办理《高处作业安全许可证》。《高处作业安全许可证》严禁超期、转让、异地使用或扩大范围使用。

（5）《高处作业安全许可证》1式3联，作业单位、作业主管部门、安全管理部门各执1份。高处作业结束后交由安全管理部门存档。

（6）《高处作业安全许可证》由安全管理部门归口管理，保存时限不少于2年，影像记录不得少于1个月。

（7）安全管理部门应通过视频记录影像对高处作业许可、监护、监督、关闭环节中各部门履责情况进行倒查并记录倒查情况，并考核、通报。

8.6 动土作业安全管理

8.6.1 术语和定义

8.6.1.1 动土作业

挖土、打桩、钻探、坑探、地锚入土深度在 0.5m 以上；使用推土机、压路机等施工机械进行填土或平整场地的作业。

8.6.1.2 动土作业主管部门

审批《动土作业安全许可证》，对动土作业实施监督管理的管理部门，以下简称主管部门。

8.6.1.3 动土作业单位

在场内实施动土作业，并负责申请办理《动土作业安全许可证》的部门或单位，以下简称作业单位。

8.6.1.4 动土作业相关部门

动土作业区涉及的地下动力、通信、仪表、电缆、各类管道等设施的管理部门，以下简称相关部门。

8.6.1.5 易燃易爆气体场所

满足以下特征均为易燃易爆气体场所：

（1）正常情况下连续出现或长时间、短时间频繁出现易燃易爆气体的场所。

（2）正常情况下可能出现或短时间出现易燃易爆气体的场所。

8.6.2 职责要求

8.6.2.1 作业单位职责

（1）对动土作业安全管理负全面责任，负责在作业区设置安全警示标志和交通警示设施，以确保作业期间的安全。

（2）在动土作业前开展风险辨识，编制包含安全措施在内的动土安全作业方案。

（3）作业期间严格按照安全标准操作程序进行作业，杜绝违章操作现象的发生。

（4）负责办理《动土作业安全许可证》和现场隐患的排查、报告和治理工作。

（5）为作业人员提供必要的劳动防护用品。

（6）负责组织现场处置方案演练工作。

（7）负责作业完毕后的现场清理和确认工作。

8.6.2.2 作业单位作业人员职责

（1）在作业区设置安全警示标志，以确保作业期间的安全。

（2）作业期间严格按照安全标准操作程序进行作业，杜绝违章操作现象的发生。

（3）作业现场隐患的排查、报告和治理工作。

（4）参与应急演练工作。

（5）作业完毕后的现场清理。

8.6.2.3 作业单位负责人职责

（1）组织作业前风险辨识，安全措施的制定等相关工作，并对落实情况进行审核。

（2）组织作业现场隐患的排查、报告和治理工作。

（3）为作业人员提供必要的劳动防护用品。

（4）作业完毕后现场清理的确认工作。

8.6.2.4 主管部门职责

（1）向作业单位讲明动土施工现场的危险状况。

（2）为作业单位提供必要的现场作业安全条件。

（3）审批作业单位动土作业安全施工方案。

（4）监督现场动土作业安全，发现违章作业立即制止。

（5）负责安全控制措施落实情况的确认和《动土作业安全许可证》的审批工作。

（6）负责作业完毕后现场清理的验收工作。

8.6.2.5 作业监护人职责

（1）参与动土作业前开展风险辨识，督促作业单位制定包含安全措施在内的动土安全作业方案。

（2）办理《动土作业安全许可证》过程中的协调工作。

（3）对安全措施落实情况进行确认。

（4）作业过程中的安全监护工作，并为作业单位的隐患整改工作提供必要的协助。

（5）作业完毕后现场清理的验收工作。

8.6.2.6 安全管理员职责

（1）监督审定作业主管部门进行作业前风险辨识，安全措施的制定等相关工作，并对落实情况进行复查。

（2）监督、检查作业现场，发现违章及时制止，发现不符合项督促作业单位及时整改。

（3）审查作业单位制定的安全措施、现场处置方案和《动土作业安全许可证》。

8.6.3 作业前安全管理要求

8.6.3.1 危险作业基本原则

按照规避、消除、减轻先后次序，尽可能减少动土作业的风险、频次、持续时间和作业人员数量，避免动土作业为首选。

8.6.3.2 明确作业人员

作业过程中参与人员包括作业现场负责人、作业人员、监护人、作业审批人和安全监督人员。监护人应由作业单位或主管部门指定具备监护能力的人员担任，安全监督人员由主管部门安全管理部门根据实际需要委派。

8.6.3.3 落实责任制

作业单位现场负责人是动土作业第一责任人。应对动土作业安全技术负责并建立、健全动土作业安全生产责任制，明确作业负责人、作业者、监护者安全生产职责，将责任落实到具体人员。

8.6.3.4 承包商管理

单位委托承包单位进行动土作业时，应严格承包商管理，规范承包商作业人员行为，不得将工程发包给不具备安全生产条件的单位和个人。

8.6.3.5 风险辨识

作业前作业单位现场负责人应组织申请部门和相关部门结合作业活动内容和现场环境，对作业内容、作业环境、作业人员资质、动土设备等方面进行风险辨识，将辨识结果填入《动土作业风险分析表》。

8.6.3.6 制定控制措施

根据风险辨识结果，作业单位现场负责人应组织制定相应的作业程序及安全措施，并将安全控制措施填入《动土作业风险分析表》和《动土作业安全许可证》。

8.6.3.7 制定现场处置方案

动土作业前作业单位应制定动土作业事故现场处置方案，明确可能出现的紧急情况、现场应急措施、可靠的联络方式、作业人员紧急状况时的逃生路线和救护方法、现场应配备的急救设施和应急器材等，报主管部门和安全管理部门审查。现场处置方案应与作业所在单位的应急体系保持协调和统一。

8.6.3.8 办理作业许可证

作业单位应在完成上述工作后填写《动土作业安全许可证》，各项内容应填写齐全。然后将经过作业单位负责人审核的《动土作业安全许可证》《动土作业风险分析表》、现场处置方案及安全施工方案提交相关部门、安全管理部门审查；主管部门负责人对作业单位提交的《动土作业安全许可证》及相关材料进行审查，审查时应到现场核对图纸，查验标志，检查确认安全措施后才能签署审批意见，签发《动土安全作业证》。

8.6.3.9 安全技术交底

动土作业前，作业单位现场负责人应对动土作业人员进行安全教育和安全技术交底，告知作业中存在的风险、现场环境和作业安全要求，以及作业中可能遇到意外时的处理和救护方法。

作业单位现场负责人、作业人员、监护人应熟知现场应急预案和处置方法。

8.6.3.10 作业前检查

作业前主要检查内容有。

（1）动土作业前，作业单位现场负责人应对动土作业人员的作业资格和身体状况进行检查。动土作业人应了解作业过程面临危害，掌握危害控制措施，持有生产经营单位核发的安全技术交底培训上岗证。对饮酒、患病等不适于动土作业的人员，不得进行动土作业。

（2）动土作业中的安全标志、工具、设施、安全防护用品和各种设备，作业单位应在作业前加以检查，确认其完好后方可投入使用。

（3）作业前，作业现场负责人及安全监督人员应对照《动土作业安全许可证》相关内容，对现场环境、防护措施、安全设施等进行仔细检查，核实安全防护措施落实到位后方可批准作业。

《动土作业安全许可证》必须由单位第一负责人进行签字审批之后方可开始作业。

特种作业人员应具有《特种作业操作证》。

现场发现《动土作业安全许可证》内容不全、安全措施不到位或存在着未经辨识的危害时，应立即提出并要求采取控制措施，风险未经控制前，不得作业。

（4）作业现场负责人应检查劳动防护用品的性能和质量，动土作业所需劳保用品必须购置具有安全标志（由字母"L"和"A"以及盾牌形状组成）的特种劳动防护用品，并按规定进行定期检测；严禁使用未经检测或已报废的安全帽、安全带、安全网。

8.6.3.11　多项危险作业处理

动土作业中涉及其他危险作业时，应按照相关程序同时办理该类危险作业安全许可证。由外来人员施工的除执行本章节要求外，还应执行外来人员作业安全管理相关制度。

8.6.3.12　动土作业安全管理要求

（1）动土作业施工现场应根据需要设置护栏、盖板和警告标志，夜间应悬挂采用安全电压的红灯示警。

（2）对于作业现场可能散发有毒有害气体的动土作业，作业前应准备有毒介质检测仪和防毒面具，并保持通风顺畅。可能散发的有毒有害气体包括：①刺激性气体，即对眼和呼吸道黏膜有刺激作用的气体，如氯气、氨气、二氧化硫、三氧化硫等。②窒息性气体，即能造成机体缺氧的有毒气体，如氮气、一氧化碳、硫化氢等。

（3）对于作业地点埋藏有电力及通信电（光）缆、工艺、给排水及消防管线的动土作业严禁采用机械设施动土，应采取保护措施确保地下设施完好。

（4）夜间如需进行动土作业应备有充足照明，在下列条件时应采用防爆灯：①在封闭建筑物内部进行动土作业，且建筑物内属于易燃易爆气体场所。②在露天或半敞开场所进行动土作业，且作业场所处在以释放源为中心，15 m为半径的易燃易爆气体场所球形区域内。

8.6.4　作业中安全管理要求

（1）办理完毕《动土作业安全许可证》，由作业单位向动土主管部门确认无误后，即可在规定的时间内按《动土作业安全许可证》的内容组织动土作业。

（2）动土作业应按《动土作业安全许可证》的内容进行，严禁涂改、转借，变更作业内容，扩大作业范围或转移作业部位。

（3）动土中如暴露出电缆、管线以及不能辨认的物品时，应立即停止作业，妥善加以保护，报告安全管理部门及相关部门处理，经采取措施后方可继续动土作业。

（4）动土临近地下隐蔽设施时，禁止使用机械，应轻轻使用人工器具进行挖掘。

（5）挖掘坑、槽、井、沟等作业时，应遵守下列规定：①挖掘土方应自上而下进行，不准采用挖底脚的办法挖掘，挖出的土石不准堵塞下水道和阴井。②在挖较深的坑、槽、井、沟时，必须检查工具、现场支护是否牢固、完好，发现问题应及时处理。严禁在土壁上挖洞；作业时必须戴安全帽；坑、槽、井、沟上端边沿不准人员站立、行走。③要视土壤性质、温度和挖掘深度设置安全边坡和固壁支架。挖出的泥土堆放处和堆放的材料至少应距坑、槽、井沟边沿0.8m，高度不得超过 1.5m。对坑、槽、井、沟边坡或固壁支撑架，应随时检查，特别是雨雪后和解冻时期，如发现边坡有裂缝、松疏或支撑有折断、走位等异常危险征兆，应立即停止工作，并采取措施。④作业时应注意对有毒有害、易燃易爆物质的检测，保持通风良好。发现有毒有害、易燃易爆气体时，应立即撤离，采取措施后方可继续施工。⑤在坑、槽、井、沟的边缘，不能安放机械、铺设轨道及通行车辆。如必须时，应采取有效的固壁措施。⑥在拆除固壁支撑时，应从下而上进行。更换支撑时，应先装新的，后拆旧的。⑦所有人员不准在坑、槽、井、沟内休息。⑧挖掘机在建筑物附近工作时，与墙柱、台阶等建筑物的距离至少在 1m 以上，以免碰撞。⑨上下交叉作业应戴安全帽，多人同时挖土应相距在 2m 以上，防止工具伤人。作业人员发现异常时，应立即撤离作业现场。

（6）作业单位、主管部门和安全管理部门在各自职能范围内开展安全管理工作，对发现的安全隐患由作业单位及时落实整改，主管部门和安全管理部门提供必要的协助并督促作业单位尽快整改。

（7）作业单位人员应佩戴好必需的劳动防护用品，严格按照相关作业程序进行操作，同时接受安全管理人员的监督。

（8）在作业过程中如遇极端恶劣天气、意外突发事件、安全措施失效等情况时应立即取消动土作业，恢复作业前应重新办理《动土作业安全许可证》。

8.6.5 作业后安全管理要求

（1）动土作业结束后，相关部门验收地下设施的保护情况，填写验收意见。验收合格后由作业单位负责清理现场，及时回填土，固化路面后撤除现场设置的护栏、盖板、警告标志和警示灯，由作业单位负责人填写验收意见。

（2）主管部门检查核实作业单位的工程质量和清理工作并填写验收意见后，由相关部门组织专人验收，确认符合安全条件后《动土作业安全许可证》关闭。

（3）对于检查验收不合格的，由验收部门提出整改建议，由作业单位落实整改工作，主管部门监护人对其落实情况进行跟踪。整改完毕后作业单位编写总结报告，依据验收权限由各部门进行验收，在总结报告上签写意见。

（4）《动土作业安全许可证》和整改总结报告（若有）由主管部门按照作业证管理要求存档。

8.6.6 动土作业安全许可证管理

（1）《动土作业安全许可证》1 式 3 份，分别由安全管理部门、主管部门和作业单位留存。

（2）《动土作业安全许可证》有效期限为 1 个作业周期，超过《动土作业安全许可证》上标注起止时间的由申请部门重新办理《动土作业安全许可证》。

（3）《动土作业安全许可证》应至少保留 3 年。

9 安全风险管控及隐患排查治理

9.1 安全隐患排查与治理管理制度

9.1.1 术语和定义

9.1.1.1 安全隐患

是指生产经营单位违反安全法律、法规、规章、标准、规程和安全管理制度的规定，或者因其他因素在生产经营活动中存在可能导致事故发生的物的不安全状态、人的不安全行为和管理上的缺陷。

9.1.1.2 隐患排查

是指深入现场，通过检查、分析，查找（包括文件资料查阅）生产经营活动过程中存在的危险活动、状态、缺陷等因素，并对出现的各因素按照有关规定和标准提出整改和治理意见，达到安全生产、保护环境的目的。

9.1.2 安全隐患排查治理要求

安全隐患排查治理必需遵循"谁主管、谁负责，谁设计、谁负责，谁验收、谁负责"的原则。

牧场是安全隐患识别、排查、报告、治理的责任主体，确保安全隐患治理所需资金投入。

牧场主要负责人是本单位安全隐患排查、报告和治理工作的第一负责人，对发现的各类安全隐患都必须组织整改和治理。

9.1.2.1 安全隐患排查分类及分级

安全隐患排查分类：内部检查和外部检查（包括政府或专家检查）。

依据各类安全问题的性质，将安全隐患级别分为以下两类。

9.1.2.2 安全隐患排查依据

安全隐患排查严格按照国家有关安全法律法规、条例、标准、办法、规范等和牧场有关安全、环保管理制度的规定。

表　典型类型安全隐患及其说明

隐患类型	说明
重大隐患	是指危害和整改难度较大，应当全部或者局部停产停业，并经过一定时间整改治理方能排除的隐患，或者因外部因素影响致使生产经营单位自身难以排除的隐患
一般隐患	是指危害和整改难度较小，发现后能够立即整改排除的隐患

9.1.2.3 安全隐患排查范围

安全隐患排查范围主要涉及以下 11 个核心要素：

（1）目标、安全档案的检查，例如安全"三同时"的档案，特种设备运行档案，环保各项标准的运行记录等各项档案的管理。

（2）组织机构和职责。

（3）安全投入情况。

（4）法律法规与安全环保管理制度。包括法律法规、标准规范、规章制度、操作规程、修订文件和档案管理。

（5）教育培训：包括教育培训管理、安全生产管理人员教育培训、操作岗位人员教育培训、其他人员教育培训、安全文化建设。

（6）生产设备设施：包括生产设备设施建设，设备设施运行管理，新设备设施验收及旧设备拆除、报废。

（7）作业安全：包括生产现场管理、生产过程控制、作业行为管理、警示标志、相关方管理及变更等。

（8）隐患排查和治理：包括隐患排查，排查范围与方法，隐患治理，预测预警。

（9）危险化学品重大危险源监控：包括辨识与评估，登记建档与备案，监控与管理。

（10）职业健康：包括职业健康管理，职业危害告知和警示，职业危害申报。

（11）应急救援：包括应急机构和队伍的建立，应急预案，应急设施、装备、物资，应急演练，事故救援等。

9.1.2.4　安全隐患排查验证

牧场应每季度对其生产、运营、活动现场进行安全隐患排查，并对上次隐患排查发现的问题进行现场跟踪验证，上次排查中出现的问题本次排查时仍然出现的，视为重复出现问题，上次排查中出现的问题本次发现未彻底整改或者解决的，视为未整改问题。

9.1.2.5　安全隐患排查和报告

牧场应建立健全安全隐患排查和建档监控制度，并落实从主要负责人到每个从业人员的隐患排查治理和监控责任制，同时做好事故隐患排查工作，并做到：

（1）牧场应根据本章节相关条款，加强源头控制，规范作业现场安全管理，并定期开展隐患排查治理活动。

（2）牧场新建、改建、扩建工程项目的安全设施必须与主体工程同时设计、同时施工、同时投入生产和使用。

（3）当牧场发生人员、管理、工艺、技术、设施等永久性或暂时性的变化时，对变更过程及变更所产生的隐患应及时进行排查和控制。

（4）牧场对在内部组织的安全隐患排查过程中发现的问题应组织有关部门、人员进行整改和治理，及时消除安全隐患，同时对安全隐患排查、整改、治理情况登记并建立台账。

（5）牧场在内部排查和外部排查时发现的重大隐患必须由单位第一负责人立即组织分析、研究、制定重大隐患治理方案。

（6）牧场应每月进行一次安全隐患自查工作。在节假日前后、天气恶劣时期以及其他特殊时期须进行专项安全隐患排查，防患事故于未然。

9.1.2.6　安全隐患整改和治理

牧场对在内部和外部排查出现的安全隐患必须采取可行有效的整改和治理措施及时解决，同时做好以下工作：

（1）牧场对发现的安全隐患应及时组织整改和治理，对不能及时整改和治理的隐患，应制定相应的管控措施，同时告之所在岗位人员和相关人员在紧急情况下采取的应急措施。

（2）重大安全隐患，须制定隐患整改和治理方案，治理方案包括治理目标、任务、方法、措施，经费、物质，责任机构、人员，时限和应急预案等内容，要做到责任落实、措施落实、资金落实、时限落实并在治理期间做好监控措施，确保不发生事故。

牧场对重大隐患进行整改和治理时，须采取严格有效的监控和安全防护措施，防止治理期间事故的发生。重大隐患排除前或者排除过程中无法保证安全的，必须从危险区域撤出作业人员，暂时停止作业或者停止使用，坚决杜绝因隐患治理酿成事故。严重和一般隐患由各单位主要负责人或主管安全工作负责人指定隐患治理责任人，限期整改和治理。

9.1.2.7　安全隐患整改和治理的验收要求

牧场在隐患整改和治理结束后必需进行验收，合格之后才能投入正常生产或使用：

（1）一般隐患整改和治理结束后，由牧场负责人组织安全管理人员进行验收，验收不合格的责令在规定时限内整改和治理完毕。

（2）重大隐患整改和治理结束后，由牧场场长组织验收。验收不合格的，责令在规定期限内治理。

9.2　危险源管理制度

9.2.1　工作职责

（1）牧场安全管理部门负责组织管理危险源的辨识、风险评价和风险控制的策划工作。

（2）牧场安全管理部门是管理危险源辨识、风险评价和风险控制策划等工作的归口管理部门。

（3）牧场安全管理部门其管辖范围内的危险源辨识工作，参加风险评价和风险控制策划工作。

（4）工作程序。

9.2.2　危险源辨识和风险评价过程

确定生产作业过程→识别危险源→安全风险评价→登记安全风险。

9.2.3　危险源的辨识

9.2.3.1　危险源的辨识

应考虑以下方面：

（1）要包含牧场所有人员、所有活动、所有工艺中存在的危险源；包括生产过程中所有人员的活动、外来人员及其所有活动；常规活动（如正常的工作活动等）、异常情况下的活动和紧急状况下的活动（如火灾等）。

（2）要包含牧场所有工作场所的设施设备（包括外部提供的）中存在危险源，如建筑物、车辆等。

（3）牧场所有采购、使用、储存、报废的物资中存在危险源，如食品、办公用品、生活物品等。

（4）各种工作环境因素带来的影响，如高温、低温、照明等。

（5）识别危险源时要考虑六种典型危害、三种时态和三种状态。

9.2.3.2　六种典型危害

（1）各种有毒有害化学品的挥发、泄漏所造成的人员伤害、火灾等。

（2）物理危害：造成人体辐射损伤、冻伤、烧伤、中毒等。

（3）机械危害：造成人体砸伤、压伤、倒塌压埋伤、割伤、刺伤、擦伤、扭伤、冲击伤、切断伤等。

（4）电器危害：设备设施安全装置缺乏或损坏造成的火灾、人员触电、设备损害等。

（5）人体工程危害：不适宜的作业方式、作息时间、作业环境等引起的人体过度疲劳危害。

（6）生物危害：病毒、细菌、真菌等造成的发病感染。

9.2.3.3　三种时态

（1）过去：作业活动或设备等过去的安全控制状态及发生过的人体伤害事故。

（2）现在：作业活动或设备等现在的安全控制状况。

（3）将来：作业活动发生变化、系统或设备等在发生改进、报废后将会产生的危险因素。

9.2.3.4　三种状态

（1）正常：作业活动或设备等按其工作任务连续长时间进行工作的状态。

（2）异常：作业活动或设备等周期性或临时性进行工作的状态，如设备的开启、停止、检修等状态。

（3）紧急情况：发生火灾、水灾、交通事故等状态。

9.2.4　识别的方法

（1）收集国家和地方有关安全法规、标准，将其作为重要依据和线索。

（2）收集本单位和其他同类单位过去已发生的事件和事故信息。

（3）通过收集其他要求和专家咨询获得的信息。

（4）通过现场观察、座谈和预先危害分析进行辨识：①现场观察：对作业活动、设备运转进行现场观测，分析人员、过程、设备运转过程中存在的危害。②座谈：召集安全管理人员、专业人员、管理人员、操作人员，讨论分析作业活动、设备运转过程中存在的危害，对现场观察分析得出的危害进行补充和确认。③预先危害分析：新设备或新过程采用前，预先对存在的危害类别、危害产生的条件、事故后果等概略地进行模拟分析和评价。

9.2.5 风险评价

9.2.5.1 矩阵法

表 矩阵法风险分级

可能性 ＼ 后果	轻微伤害	伤 害	严重伤害
极不可能	可忽略风险	可容许风险	中度风险
不可能	可容许风险	中度风险	重大风险
可能	中度风险	重大风险	不可容许风险

9.2.5.2 LEC 定量评价法

$$D = L \cdot E \cdot C$$

式中：D 为风险值；L 为发生事故的可能性大小；E 为暴露于危险环境的频繁程度；C 为发生事故产生的后果。

L、E、C 分值分别按照下述表格确定：

表 事故发生的可能性（L）及其分数值

分数值	事故发生的可能性	分数值	事故发生的可能性
10	完全可以预料	0.5	很不可能
6	相当可能	0.2	极不可能
3	可能，但不经常	0.1	实际不可能
1	可能性小，完全意外		

说明：事故发生的可能性是指存在某种情况时发生事故的可能性有多大，而不是指这种情况出现在本牧场的可能性有多大。例如，车辆带病运行时，出现事故的可能性有多大（L 值应为 6 或 10），而不是指本牧场车辆带病运行的可能性有多大（此时 L 值为 3 或 1）。

表 暴露于危险环境的频繁程度（E）及其分数值

分数值	频繁程度	分数值	频繁程度
10	连续暴露	2	每月一次暴露
6	每天工作时间内暴露	1	每年几次暴露
3	每周一次	0.1	非常罕见地暴露

表 发生事故产生的后果（C）

分数值	可能出现的结果	
	经济损失（万元）	伤亡人数
100	200 以上	死亡 10～29 人、重伤 50 人以上
40	100～200	死亡 3～9 人、重伤 10～49 人
15	50～100	死亡 1～2 人、重伤 3～9 人
7	10～50	一次重伤 1～2 人
3	1～10	多人轻伤
1	1 以下	少量人员轻伤

危险源风险评价结果分为重大风险（红）、较大风险（橙）、一般风险（黄）、轻微风险（蓝）四个风险等级。具体划分见下表：

表 风险等级划分

风险等级	得分（A）	严重程度	颜色表示
一级	$D \geq 160$	重大风险	红色
二级	$70 \leq D < 160$	较大风险	橙色
三级	$20 < D < 70$	一般风险	黄色
四级	$D \leq 20$	轻微风险	蓝色

9.2.5.3 危险源辨识和风险评价的实施

（1）牧场各部门可按照上述规定，对危险源进行识别，填写《危险源辨识调查评价表》中的"序号""场所/设备设施/活动""危险源""可能的损害""现有控制措施/制度"等内容。

（2）牧场各部门根据"矩阵法"或"LEC 定量评价法"，对已识别危险源进行评价，填写《危险源辨识调查评价表》"风险评估"和"风险级别"的内容。根据评价结果，将重大安全风险汇总填写《重大安全风险清单》。

（3）牧场各部门将《危险源辨识调查评价表》和《重大安全风险清单》上交办公室。安全员对各部门和生产区域的《危险源辨识调查评价表》和《重大安全风险清单》进行审核和确认，汇总编制《危险源辨识调查评价表》和《重大安全风险清单》。

9.2.6 风险控制的策划

风险控制的策划应首先考虑消除或减少危险源，其次考虑采取措施降低风险，最后考虑个体保护。

重大安全风险控制应考虑如下方面：

（1）在一段时期内需采取专门措施控制时，应建立详尽的实施计划（即职业健康安全管理方案）。

（2）紧急情况下的重大安全风险，应制定应急预案。

（3）建立和完善安全制度，编制相关安全操作规程或作业指导书。

（4）监控各项安全制度和措施的落实。

（5）对有关人员进行安全教育和培训。

（6）加强有关设备、设施的检查和维护。

（7）一般风险控制。

对一般风险危险源，对职工进行安全风险教育，有关部门完善现有制度和措施，加强运行监控。

9.2.7 危险源的更新

牧场根据自身的实际情况，随时进行危险源的更新工作，至少每年更新一次，对新增危险源进行风险评价，确定新增重大安全风险，制定相应的控制措施：

（1）相关法律法规变化时。

（2）在工作程序将发生变化时。

（3）开展新的活动之前（如新建工程等）。

（4）采用新设备、设施前或设备技术改造后投入使用前。

（5）采用新的物质。

（6）发现新的危险源时。

根据补充辨识和评价的结果，填写新增《危险源辨识调查评价表》并备案。

10　应急管理

10.1　应急预案管理制度

10.1.1　应急预案应形成体系

包括综合应急预案、专项应急预案和现场处置方案。

10.1.1.1　综合应急预案

综合应急预案是从总体上阐述事故的应急方针、政策，应急组织结构及相关应急职责，应急行动、措施和保障等基本要求和程序，是应对各类事故的综合性文件。综合应急预案包括以下基本内容：

（1）总则，包括编制目的、编制依据、适用范围和工作原则等。

（2）应急组织指挥体系与职责，包括领导机构、工作机构、地方机构或现场指挥机构、专家组等。

（3）预防与预警机制，包括应急准备措施、预警分级指标、预警发布或解除的程序和预警响应措施等。

（4）应急处置，包括应急预案启动条件、信息报告、先期处置、分级响应、指挥与协调、信息发布、应急终止等。

（5）后期处置，包括善后处置、调查与评估、恢复重建等。

（6）应急保障，包括人力资源保障、财力保障、物资保障、医疗卫生保障、效能运输保障、治安维护、通信保障、科技支撑等。

（7）监督管理，包括应急预案演练、宣教培训、责任与奖惩。

（8）附则，包括名词术语和预案解释等。

（9）附件，包括工作流程图、相关部门通信录、应急资源情况意见表、标准化格式文本等。

10.1.1.2　专项应急预案

专项应急预案是针对具体的事故类别（如危险化学品泄漏等事故）、危险源和应急保障而制定的计划或方案，是综合应急预案的组成部分，应按照应急预案的程序和要求组织制定，并作为综合应急预案的附件。专项应急预案应制定明确的救援程序和具体的应急救援措施。专项应急预案应包括以下基本内容：

（1）事故类型和危害程度分析，在危险源评估的基础上，对其可能发生的事故类型、可能发生的季节及事故严重程度进行确定。

（2）应急处置基本原则，明确处置安全生产事故应当遵循的基本原则。

（3）组织机构及职责，明确应急组织形式、构成单位或人员，并尽可能以结构图的形式表示出来。根据事故类型，明确应急救援指挥机构总指挥、副总指挥以及各成员单位或人员的具体职责。应急救援指挥机构可以设置相应的应急救援工作小组，明确小组的工作任务及主要负责人职责。

（4）预防与预警，明确本单位对危险源监控的方式、方法，以及采取的预防措施。明确具体事故预警的条件、方式、方法和信息的发布程序。

（5）信息报告程序，主要包括：①确定报警系统及程序。②确定现场报警方式，如电话、报警器等。③确定24小时与相关部门的通信、联络方式。④明确相互认可的通告、报警形式和内容。⑤明确应急反应人员向外求援的方式。

（6）应急处置，针对事故危害程度、影响范围和单位控制事态的能力，将事故分为不同的等级。按照分级负责的原则，明确应急响应级别。根据事故的大小和发展态势，明确应急指挥、应急行动、资源调配、应急避险、扩大应急等响应程序。针对本单位事故类别和可能发生的事故特点、危险性，制定的应急处置措施。

（7）应急物资与装备保障，明确应急处置所需的物质、装备数量，管理、维护以及正确使用等。

10.1.1.3　现场处置方案

现场处置方案是针对具体的装置、场所或设施、岗位所制定的应急处置措施。现场处置方案应具体、简单、针对性强。现场处置方案应根据风险评估及危险性控制措施逐一编制，做到事故相关人员应知应会，熟练掌握，并通过应急演练，做到迅速反应、正确处置。现场处置方案应包括以下基本内容：

（1）事故特征：①危险性分析，可能发生的事故类型。②事故发生的区域、地点或装置的名称。③事故可能发生的季节和造成的危害程度。④事故可能出现的征兆。

（2）应急组织与职责：①牧场应急自救组织形式及人员构成情况。②应急自救组织机构、人员的具体职责，应同牧场或部门、班组人员工作职责紧密结合，明确相关岗位和人员的应急工作职责。

（3）应急处置：①事故应急处置程序。根据可能发生的事故类别及现场情况，明确事故报警、各项应急措施启动、应急救护人员的引导、事故扩大及同牧场应急预案的衔接等程序。②现场应急处置措施。针对可能发生的火灾、爆炸、危险化学品泄漏、坍塌、水患、机动车辆伤害等，从操作措施、工艺流程、现场处置、事故控制，人员救护、消防、现场恢复等方面制定明确的应急处置措施。③报警电话及上级管理部门、相关应急救援单位联络方式和联系人员，事故报告基本要求和内容。

（4）注意事项：①佩戴个人防护器具方面的注意事项。②使用抢险救援器材方面的注意事项。③采取救援对策或措施方面的注意事项。④现场自救和互救注意事项。⑤现场应急处置能力确认和人员安全防护等事项。⑥应急救援结束后的注意事项。⑦其他需要特别警示的事项。

针对各级各类可能发生的事故和所有危险源制定专项应急预案和现场处置方案，并明确事前、事发、事中、事后的各个过程中相关部门和有关人员的职责。生产规模小、危险因素少的牧场，综合应急预案和专项应急预案可以合并编写。

应急预案制定部门起草应急预案过程中，应当征求应急预案涉及的有关部门意见，有关部门要以书面形式提出意见和建议。涉及限制公众自我的或与公众权利密切相关的，应以适当方式广泛征求意见。应急预案制定部门应按照《中华人民共和国保密法》有关规定，确定应急预案密级。

10.1.2　应急预案体系动态管理

根据"横向到边，纵向到底"的总体要求和部门机构调整变化情况，每年对专项应急预案、部门应急预案适当进行类别、结构调整，使应急预案体系适应本区公共安全形势和实际工作需要。

10.1.3　应急预案修订完善

针对应急管理工作中情况的变化和应急预案实施过程中发现的问题，原则上每年组织有关部门和应急管理专家对综合应急预案、专项应急预案、现场处置方案进行修订和完善。发生一般、较大、重大、特别重大突发事件后，要总结实践经验及时修订完善相关应急预案。有关部门对生效期间的应急预案，认为有必要根据实际情况进行修改的，应及时以书面形式告知应急预案制定部门。应急预案制定部门应认真研究，及时反馈研究结果。修订和完善后的应急预案按规定及时报备。

10.1.4　应急预案审核、印发和发布

本区部门应急预案经征求有关部门、专家意见后，由预案制定部门按有关程序审议，审议通过的本区部门应急预案应报政府应急办备案。

10.1.5　应急预案培训

将各类应急预案有关内容列入每年应急知识宣教培训计划，以涉及公众生命安全保障的部分为重点开展宣传培训，增强社会公众的安全意识，提高社会公众自救互救能力。

10.1.6　应急预案演练

应急预案制定部门要建立健全应急预案演练制度，制定应急预案演练计划，综合应急预案演练和专项应急预案演练每年进行1次，现场处置方案每半年进行1次。

10.2　应急物资储备管理制度

（1）统计汇总报告：依托政府应急平台建立应急物资储备信息，详细登录各类应急物资储备的品种、数量和分布情况。

（2）补充、更新和轮替：按照分类管理、分级负责的原则，要做好本级、本行业的应急物资储备工作。根据有关规定对短缺物资进行补充，对有保质期的物资实施更新和轮替。

（3）基础设施建议：加强应急通信、应急供电、应急避难场所、应急医疗救护以及效能运输、消防、防雷等公共安全基础设施，配备必要的应急器材。

（4）督导检查：每年年末对有关部门应急物资储备任务落实情况、救灾物资年度消耗情况进行督导检查，根据应急物资短缺情况指导有关部门提出补充计划。对因突发事件救灾而造成的物资亏空，有关部门尽快将应急物资补充到救灾前水平。

10.3　应急处置

发生事故后，牧场应根据预案要求，立即启动应急响应程序，按照有关规定报告事故情况，并开展先期处置。

（1）发出警报，在不危及人身安全时，现场人员采取阻断或隔离事故源、危险源等措施；严重危及人身安全时，迅速停止现场作业，现场人员采取必要的或可能的应急措施后撤离危险区域。

（2）立即按照有关规定和程序报告本牧场有关负责人，有关负责人应立即将事故发生的时间、地点、当前状态等简要信息向所在地县级以上地方人民政府负有安全生产监督管理职责的有关部门报告，并按照有关规定及时补报、续报有关情况；情况紧急时，事故现场有关人员可以直接向有关部门报告；对可能引发次生事故灾害的，应及时报告相关主管部门。

（3）研判事故危害及发展趋势，将可能危及周边生命、财产、环境安全的危险性和防护措施等告知相关单位与人员；遇有重大紧急情况时，应立即封闭事故现场，通知本单位从业人员和周边人员疏散，采取转移重要物资、避免或减轻环境危害等措施。

（4）请求周边应急救援队伍参加事故救援，维护事故现场秩序，保护事故现场证据。准备事故救援技术资料，做好向所在地人民政府及其负有安全生产监督管理职责的部门移交救援工作指挥权的各项准备。

11　事故查处

11.1　工作职责

11.1.1　安全生产部门工作职责

（1）负责建立牧场职业健康安全目标。

（2）负责制定生产安全事故的报告、调查和处理制度。

（3）负责统一制定生产安全事故的整改要求，并审核评价牧场整改措施的可行性。

11.1.2　人力资源部门工作职责

（1）负责人员伤亡事故的统计及后续伤亡人员的处理，工伤鉴定结果的统计工作，并上报主管部门。

（2）负责监督牧场内部职业病体检及职业危害场所（噪声、沼气、氨气）监测工作的开展，并协助牧场完成职业病事故的处理和调查。

11.2　生产安全事故等级划分

根据生产安全事故造成的后果和严重程度，依据《生产安全事故报告和调查处理条例》，并结合牧场实际划分事故等级。年度责任状涉及安全事故考核均按照等级划分。日常事故评判以牧场上报人力工伤事故表为准，工伤事故表中要标明员工失能日。生产安全事故等级划分可参照以下表格：

表　生产安全事故等级划分

等级	影响后果（符合下列情形之一即可定级）	
	人员伤亡	直接经济损失
一级	（1）死亡3人以上； （2）重伤（含急性中毒，下同）10人以上； （3）轻伤20人以上	1 000万元以上
二级	（1）死亡2人； （2）重伤3～9人； （3）轻伤10～19人	300万元以上1 000万元以下
三级	（1）死亡1人； （2）重伤2人； （3）轻伤3～9人	100万元以上300万元以下
四级	（1）重伤1人； （2）轻伤3人以下	10万元以上100万元以下

注：①"以上"包括本数，"以下"不包括本数；②一次事故同时出现死亡、重伤、轻伤中两类及以上的，按照3人轻伤等同于1人重伤，3人重伤等同于1人死亡进行分级，就高不就低；③事故直接经济损失依据GB 6721—1986《企业职工伤亡事故经济损失统计标准》执行；④火灾事故损失按照GA 185—2014《火灾损失统计方法》中，关于火灾损失额的计算方法计算。

11.2.1　事故报告

11.2.1.1　事故报告流程（包括职业病）

发生安全生产事故后，首先应使用电话或短信快报，随后，按照时限要求填报书面材料。

事故发生后，事故现场有关人员应当立即以电话及短信的形式向牧场安全生产管理部门报告，安全生产管理部门应在了解情况后向牧场分管安全负责人报告，分管安全负责人接到报告后，应当以电话及短信的形式报告牧场第一负责人，并立即启动相应的事故应急救援预案，或者采取有效措施，组织救援、抢救，防止事故扩大、蔓延，减少人员伤亡和财产损失。

牧场应做职业病危害事故的统计报告工作。

11.2.1.2 事故报告的时限

事故发生后，事故现场有关人员应当立即向牧场负责人报告；负责人接到报告后，应当于1小时内向事故发生地县级以上人民政府安全生产监督管理部门和负有安全生产监督管理职责的有关部门报告。

情况紧急时，事故现场有关人员可以直接向事故发生地县级以上人民政府安全生产监督管理部门和负有安全生产监督管理职责的有关部门报告。

事故报告后出现新情况的，应当及时补报。自事故发生之日起30日内，事故造成的伤亡人数发生变化的，应当及时补报。

11.2.1.3 事故报告内容

事故信息报告必须保证准确性。事故经过要完整详细，时间、地点、人员伤亡等关键要素必须准确，各环节之间的来龙去脉、因果关系要交代清楚，信息来源及核查渠道等要明确具体。

（1）事故部门的基本情况和事故发生的时间、地点及事故现场情况，事故发生的状态。

（2）事故的简要经过、伤亡人数和直接经济损失的初步估计。

（3）事故类别。

（4）事故原因的初步判断。

（5）事故发生后采取的措施。

11.2.1.4 事故调查

事故由牧场组织成立事故调查组进行调查。事故调查报告内容：

（1）事故牧场的基本情况。

（2）事故发生的时间、地点、经过和事故抢救情况。

（3）人员伤亡和经济损失情况。

（4）事故发生的原因。

（5）事故的性质。

（6）对事故责任者的处理建议。

（7）事故教训和应当采取的措施。

（8）事故调查组成员签名名单。

（9）其他需要载明的事项。

事故调查组应当在牵头部门的主持下，经过科学分析、充分协商，形成事故调查报告。

事故调查组对事故的分析和处理建议，应当取得一致意见。不能取得一致意见的，事故调查组的牵头部门有权提出结论性意见；对结论性意见有不同意见的，应当协商处理；经协商仍不能达成一致意见的，由牵头部门报上一级部门决定。

事故调查组应当自事故发生之日起，一般事故在10个工作日内，较大事故在20个工作日内，重大事故在30个工作日内完成事故调查工作，并提交事故调查报告。事故有关人员，应当接受事故调查组的询问、调查，并如实提供有关情况和资料。

11.2.1.5 事故处理

事故调查组的牵头部门应自收到事故调查组上报的事故调查报告之日起 10 日内，做出处理决定。事故处理决定应当包括下列内容：

（1）事故的性质。

（2）事故的责任。

（3）对事故责任单位和有关责任人员的处理决定。

（4）事故防范措施和整改措施。

对事故负有关责任人员，按照牧场规章规定给予行政处罚的，报牧场人力资源部门给予行政处分；涉嫌犯罪的，由牧场报有关部门依法追究刑事责任。

11.2.1.6 事故整改措施的落实和验证

事故发生单位应按照事故批复，提出整改方案明确具体的防范整改措施，并由主要负责人按照"四定（定项目、定时间、定执行人和定检查人）"原则牵头组织整改措施的落实。

牧场应对整改措施的落实情况及有效性进行评估验收。

11.2.1.7 事故统计及分析

牧场安全管理部门要建立专门事故档案，主要包括：

（1）牧场生产安全事故信息报告表。

（2）现场调查记录，图纸照片，物证、人证及事故责任者自述。

（3）技术鉴定和试验报告，医疗部门对伤亡人员的诊断书。

（4）发生事故时的工艺条件、操作情况及设计资料。

（5）直接和间接经济损失材料。

（6）参加调查组的人员名单、职务及单位资料。

（7）处分决定和受处分人员的检查材料，事故通报、简报及文件。

牧场安全管理部门每季度必须进行一次事故分析，写出事故分析报告。

12　持续改进

12.1　绩效评定

牧场应每年组织开展 1 次全面审查，对自身的安全生产标准化管理体系运行情况进行自评。

12.1.1　自评目的

验证各项安全生产制度措施的适宜性、充分性和实施的有效性，并检查安全生产和职业卫生管理目标及指标的完成情况。

12.1.2　自评内容

应覆盖本章节的所有内容，与牧场安全生产相关的法律法规和标准以及其他适用要求。

12.1.3　自评报告

牧场应根据自评的结果形成正式的自评报告，向所有部门及从业人员公开通报，并将自评结果作为年度安全绩效考评的重要依据。

12.2　持续改进

牧场应通过以下途径及时查找及识别制度运行中的变化及不足：

（1）通过内外部的信息沟通，及时获得的工作环境、设备设施、职责、法律法规及标准的变化，以及内部的安全生产事故信息识别体系的变化及不足。

（2）通过定期及动态的风险识别与评估活动，识别生产过程中安全风险的变化及不足。

（3）通过各级隐患排查与治理活动，排查各级风险管控中存在的不足。

（4）通过安全生产标准化自评，全面排查各项管理活动的不足。

（5）通过安全生产预测预警系统，及时获取安全生产事故预警。

（6）通过各级安全生产的绩效评定情况，判定目标、指标及管理方案的有效性。

（7）组织针对体系的变化及监督所采取的其他活动。

牧场应客观分析自身安全生产标准化管理体系的运行质量，针对上述活动中所获取的体系变化及发现的不足及时进行原因分析，并针对原因调整完善管控措施及时予以实施，以对发现的变更及不足带来的安全风险进行有效管控，从而达到对安全生产标准化体系的持续改进，不断提高安全生产绩效。

13　安全文化

牧场应树立"安全第一，预防为主，生命至上，全员负责"的安全价值观；通过安全方针、目标、制度文件、监督检查对安全生产活动进行约束控制；通过教育培训、信息沟通等建立员工遵规守纪的安全行为认知；采取安全行为激励、全员参与安全管理、自主学习与改进等措施引导员工对安全管理的态度从被动执行转为主动要求。多种形式宣扬牧场的安全文化，促进员工建立自保互保互救、以牧场安全为荣、安全生产人人有责、全员奋斗的主人翁意识，在牧场内部形成积极向上的牧场安全文化。

13.1　安全承诺

牧场应通过建立安全价值观、安全愿景或方针、目标等形式做出切合牧场特点的安全承诺。主要负责人应通过个人职责的践行让各级管理者及员工切身感受到领导者对安全承诺的实践。各级管理者应对安全承诺的实施起到示范和推进作用，形成制度化的工作方法，营造有益安全的工作氛围，培育重视安全的工作态度。全体员工应充分理解、接受并在岗位工作中实践安全承诺。牧场的安全承诺应传达到相关方。

13.2　行为规范与过程管理

牧场应建立和落实安全生产责任体系，并制定相应的过程管理文件，以实现对安全相关活动的有效控制。

13.3　安全行为激励

员工应受到鼓励来主动识别作业中的安全缺陷及隐患，挑战不安全实践。牧场应采取激励措施鼓励员工主动参与安全管理，并对员工所识别的安全缺陷及不安全实践及时处理和反馈，在员工安全绩效评估时对正面的安全绩效给予奖励。

13.4　安全信息传播与沟通

牧场应通过安全文化看板、安全文化标准、教育培训、比赛竞赛等多种传播途径和方式向员工宣传牧场安全承诺、安全知识、安全经验和实践等。

牧场应建立与相关方、各级管理者、员工之间就安全信息进行有效沟通的方式。

13.5　自主学习与改进

（1）建立有效的安全学习模式，动态开展安全学习。

（2）通过岗位任职资格评估及培训系统确保员工充分胜任本岗位工作。

（3）通过事故分析反思引导员工汲取教训，改进现行文件获得新知识。

（4）鼓励员工关注安全问题，提出改进措施，激励自主改进。

（5）通过内部培训或宣传将经验教训、改进机会和改进过程信息使员工广泛知晓。

13.6　安全事务参与

员工应认识到个人对自身及同事安全的重要责任。落实这种责任的最佳途径是参与安全事务，包括但不限于以下类型：

（1）建立在信任和免责基础上的微小差错员工报告机制。

（2）成立员工改进小组，给予必要的授权、辅导和交流。

（3）讨论安全绩效和改进的定期会议应有员工代表参加。

牧场应建立承包商参与安全事务和改进的机制，包括：

（1）将与承包商有关的政策纳入安全文化建设。

（2）加强与承包商的沟通和交流，必要时给予培训，使承包商清楚牧场的要求和标准。

（3）让承包商参与工作准备、风险分析和经验反馈等活动。

（4）倾听承包商对牧场存在的安全改进机会的意见。

13.7　推进与保障

　　牧场负责人应在牧场的各阶段规划中，充分考虑安全文化建设，并为安全文化建设提供保障条件。安全文化建设保障条件包括领导职能的明确、机构及人员的落实、专项资金的投入、信息传播系统的配置。

　　牧场宜在员工中选拔和培养推动文化发展的骨干，作为指导老师承担辅导和鼓励员工向良好的安全态度和行为转变的职责。

附 录

本附录为参考性附录，供牧场参考。

附录 A　设备、器械安全操作规程

A.1　TMR 搅拌车安全操作规程

一、TMR 搅拌车使用前的检查

（一）液压、电路和刹车系统的连接，确保压力油管和回油管的正确连接

（二）悬架结构是否正确

（三）各部件是否紧固，车轮紧固力矩 350N/m

（四）液压油管状况和接头是否紧固

（五）减速齿轮箱的油位是否在观察孔位

（六）安全标识是否粘贴就位并清晰

（七）润滑所有运动部件

二、搅拌车的操作及注意事项

（一）饲料搅拌车在使用过程中因摩擦、腐蚀、震荡、频繁使用可以造成设备实体损耗，应定期更换磨损后的刀片，以有效地保护搅拢和箱体，减少磨损

（二）使用装载机添料时，避免与料箱顶部相碰

（三）大角度拐弯（＞25°）时，必须切断 PTO 轴

（四）装料和卸料时，应保持拖拉机和搅拌车在一条直线上

（五）每次使用前，检查机器箱体里是否有异物（如石头、铁块等）

三、TMR 设备的维护

（一）定期更换搅拌轴的切割刀

（二）检查各种润滑点

（三）称重计量的精准度，定期校验

四、称重控制系统操作的注意事项

（一）称重系统与拖拉机电瓶相连接时，注意正负极，保证控制盒电源电压在 12V（如果 <10V 电压，控制盒显示数值不精确）

（二）启动拖拉机后再开启控制盒电源

（三）如果机器上有损坏的部位需要焊接，应拆下来焊接，不能再在机器上焊接，否则会损坏称重传感器和称重控制器

（四）不要使用高压水枪清洗称重控制盒和传感器，以防止短路

五、禁止事项

（一）严禁用机器载人、动物及其他物品

（二）严禁将机器作为升降机使用或者爬到切割装置里，当需要观察搅拌机内部时请使用侧面的登梯

（三）严禁站在取料滚筒附近，料堆范围内及青贮堆的顶部

（四）严禁调节、破坏或去掉机器上的保护装置及警告标签

（五）机器运转或与拖拉机动力输出轴相连时，不能进行保养或维修等工作

六、应急处置

应急处置方法参考附录 C.10 机械伤害事故现场处置方案。

A.2　装载机安全操作规程

一、上车前检查

（一）水箱水位

（二）发动机油底壳机油量

（三）风扇叶及皮带的牢固与松紧度

（四）检查蓄电池连接线

二、上车后注意事项

（一）经常观察仪表机油压力、发电情况及变速箱油温状况

（二）行驶时换前进挡不必停车，也不必踩制动踏板，有低速换高速时先松下油门，同时操纵变速操纵杆，然后再踩下油门；由高速换低速时，先松开油门，缓慢减速后再进行换挡

（三）改变前后方向行驶要求停车后进行

（四）挂高低速挡时，必须在停车后动作

（五）发动机温度高于 60℃，机油温度高于 50℃才允许负荷运转，作业时发动机水温及机油温度不超过 95℃，变矩器油温不超过 120℃，温度超过允许值时应停车冷却

（六）不得将铲斗提升到最高位置运输物料，运输物料时应保持动臂下铰点离地约 400～500mm，以保证稳定行驶

三、收车后必须进行以下工作

（一）检查烧油储量

（二）检查发动机油底壳油面及清洁情况，若发现油面过高并且变稀，应找出原因予以排除；

（三）检查各油管、水管、气管及各部件有无渗油现象

（四）检查变速箱、变矩器、液压油泵、转向器、前后桥的固定、密封以及有无过热现象

（五）检查轮辋螺栓、传动螺栓以及各销轴的固定有无松动

（六）向工作装置各注油点压注黄油

（七）拧开加力泵总成油杯盖检查制动液量

（八）打开储气罐底部的放水阀把水放出

（九）清理机器外观及铲斗污物、杂物，包括水箱、空滤

四、启动、停车

（一）启动：进行出车前检查，确认各部均属正常后，启动发动机

1.启动前应将变速杆置于空挡位置，操纵杆置于中位，开电锁（接通电源总开关），微踏下

油门，转动启动开关。

2. 一次启动时间不超过 5 ～ 8 s（启动马达的连续工作时间不应超过 15 s），尚不能启动，应立即释放启动开关，30 s 后，再作第二次启动，如连续 3 次仍无法启动，则应检查原因，排除故障后再启动。

3. 启动后应在 600 ～ 750r/min 进行暖机，并密切注意发动机仪表指示（特别是机油压力表），同时，应检查柴油机及其他系统有无不正常现象。

4. 当气压达到 0.4MPa 以上，松开手刹后，即可开车。

（二）停车

1. 将变速操纵杆挂至空挡。

2. 铲斗落地放平，操纵杆至中位，熄火前发动机应在 800 ～ 1000r/min 运转几分钟，以便各部均匀冷却。

3. 拉起驻车制动操纵杆，使驻车制动处于制动状态。

五、禁止事项

（一）严禁酒后开车

（二）严禁无令开车

（三）严禁超速行驾和空档溜车

（四）严禁装机带病行车

（五）严禁驾驶室外载人

（六）工作时，铲臂下面严禁站人，禁止无关人员和其他机械在此工作和通行

（七）不准在铲斗悬空时驾驶员离车

（八）不准在起升的铲斗下面站人或进行检修

（九）不准用铲斗举升人员从事高处作业

（十）不准直接铲装其他车辆上的物料

（十一）在为载重汽车装载物料时，铲斗不得刮碰车辆

（十二）在推运或刮平作业中，应注意观察地面有无异物，发现车辆前进受阻，应审慎操作，不得强行前进

六、应急处置应急处置方法

参考附录 C.10 机械伤害事故现场处置方案。

A.3　叉车安全操作规程

一、工作职责

（一）特种设备管理部门职责

负责叉车设备档案管理及年检工作，保证设备使用手续齐全合法。

（二）各叉车使用部门职责

负责设备日常检查、保养，选用具有资质的维护维修牧场及维护维修人员。对人员持证上岗

工作、培训工作负责。

二、工作标准

（一）叉车登记备案及年检

1.新购叉车保证手续齐全，并到质量技术监督局登记备案，方可使用。

2.已经在用叉车每年按时进行年检，年检不合格须按要求整改合格后方可继续使用。

3.每台叉车要求有指定的负责人，跟踪年检状况。

（二）叉车使用人员要求

1.叉车驾驶员必须取得国家承认的操作上岗证。

2.必须接受牧场内部安全知识、制度培训并考核合格。

3.必须佩戴牧场要求的个人防护用品。

（三）使用前的检查

1.检查安全带是否完好。

2.照明灯、信号灯是否正常。

3.检查液压油、电解液、制动液是否外漏，如有泄漏未找到根本原因并彻底解决前，严禁使用。

4.检查各仪表是否正常。

5.检查轮胎气压。

6.检查手柄及踏板情况。

7.检查电池组电压是否在工作范围内，电解液比重、液面高度是否合适。

8.检查电气系统各接头、插头是否可靠。

9.门架升降前后倾、转向、制动式动作。

（四）使用安全注意事项

驾驶员上车必须扣紧安全带。

1.装卸货物时应注意如下事项：

（1）装卸货物采用慢速移动或者蠕动速度（5 cm/s）。

（2）向货运车辆上装载货物时必须确认车辆在位与出货口对接良好。

（3）货物起升和下降时，初速度不宜太快。

（4）叉架举起时下面严禁站人。

2.叉运行驶过程中应注意如下事项：

（1）叉运货物不得超过叉车核定载荷，货叉须全部叉入货物下面，使货均匀分布货叉上避免偏载。

（2）不要叉运未固定松散堆垛货物。

（3）装载货物高度遮挡视线时，应倒向行驶。

（4）叉运较宽货物时一定保证通道畅通，与两侧货架、建筑、设备保留足够距离。

（5）在叉高和传送货物的时候，必需留意头顶的任何障碍物，例如，管道、横梁、电缆、消防喷头、灯管、支撑结构等。

（6）装货行驶应把货物尽量放低，门架后倾、门架起升时，不允许行驶或转弯。

（7）转弯时降低速度，防止叉车倾覆。

（8）遇到路口时减速慢行，并鸣笛示警。

（9）叉车带载行驶时，应避免紧急制动。

（10）坡道行驶时应小心，在 >1/10 的坡道上行驶时，上坡应向前行驶，下坡应倒退行驶，上下坡切忌转向，叉车下坡行驶时，请勿进行装卸作业。

（11）叉车行驶时严禁驾驶人员身体各个部位伸出叉车框架之外。

（12）起高大于 3m 的高升叉车应注意上方货物掉下，必要时采取防护措施。

（13）叉架高举时或行驶时上面严禁站人。

（14）离车时，将货物叉下降着地，并将挡位放到空位，断开电源，在坡道停车时，将停车制动装置拉好，停放长时间须用楔块垫住车轮。

（五）设备维护维修

1. 制定叉车维护保养的日、月、年计划。

2. 按计划落实维修维护工作。

3. 维修维护标准参照设备使用标准及牧场设备管理部门标准执行。

4. 做好设备维修维护记录，备案。

三、应急处置

应急处置方法参考附录 C.10 机械伤害事故现场处置方案。

A.4　取料机安全操作规程

一、安全操作及禁止事项

（一）在使用机器前，应仔细阅读此说明书，检查所有装置工作是否正常，排除任何安全隐患

（二）禁止未经过培训的人员操作机器。对机器进行维护、维修

（三）绝对禁止违反规定操作机器

（四）绝对禁止移去安全防护装置

（五）禁止硬拉操作装置及油管以免造成意外

（六）运输时请不要依靠、倾斜机器

（七）使用机器前应保证所有操作装置、安全装置在正确的位置

（八）开始操作前要保证无闲杂人员在机器的工作范围内

（九）要经常对设备进行安全检查，操作前及时发现问题

（十）经常检查轮胎压力，保证轮胎气压正常

（十一）如更换轮胎、注意保持机器的平衡

（十二）为了保证安全，机器工作地面必须硬化，并且要保证底面的平整

（十三）机器禁止在坡道工作，避免发生危险

二、开机前须进行安全检查

（一）液压油是否已经加注，油液液位是否到位，正常液位应介于最高限与最低限，并且稍靠近最高限

（二）工作电源是否打开，总电源指示灯是否为亮的状态

（三）调节取料滚筒大臂的最低高度，最低高度为取料滚筒刚刚不接触地面为宜

（四）开始工作前清确保取料机的有效工作范围内，没有无关人员

（五）在启动该机时前，应检查液压控制手柄处于停止位置

三、注意事项

（一）在工作前检查钢板螺丝，如需要应进行紧固

（二）禁止将取料机用作运输机

（三）取料机进入青贮窖的过程务必由专门的操作人员驾驶，在下坡的过程中行驶前方及设备走位保证没有无关人员。行驶坡道应保证没有侧倾处。并保证行驶的稳定

（四）不要将该机用作其他用途，将机器有故障时应立即停机进行维修

（五）取料机应在低速下运转，以保证其可控性及安全性

（六）倒车时，应保证周围没有无关人员及障碍物

（七）保证操作人员视野开阔

（八）机器行走时，机器上不应有人在上面，同样不能将机器用作牵引机器使用

（九）不要将机器行驶在松软的路面，行至坡路时应小心谨慎

（十）不要在光线不好时工作以保证安全

（十一）不要将机器行驶至公路上

（十二）取料滚筒是高速旋转的部件，工作时应远离此部件

四、维护保养安全规程

对机器进行任何工作前应遵循以下规程：

（一）切断所有电源

（二）关闭机器

（三）仔细阅读机器上的所有安全标识

（四）仔细阅读安全规程

（五）不允许没有经过培训的人员进行此项工作

（六）工作服应穿戴整齐

（七）不要在取料滚筒下停留

（八）如果有必要对取料滚筒进行检查，升降取料滚筒大臂时，应遵循指挥，无关人员远离现场

（九）注意在没有安全装置下，请不要将任何物品深入机器

（十）当电机运转时，不允许对该机器进行任何工作

（十一）当在机器的高处工作时，应用安全爬梯

（十二）取料滚筒刀片如有损坏或过度磨损，应立即更换

（十三）戴上防护眼镜，利用压缩空气对机器进行清理

（十四）小心谨慎地对机器各部位进行保养工作

（十五）机器的周围应保持清洁

（十六）当机器运转时，添加润滑油，但必须注意安全

（十七）当拆下电源快速接头时，其他工作部件应处于非工作状态

（十八）工作时应佩戴防护手套，以免受到不必要的伤害

五、应急处置

应急处置方法参考附录 C.10 机械伤害事故现场处置方案。

A.5　固液分离机安全操作规程

一、开车方案

当第一次启动固液分离机，在长时间关机状态下运转机器，在检查完机器的电子和气动连接后，请遵循以下流程：

（一）开启污水液体泵；启动运转泵，直到产品到达补偿箱

（二）关闭污水进给泵，开启固液分离机，开启让其运转 1 min，这样螺旋叶片可以从过滤器中移出分离的固体，将其运输到出料口，在那里积压并形成固体物质塞子，此对分离器的工作是必要的。在此阶段，出口的横隔板会慢慢地开启，这样固体会积累而形成塞子。1 min 运转过后，关闭分离器

（三）在所分离物料不同的情况下，重复上述操作，直到固体塞在出口处形成工作流程

（四）开启分离器，然后进给料泵

（五）一直运转分离器，直到所有需要处理的污水都处理完毕

（六）关闭污水供应泵（进给泵）

（七）供应泵关闭后，再让分离器工作 2 min

二、停车方案

（一）正常停车

1.停车前与有关岗位联系。

2.停止进料。

3.待分离机内无料时停主电机。

（二）长时间停止使用机器

如果固液分离机长时间不使用，必须执行以下操作。

1.关闭污水供给泵并让分离器运转约 3 min。

2.根比分离器并断开电源。

3.将排水系统上的螺丝旋下，把固液分离机的出口取下。

4. 手动去除由卸载部分压住形成的固体物料塞。

5. 通过出口去除机器的滤网，清洁它以去除残余物。

6. 用大量水清洁机器内部和螺旋输送机。

7. 仔细地清洁铁架，挤压和卸载区域。

注意：当重新安装机器时，恢复齿轮箱的油量。

（三）紧急停车方案

分离机在运转过程中若突然发生故障，如发生剧烈振动；进料管路破裂等。突然停电等需要紧急停车。

1. 立即与有关岗位联系。

2. 立即关闭进料阀。

3. 停主电机。

（四）安全操作要点

1. 经常检查、调节进料量，保证分离机平稳高效运转，确保不断料、不超载。

2. 经常检查油泵和分离机运转情况。

3. 经常检查推料次数是否达到要求。

4. 经常检查油位、油压、电机电流、温度是否合乎要求。

5. 保持电机不潮湿。

6. 停车要立即通知相应岗位，防止空转。

三、应急处置

应急处置方法参考附录 C.10 机械伤害事故现场处置方案。

A.6　清粪刮板安全操作规程

一、安全操作及禁止事项

（一）确保对操作、调整、保养人员进行安全教育或进行安全交代，明确安全注意事项及预防措施

（二）确保安装、调整、维修、保养在关闭电源状态下进行

（三）机器使用前或者长期停用再启用，应按产品使用说明书规定进行调整和保养，在使用过程中，定期检查电器控制部件的可靠性和灵敏度。定期检查螺栓、链条、三角带，松动时及时调整

（四）不得擅自改装、改动传动系统传动比

（五）未满 16 岁的青少年及未掌握机器使用方法的人不得独自操作机器

（六）电机外壳的接地可靠

（七）链条、三角带及牵引绳有伤手危险，机器工作时不得靠近

（八）机器应安装于干燥环境，避免电器受潮。露天存放，应有防雨措施

二、应急处置

应急处置方法参考附录 C.10 机械伤害事故现场处置方案。

A.7 挤奶设备安全操作规程

一、安全防护

（一）穿工作服，戴工作帽、橡胶手套、套袖、口罩

（二）穿防护水靴、防水围裙

（三）修剪指甲，不得涂抹化妆品

（四）禁止佩戴耳环、戒指等首饰

（五）进入挤奶厅女员工须将头发完全遮盖在工作帽内

（六）具备有效健康证

（七）奶厅内禁止吸烟

二、人员安全

（一）如接触化学品，应做好人员防护

（二）佩戴防护眼镜、手套、口罩

（三）建议使用清洗剂自动抽取设施，保证人员安全

（四）避免酸碱清洗剂混合产生氯气

三、挤奶设备（启动前）检查

（一）电压表电压是否指示正常（AC220V±10%，380V±10%）

（二）真空泵的油位是否正常

（三）奶泵控制开关是否在自动位置

（四）奶泵放水阀是否关闭

（五）清洗槽排空

（六）奶杯内套安装是否正确

（七）短脉动管等橡胶件有无破损

（八）集乳器进气孔原件是否通畅

（九）长橡胶奶管是否平顺（奶管和双脉动管不扭曲、打弯）

（十）检查上一班次清洗效果（奶衬、集乳器等）

四、开机之后挤奶设备准备

（一）设备启动后 15 min，检查管道工作真空稳定在设备说明中规定的压力

（二）检查挤奶管路系统是否漏气

（三）检查真空泵进油情况是否正常

（四）关注挤奶系统是否泄漏

A.8 青贮收割机安全操作规程

一、安全说明

（一）驾驶及保养人员的资质

1.具有相应能力，经过相应培训和取得相应驾驶执照的人员进行。

2.检查、调整及维修工作只能由经授权的专业人员进行。

（二）安全和事故预防规范

1.每次投入运行前都要检查收割机的交通和运行安全。

2.使用公共道路时要注意有关规定。

3.开始工作前应熟悉所有操作装置及其功能。

4.启动柴油发动机前确保所有保护装置都已安装并处于保护位置。

5.只可从驾驶员座椅上启动柴油发动机。不允许通过短接启动马达上的电气连接来启动柴油发动机，否则收割机可能立即行走。

6.在启动柴油发动机前和接通收割机前确保没有成人／儿童或物品位于危险区域内。

7.在收割机起步前注意视野开阔，发出喇叭信号。

8.不要让柴油发动机在封闭空间内运转。

9.驾驶员服装要贴身。避免穿宽松的衣服。

10.处理燃油时要小心，因其具有很高的火灾风险。切勿在明火或易燃的火花附近添加燃油。加油时切勿吸烟。

11.加油前务必关闭柴油发动机并拔出点火钥匙。不要在封闭空间内添加燃油。有燃油溢出时要立即擦去。

12.为避免火灾风险应保持收割机洁净。

13.处理制动液和电池酸液时要小心。制动液有毒且具有腐蚀性。

14.注意低处悬挂的电线要有足够的安全距离。注意可能存在的收音机和无线电天线。

15.收割机上安装的警告和提示牌给出无危险运行的重要提示。注意提示有助于人身安全。要立即更新损坏的和无法辨认的警告图标／安全标签。更新带警告图标／安全标签的零件时，要确保在新零件上粘贴相应的警告图标／安全标签。

16.柴油发动机运行时不得在发动机舱中停留。

17.请确保登高梯、栈桥和收割机的其他登机区域始终无机油和油脂。

（三）投入运行前

1.遵守允许的轴载荷和总重量。

2.开始行驶和工作前调节后视镜，确保能够看清路面和收割机后面的工作区域。

3.每次行驶前都要检查制动器功能。

4.在道路行驶时必须将脚制动踏板相互接合。

5.在公共道路上行驶时要拆下伸出的收割机部件或将它们折叠到车辆轮廓内。

6. 每次行驶前都要检查驱动轮和转向轮是否有规定的轮胎充气压力。

（四）人员乘坐

1. 副驾驶座位只允许乘坐教授驾驶员收割机使用方法的人员。

2. 不允许乘坐除此之外的人员。

（五）驾驶概述

1. 抬起附加装置后在道路上行驶时必须关闭安全开关。

2. 在行驶过程中绝对不要离开驾驶台。

3. 在排空谷粒箱/料斗后才允许在公共道路上行驶。

4. 带附加装置在公共道路上行驶时必须遮盖好割刀梁、扶禾器和分禾器尖部。

5. 在横穿铁路交叉道口时要特别小心。如果由于道路交通情况或由于障碍物而不能顺畅且无停留地横穿某个铁路交叉道口，则必须停在"X"形标志前。否则应迅速穿过铁路交叉道口，不得停留。

6. 收割机的行驶性能受路面和悬挂式农具影响。因此，必需把驾驶方式与相应的地形情况和地面情况相匹配。斜坡上作业和转向时以及谷物箱/料斗装满时要特别小心。斜坡上切勿换挡。柴油发动机静止或液压转向助力失灵时，转向时必须使用更大的力量。

7. 方向盘和制动器发生任何功能故障时都要立即停下收割机，立即排除故障。

（六）配重

使用某些附加装置时，如果未安装相应数量的配重，不允许运行收割机。

（七）驾驶青贮收割机

1. 道路行驶时务必开启减震装置。

2. 公共道路上行驶时把喷管向内转到底并降到规定的支架上并锁定操纵踏板。

3. 必须遵守适用的道路交通规定。

4. 避免在破碎机的排出区域内停留。

（八）斜坡驾驶

在坡度超过7%的路段上务必向下换一挡。

（九）离开收割机

1. 离开时固定住收割机以防其自行移动（驻车制动器、止轮块）。关闭发动机，拔出点火钥匙，必要时锁上驾驶室。

2. 如果将收割机停放较长时间，要关闭蓄电池隔离开关。

3. 只要发动机尚在运行，切勿无人看管收割机。

4. 离开收割机前将附加装置完全降到底。

（十）附加装置和挂车

1. 在可靠支撑好后才能在抬起的附加装置下面进行操作。

2. 安装附加装置和联接挂车时必须特别小心。

3. 附加装置和进料机构如进料带、进料辊、进料链、进料蜗杆、进料铰盘和类似机构，根据其功能无法通过结构措施完全固定。因此，在运行过程中必须与这些运动部件之间保持足够的安全距离，原则上这些提示也适用于所有其他辅助装置。

4. 在未通过驻车制动器和／或止轮块将车辆固定住时，任何人都不得在收割机和附加装置之间停留。

5. 附加装置和挂车只可固定在规定的装置上。注意拖车挂钩的最大允许支承负荷。

6. 按规定挂接挂车。在联接挂车时要特别小心。

7. 稳定地停住附加装置。

8. 在安装附加装置时务必注意足够的后轴载荷，转向和制动能力必须保持不变。

（十一）柴油发动机

注意以下安全措施，以免损坏发动机、组件和电缆组并以此预防可能发生的人员伤亡。

1. 牢固连接蓄电池后才可启动发动机。

2. 不要在发动机运转时断开蓄电池。

3. 启动发动机时不要使用快速充电器。

4. 不得使用启动辅助液或类似启动辅助方式来起动发动机。

5. 只可通过单独的蓄电池进行跨接启动。

6. 对蓄电池进行快速充电时必须拆下蓄电池夹。

7. 控制单元供电电压极性颠倒（例如由于蓄电池极性颠倒）可能导致控制单元毁坏。

8. 未连接到外置天线上的电话和对讲机可能会给车辆电子系统带来功能故障，并因此危及发动机的运行安全。

（十二）青贮收割机破碎机

1. 在破碎机的保护装置下面有危险的切割工具，这些切割工具在驱动机构关闭后惯性运转。因此，在停止运转之前必需与破碎机保持足够的安全距离。

2. 在重新研磨破碎刀时，破碎刀由于其功能无法通过结构措施完全固定。因此在研磨过程中必须特别小心并保持足够的距离。

3. 在调整或更新破碎刀时，必须通过附带的专用工具固定住破碎滚筒并盖住刀刃。有伤害危险，应佩戴手套。

（十三）调整和保养工作

在发动机停机后，收割机驱动机构由于其功能而无法自动固定。此外，在进行调整工作时可能需要旋转驱动机构。对此必须注意下列事项：

1. 在进行调整、清洁和保养工作以及排除功能故障前：（1）关闭破碎机。（2）关闭发动机。（3）关闭蓄电池断路开关。

2. 在液压系统上进行调整、清洁和保养工作以及排除功能故障前，把附加装置和／或进料装置降到最低。

3. 在电气设备上进行操作时原则上要关闭蓄电池断路开关。

4. 关闭破碎机后驱动机构惯性运转。务必等到驱动机构完全静止。

5.必须确保其他人不会启动收割机或旋转驱动机构。

6.在高压下溢出的工作液（燃油、液压油等）可能穿透皮肤并引起严重伤害，因此要立即去看医生，否则可能导致严重感染。

7.液压系统的维修工作只允许由专业维修厂进行。

8.打开散热器锁盖时要小心。发动机很热时散热器有压力。

9.安装轮胎时必须具备充足的知识，并使用符合规定的安装工具。

10.按规定妥善处理机油、燃油和滤清器。

11.定期拧紧车轮螺母。

（十四）道路交通

收割机在公共道路行驶时应遵守道路交通法律法规。

二、其他安全操作要点

1.使用收割机收割之前，收割机手应提前安排好有关事项，例如：收割机的过路、过沟、作业区域是否有低洼积水等情况，尽量避免出现行驶不畅、陷车、翻车等事故的发生，保证玉米联合收割机使用的安全性。

2.使用收割机前需要清理地头，因收割机体积较大，在地头不能及时调转，清理地头能够起到排除障碍物的目的。

3.投入作业前必须对机具进行调试，确保各连接部位紧固、传动部位灵活、润滑部位注油，防护装置一定要安全可靠，新购置的收割机一定要按说明书要求进行磨合试运转。

4.驾驶员在进行正式的收割作业之前，首先要使用低挡进行试收割，观察整个收割机的运行状况，待观察到收割机的发动机的转速达到正常的额定转速时，才可以开始进行收获作业。

5.收割过程中尽量不要靠近收割机，不要为了心疼粮食而做出一些冒险靠近收割机的举动，造成不必要的事故发生。

6.认真检查各工作部件有无杂草缠绕，如果发现杂草，应该立即清除，以免在收割的过程中因摩擦引起火灾的发生。

7.收获机出现故障应及时检修，严禁带病作业。

8.在收割中途，如果需要维修清理，一定要停下机器进行操作，切不可在不停机状态下维修故障、清理堵塞。机器工作时，无论哪个部位都不允许用手去触摸，以免造成不可挽回的严重后果。

9.在收割期间，汽油、柴油、机油不要随意乱存乱放在田间地头，避免火灾事故的发生。

10.玉米联合收割机必须有两个以上的固定驾驶人员操作，禁止疲劳驾驶。绝对禁止酒后驾驶。

11.运输过程中，应将玉米联合收割机及秸秆还田装置提升到运输状态。前进方向的坡度大于15°时，不能中途换挡，以保证运输安全。

12.应备有灭火器，并随机携带。经常检查灭火器性能是否良好，用户在遇到火灾时，应首先使用灭火器，灭火应该往火焰的根部喷。

A.9　巴氏杀菌设备安全操作规程

A.9.1　巴氏杀菌机的清洗

一、清洗前检查

（一）能源供应正常，蒸汽压力 6 ~ 10bar、塔水压力 3 ~ 4bar、温度 ≤ 25℃、热水泵补水压力 2 ~ 3bar、压缩空气 6 ~ 8bar

（二）清洗参数符合 ≤ 预处理质量标准

（三）源酸碱站浓酸浓碱供应正常

（四）清洗回路连接正确，手动蝶阀打开，管路上的仪表显示正确

（五）巴氏杀菌机所有自动阀门没有处于手动状态，泵的控制开关位置正确

（六）均质机油液位正常（均质机停止时油液位在高液位线以上），所有压力仪表归零

（七）单效降膜器塔水阀门打开，蒸汽喷射泵蝶阀打开，物料泵、冷却器泵、抽真空泵的冷却水打开

（八）巴氏杀菌机冷板的冰水进出口蝶阀关闭

二、CIP 清洗

（一）"总览"界面点机 1100 ~ 1500 巴氏杀菌机界面

（二）点击巴氏杀菌机手动控制界面

（三）选择模式：双击模式，出现选择框确定清洗模式（模式要与实际的清洗路径相同），点击应用即可

（四）当程序错误信息提示栏中无错误信息，点击"CIP"开始按钮，巴氏杀菌机开始清洁

三、清洗中注意事项

（一）清洗一定要保证浓酸浓碱供应充足

（二）长时间低温，检查冰水进出口蝶阀是否关死

（三）均质机清洗时冷却水是否打开；带单效降膜器清洗时，检查蒸发室、分离室、冷凝塔的液位是否处于目镜以下，如果没有调节出口压力，使液面达到目镜以下

（四）清洗回路的电导仪长时间不变化时，马上检查所有阀门动作（尤其是手动阀门是否打开）

（五）巴氏出料口的压力保证在 2.5 ~ 3.5bar

（六）清洗 1500 时，根据产品需要选择清洗模式

（七）冷均质清洗与管路清洗相同

（八）清洗碱电导率 40s/m，酸电导率 20s/m

四、清洗结束

（一）拆开 CIP 清洗管路，关闭手动阀门

（二）拆开均质机缓冲管，检查是否有酸碱残留，并做微生物涂抹试验

（三）检查所有仪表是否归零

A.9.2 巴氏杀菌机生产

一、生产前检查

（一）所有能源供应充足

（二）冰水温度满足标准，温度 $1 \sim 2℃$，压力 $3 \sim 4$bar

（三）所有参数在标准范围内

（四）涂抹试验和 pH 检测合格

（五）清洗接管拆开，同时接到回收管路上并打开蝶阀

（六）所有阀门开关和泵的控制开关位置正确

（七）源罐中有牛奶及牛奶的类型和各项理化指标合格和源罐处于生产状态；牛奶指标见原奶使用质量标准

（八）目标罐或设备满足生产条件

（九）均质机油液位正常（均质机停止时油液位在高液位线以上）

（十）所有自动阀门和泵无手动可打开现象，冰水进出口手动蝶阀关闭

（十一）所有泵的冷却水打开，而且冷却水出口正常，有水流出

二、启动

（一）根据产品的品种选择模式：生产纯牛奶需要添加和带单效降膜器时，将单效降膜器连接；生产酸性乳饮料和花色奶时，不需要带单效降膜器，将单效降膜器断接

（二）启动回收管路程序，并且处于等待生产状态

（三）点"开始"，巴氏杀菌机启动，开始升温

三、换水

巴氏杀菌机启动后，执行换水程序，检查所有阀门动作是否正确。

四、升温

换水完毕以后，开始升温，杀菌段 $90℃$，冷却段 $70℃$，将达到温度，开始倒计时；杀菌温计时结束，杀菌持续 600s；热水消毒时，用高温热水对板片进行消毒，同时杀菌段、冷却段温度下降。

温度补偿是指将巴氏杀菌机和单效降膜器和压力调整到生产设定值；打开冰水手动阀，开始降温，同时平衡杀菌段、保温段温度，达到产品温度设定值；如果生产纯牛奶，带单效降膜器时，蒸汽压力和真空席有清洗设定值转变成生产设定值，即由 60#、62#转变成 61#、63#，并且稳定单效降膜器系统。

准备好生产检查巴氏杀出料口压力，将其调整到 $2.5 \sim 3.5$bar（一定要保证稳定的压力）。

添加管路准备：将添加管路程序启动，并且处于等待生产状态。

选择源罐：双击源，出现选择框，选择源点击应用即可。

选择目标罐：双击目标，出现选择框，选择目标点击应用即可；添加比例的确定：①生产纯牛奶：22T/h 巴氏杀菌机是 2.8m³/h；10T/h 巴氏杀菌机是 1.5m³/h。②生产酸性奶（原味）：22T/h 巴氏杀菌机是 $8.5 \sim 8.9$m³/h，巴氏杀菌机是 $5 \sim 5.5$m³/h。③生产酸性奶（果味）和未来星乳

饮料：22T/h 巴氏杀菌机是 $6.7 \sim 7m^3/h$，10T/h 巴氏杀菌机是 $4 \sim 4.5m^3/h$。

五、生产

（一）当报警提示框中无报警信息时，点击"开始"生产开始；在生产过程中，如果生产纯牛奶，根据理化指标调节单效降膜器蒸汽压力和真空度即 61 # 、63 # 参数

（二）当程序到推奶到均质机计时结束后，开始打压；均质机压力要求 $160 \sim 180bar$，先打二级，打到 50bar，再打一级，打到 160bar

六、停机

（一）生产任务结束，将顶水路径准备好，点击"推出"执行水顶奶程序，顶水完成后，巴杀机处于"生产准备好 CIP"状态

（二）推水到均质机计时结束后，均质机卸压，先卸一级压力，再卸二级压力；如果停机，点击"停止"，巴氏杀菌机运行结束；如果进行清洗，结束后巴杀机自动停止

七、注意事项

（一）注意添加罐、源罐低液位、目标罐高液位报警，防止巴氏杀菌长时间循环，造成糊板

（二）回收管路不能与其他程序共用

（三）生产纯牛奶时，单效降膜器的蒸发室液位应在 1/3 处以下

（四）单效降膜器生产时，不能随便改动真空压力

（五）保证蒸汽压力在 $8 \sim 10bar$

（六）保证巴杀出口压力在 $2.5 \sim 3.5bar$；防止因板片压力差造成板片损伤

（七）均质机进口压力在 $2 \sim 3bar$，对均质机的损坏较大

（八）注意平衡罐的液位情况，防止平衡罐中无牛奶，造成板片两面的压力差太大，导致巴杀板片穿梭

（九）保证源和目标连续性，减少巴氏杀菌的自动循环时间；如果巴氏杀菌循环超过 15min，需要执行水推奶程序

（十）当杀菌温度低于 75℃，持续 30s，会出现温度报警，系统紧急排空，在生产过程中，时刻注意蒸汽压力

A.10 锅炉安全操作规程

一、锅炉启动前检查

（一）经过净化后硫化氢含量低于 200mg/kg 的沼气，甲烷含量在 52% 左右，通过沼气管路进入增压风机增压，增压后沼气通过压力罐稳压进入锅炉点火燃烧，将锅炉里的水转化为温度在 150℃ 以上的蒸汽，产生的蒸汽通过分汽缸供给发酵池加热及牧场各区域使用

（二）检查从储气柜到锅炉增压风机的沼气管路阀门是否全部开启，蒸汽分汽缸主阀门关闭

（三）打开锅炉电柜主电源，设定锅炉补水水位、沼气燃烧流量等参数。观察锅炉水位计是否显示水位在中间位置，水位过多通过排污阀进行排放，水位过低，打开补水泵将水位补充到中间位置

（四）打开增压风机，当压力达到 2 ～ 15kPa 时，启动锅炉点火，此时锅炉引风及鼓风机动作，锅炉炉膛内呈负压。程控器动作，自动检测管路及阀门有无泄漏。检测管路无泄漏后，锅炉通过外置煤气进行点火，点火正常切换沼气供气。根据蒸汽负荷情况调节燃烧量大小

（五）蒸汽压力达到 0.4MPa 后，缓慢打开分汽缸将蒸汽外送

二、沼气增压

锅炉正常燃烧需要供应的沼气压力范围在 2 ～ 15kPa，燃烧量越大，沼气压力要求越高。沼气增压风机分为手动和自动两种模式。自动模式运行时，增压风机根据设定的压力自动调节变频器，不需要人为调整。当程序设定为手动时，根据需要的压力，手动调整变频器的频率。当增压风机运行时，气泵压力要保持在 4 ～ 8kPa。控制锅炉气动电磁阀的运行。

三、开机程序

（一）开启电源柜总电源

（二）运行前对燃烧器程序进行复位

（三）按下启动按钮，侧风机将立即启动吹风清扫、点火，部分负荷自动转换全负荷状态；

（四）此时观察燃烧器内火焰燃烧情况

（五）当锅炉蒸汽压力升至 4MPa 以上时，缓缓旋开蒸汽主阀门

四、锅炉日检查项目注意事项

（一）锅炉水位检查保持中水位，不准低水位和满水位运行检查软水箱水位、检查配电箱内电器元件工作时温度是否正常

（二）每班对水位表不低于 2 次冲洗，并观察两侧水位表水位是否一致

（三）锅炉根据水质化验情况进行排污，排污的要求

1. 勤排、少排、均衡排、在锅炉低负荷下排污。

2. 每天排污不得低于 5 次，每次排污时间不少于 3min，也可根据炉水总碱度的高低决定排污次数，总碱度为 10 ～ 20（内控标准）。

3. 排污时不得在高压情况下进行，排污时压力需控制在 0.2 ～ 0.4MPa 时进行，以保证排污效果。

（四）排污的目的

1. 排除锅炉水中过剩的盐量和碱量，使锅炉水质各项指标始终控制在标准要求的范围内。

2. 排除锅炉内产生的污垢。

3. 排出锅炉水表面的油脂和泡沫。

（五）其他检查项目

1. 每班对水位表不低于 2 次冲洗，并观察两侧水位表水位是否一致，检查锅炉安全附件、报警和保护装置，灵敏可靠。

2. 每天检查各管道、管件、设备有无漏水、漏气现象（使用沼气检测报警仪或在阀门连接处涂肥皂水观察是否水泡发生）。

3. 运行中注意观察各压力指示，水位指示是否正常。对增加风机油位进行检查是否缺油，

如缺油需及时补充。

4. 运行记录的填写及时、真实、准确（要求 2 小时记录 1 次锅炉运行情况）。

5. 每年需锅炉厂家沼气锅炉进行 1 次维保（烟道清理）。沼气锅炉每年要请锅检所进行到场外部检验一次，每两年对锅炉内部进行检验 1 次。

6. 锅炉及附属设施压力表、安全阀每半年送至相关部门进行检测。

表　锅炉及附属设施检查项目

序号	主要检查项目	检查时间	检查人	存在的问题
1	锅炉水位检查保持中水位，不准低水位和满水位运行			
2	检查软水箱水位、水质是否符合要求（根据锅炉水质的化验为准，pH 值在 7 ～ 9，硬度 ≤ 0.03mmol，碱度 10 ～ 20mmol/L，水氯离子 ≤ 500mg/L）			
3	检查配电箱内电器元件工作时温度是否正常			
4	每班对水位表不低于 2 次冲洗，并观察两侧水位表水位是否一致			
5	水处理盐桶盐位保证在盐桶 1/3 处			
6	锅炉根据水质化验情况进行排污，一般每天排污 5 ～ 6 次，每次 3 ～ 5min			
7	检查锅炉安全附件、报警和保护装置，灵敏可靠			
8	每天检查各管道、管件、设备有无漏水、漏气现象（使用沼气检测报警仪或在阀门连接处涂肥皂水观察是否产生水泡）			
9	运行中注意观察各压力指示，水位指示是否正常			
10	对增加风机油位进行检查是否缺油，如缺油需及时补充			

五、水处理系统

1. 水处理系统盐桶需每天进行检查，水位不得低于 70%，盐位不得低于盐桶的 1/3，使用盐必须为工业颗粒盐，盐桶需每隔 30d 进行彻底清洗 1 次并做记录。

2. 树脂罐使用 18 个月必须更换 1 次，使用过程中根据软水检测情况出现不合格现象可提前进行更换；并做好树脂更换记录表。

六、水样采集

水样的采集是保证水质分析准确性的第一个重要环节，采样的基本要求是：样品要有代表性；在采出后不被污染；在分析之前不发生变化。

（一）取样装置

对取样装置一般有以下要求：

1. 取样器的安装和取样点的布置应根据锅炉的类型、参数、水质监督的要求（或试验要求）进行设计、制造、安装和布置，以保证采集的水样有充分代表性。

2. 除氧水、给水的取样管，应尽量采用不锈钢。

3. 除氧水、给水、锅炉水和疏水的取样装置，必须安装冷却器。取样时，冷却器应有足够的冷却面积，并接在连续供给冷却水量的水源上，以保证水样流量为 500 ～ 700ml/min，水样温度为 30 ～ 40℃。

4. 取样冷却器应定期检修和清除水垢，锅炉大修时，应同时检修取样器和所属阀门。

5. 取样管应定期冲洗（至少每周 1 次）。系统检查定取样前要冲洗有关取样管道，并适当延长冲洗时间，冲洗后应隔 1 ～ 2h 方可取样，以确保水样有充分的代表性。

（二）水样的采集方法

1. 采集有取样冷却器的水样时，应调节取样阀门，使水样流量控制在 500 ～ 700ml/min，温度为 30 ～ 40℃，且流速稳定。

2. 采集给水，锅炉水样时，原则上是连续流动之水。采集其他水样时，应先将管道中的积水放尽。

3. 盛水样的容器，采样瓶必须是硬质玻璃或塑料制品（测定微量或分析的样品必须使用塑料容器）。采集前，应先将采样容器彻底清洗干净，采样时再用水样冲洗 3 次（方法中另有规定的除外），才能采集水样。采集后应尽快加盖封存。

4. 采样现场监督控制试样的水样，一般应用固定的水瓶。采集供全分析用的水样应粘贴标签，并注明水样名称、采样人姓名、采样地点、时间、温度。

七、蒸汽使用量

1. 每日产生蒸汽供发酵池加热，大小奶厅清洗、消毒室、生活区、办公区域、压片玉米厂要求对各区域使用蒸汽量进行安装蒸汽流量计，从而准确计算出每个区域日蒸汽所使用量。

2. 每日由能源处长、班长对各区域蒸汽管道疏水器进行检查，保证完好无泄漏。

3. 对各区域使用量进行统计卡控，发现用气量出现异常立即排查原因并解决。

八、锅炉安全防范

1. 加强防火管理。进入锅炉房的人员一律严禁带火种，车辆进入要安装防火罩。在锅炉房内需动用电焊、气焊作业时，严格根据动火审批程序办事，采取一切必要的预防措施，施工作业时牧场专职安全员和主要领导要在现场监护。

2. 采取防静电防爆措施。进入锅炉房的人员一律要求穿防静电工作服，严禁带手机进入，生产区域每年对沼气管道的静电和防雷接地装置以及电气设备的接地保护线进行检测，保证防火防爆安全装置完好，使静电和雷电及时地得到释放。

3. 采用防爆型照明、防爆仪表及其他防爆用电设备，施工单位在锅炉房施工均要使用防爆工具。

4. 锅炉燃烧调节及监护运行。在锅炉点火运行前，尤其是点火不成功或自动熄火后重新点火时，一定要按照运行操作规程对炉膛和烟道进行吹扫，对锅炉燃烧进行调节时不能太快，防止锅炉熄火后，在炉膛和烟道内泄漏沼气，司炉人员在锅炉运行时，重点监护并防止沼气泄漏和燃烧器自动熄火现象。

九、应急处置

应急处置方法参考附录 C.9 锅炉事故现场处置方案。

附录 B 岗位操作规程

B.1 挤奶工

一、岗位说明

（一）岗位名称

挤奶员：了解奶厅工作流程、挤奶相关知识；具备较强的执行力；具备吃苦耐劳的精神，合理完成任务，维护个人权益。

（二）岗位职责

严格执行奶牛的挤奶操作标准规程；负责挤奶区域的卫生工作；负责所分配区域的卫生清扫工作；合理处理并完成上级领导交办的任务；必须熟悉危险化学品泄漏应急预案，并具备应急能力。

二、安全注意事项

挤奶工岗位安全注意事项

序号	风险分析	风险评估	控制措施
1	爬梯	上下楼梯、爬梯	要穿防滑鞋，增加警示标识
2	布鲁氏菌病	传染病	佩戴防护用品、正确操作
3	牛群	撞伤、踢伤	注意观察牛群，避让、固定
4	使用酸碱溶液时	酸碱液容易发生迸溅，灼伤皮肤	佩戴橡胶手套、防护面罩、防护围裙、护目镜，配置清水喷壶
5	使用消毒液时	灼伤皮肤	佩戴橡胶手套、防护面罩、防护围裙、护目镜
6	地面积水	摔伤	增加警示标识，保持脚踏梯、地面干净
7	触电	电击	严禁湿手触碰电源、电柜

三、安全操作规程

1. 在奶厅工作时，要佩戴护目镜、口罩、橡胶手套、围裙、套袖、雨鞋、工衣等防护用品。

2. 员工上、下爬梯时要手扶护栏，不能随意跑跳，避免滑倒坠落现象。

3. 使用酸碱液、消毒液时，注意佩戴防护品。

4. 工作过程中不可用身体任何部位倚靠设备上，防止设备突然运转伤害自己或他人。

5. 奶厅工作时不要随意跑跳，避免地面积水导致摔伤。

6. 不能湿手打开触摸屏或搅拌泵开关，也不能湿手将带电设备插头插上电，且检查有无漏电现象，要佩戴绝缘手套，避免触电事故。

B.2 CIP 工

一、岗位说明

（一）岗位名称

CIP 工：了解奶厅工作流程、奶台设备管路相关知识；具备较强的执行力；具备吃苦耐劳的精神，合理完成任务，维护个人权益。

（二）岗位职责

严格执行 CIP 工操作标准规程；负责奶厅区域毛巾清洗的卫生工作；负责收奶相关工作；负责奶厅管路清洗工作，合理处理并完成上级领导交办的任务；必须熟悉危险化学品泄漏应急预案，并具备应急能力。

二、安全注意事项

表　CIP 岗位安全注意事项

序号	风险分析	风险评估	控制措施
1	CIP 清洗	清洗管路蒸汽温度高易烫伤	增加标识警惕，佩戴防护用品
2	手工清洗	浸泡在碱液中，容易碱液进溅伤手、眼	佩戴橡胶手套、防护面罩
3	清洗管路	泄漏点检查：蒸汽、管路检查，易烫伤、灼伤	佩戴护目镜、橡胶手套，增强标识警惕
4	车辆	撞伤	避让车辆、绕行
5	触电	电击	严禁湿手触碰电源、电柜
6	机械伤害	挤伤、压伤	张贴警示标识，佩戴防护用品，学习安全生产基础知识

三、安全操作规程

1. 连接收奶管时，佩戴防护手套，用钩板等工具将接口连到奶车上，避免徒手操作被阀门丝划伤。

2. 进行手工清洗时、接触酸碱液、消毒液、药浴液时，要戴防护用品，以防溅出灼伤皮肤。

3. 在奶厅工作时，要佩戴护目镜、口罩、橡胶手套、围裙、套袖、雨鞋、工衣等防护用品并正确佩戴。

4. 员工上、下爬梯时要手扶护栏，不能随意跑跳，避免滑倒坠落现象。

5. 不能湿手将带电设备插头插上电，不要湿手触碰洗衣机插头，且检查有无漏电现象，要佩戴绝缘手套，避免触电事故。

B.3 赶牛工

一、岗位说明

（一）岗位名称

赶牛工：了解牧场工作流程、赶牛相关知识；具备较强的执行力；具备吃苦耐劳的精神，合理完成任务，维护个人权益。

（二）岗位职责

负责牧场挤奶及其他赶牛工作；赶牛时温和对待奶牛，杜绝串群的发生；负责赶牛通道的清洁打扫工作；配合挤奶工工作，协调一致；合理处理并完成上级领导交办的任务。

二、安全注意事项

表　赶牛岗位安全注意事项

序号	风险分析	风险评估	控制措施
1	布鲁氏菌病	传染病	佩戴防护用品、正确操作
2	牛群	撞伤、踢伤	注意观察牛群，避让、固定

三、安全操作规程

1. 挤奶前 5 ～ 15min（不得超过 15min）开始赶牛工作。

2. 由组长带队检查赶牛通道的所有门是否处于赶牛状态，栏杆是否有损坏，如有损坏及时处理并报清理维修组维修。

3. 打开牛栏门，将第一批待挤奶牛放出。按照挤奶顺序，且在挤奶过程中必须保证每舍牛的连续性，不得出现间隔或等待奶牛，从而影响挤奶效率。

4. 赶牛时禁止使用木棍、钢管、鞭子等工具驱赶奶牛，避免奶牛受到惊吓和伤害。

5. 赶牛要慢，并且不要太靠近奶牛、不要高声呵斥，避免奶牛受到惊吓而摔倒。

6. 同一栏牛全部进入待挤厅后，关闭待挤厅进牛门，然后打开回牛门，把上一栏已经挤完奶的牛放回原舍。

7. 当一栏牛全部挤完后，将其全部赶回原舍，同时关闭回牛门和牛栏门，杜绝混群。按照上述要求赶下一栏牛进入待挤厅。

8. 发现奶牛滑倒时，不要急于将牛驱赶站立，待牛休息一会儿后自动起来。如有不能自动站立的牛必须立即报告兽医处理，切不可强行驱使。

9. 在赶牛过程中发现病牛和行走异常的牛，要做好记录并报告当班组长。

10. 当班挤奶全部结束后，将最后一栏牛全部赶回原舍，然后关闭牛栏门，开始打扫待挤厅卫生。

B.4　繁育师

一、岗位说明

（一）岗位名称

繁育师：了解牧场工作流程、繁育相关知识；具备较强的执行力；具备吃苦耐劳的精神，合理完成任务，维护个人权益。

（二）岗位职责

严格执行人工受精操作标准规程；负责对发情、流产牛只的观察及子宫炎治疗工作，负责保证发情、配种、同期、初检、复检牛的系统核对及操作明细表制作与归档工作；负责进行牛只保定及冻精解冻工作；合理处理并完成上级领导交办的任务；必须熟悉车辆伤害应急预案，并具备应急能力。

二、安全注意事项

表　繁育员岗位安全注意事项

序号	风险分析	风险评估	控制措施
1	液氮	冻伤	佩戴防护用品，防冻手套
2	布病	传染病	佩戴防护用品、正确操作
3	牛群	撞伤、踢伤	注意观察牛群，避让、固定
4	车辆	撞伤	避让车辆、绕行

三、安全操作规程

1.氮气操作时需佩戴防护用品避免被冻伤、窒息。

2.牛舍行走时需要注意避让车辆，避免被车辆伤害。

3.给牛进行检查、输精时注意被牛群踢伤、撞伤。

4.进入牛舍时需要佩戴防护用品，例如，口罩、橡胶手套、雨鞋、工作服、眼镜等。

5.在牛舍行走时注意被牛粪、粪水滑倒摔伤等。

6.使用消毒液消毒时需要佩戴防护用品。

B.5　助产师

一、岗位说明

（一）岗位名称

助产师：了解牧场工作流程、产房技术相关知识；具备较强的执行力；具备吃苦耐劳的精神，合理完成任务，维护个人权益。

（二）岗位职责

负责临产牛的观察监控、分娩工作，新产及待产牛的转群工作；负责对新生犊牛的护理及运输工作；负责清理及更换犊牛舍卧床的工作；对接产成活率指标进行控制；负责清理及更换犊牛舍卧床的工作；清理及更换犊牛舍卧床的工作；负责所分配区域的卫生清扫工作；合理处理并完成上级领导交办的任务。

二、安全注意事项

表　助产师岗位安全注意事项

序号	风险分析	风险评估	控制措施
1	消毒液	灼伤	佩戴防护用品
2	分娩	传染病	佩戴防护用品、正确操作
3	牛群	撞伤、踢伤	注意观察牛群，避让
4	犊牛运输	撞伤	避让牛群、车辆

三、安全操作规程

1. 收集合格的初乳进行冷冻保存过程中佩戴防护手套，避免被冻伤。

2. 给牛打耳标时需要防止被牛群撞伤。

3. 进入牛舍时需要佩戴防护用品，例如，口罩、橡胶手套、雨鞋、工作服等，行走时注意被牛粪、粪水滑倒摔伤。

4. 使用消毒液消毒，清理卧床、加垫卧床、水桶、料桶、栏板清洗的过程中佩戴防护用品。

B.6　饲养员

一、岗位说明

（一）岗位名称

饲养员：了解牧场工作流程、奶牛饲养技术相关知识；具备较强的执行力；具备吃苦耐劳的精神，合理完成任务，维护个人权益。

（二）岗位职责

负责做好牛的饲养管理工作；负责熟悉牛生活习惯，熟悉所管牛群的基本情况，能及时发现牛只的异常变化；负责下槽后及时清扫食槽，保持食槽清洁卫生；负责定期刷洗和消毒饮水槽，保持饮水槽清洁卫生；负责观察牛群状况，发现异常及时向组长或兽医汇报；负责配合兽医做好检疫、治疗等工作；负责搞好所属卫生区卫生，防止饲料浪费。

二、安全注意事项

表　饲养员岗位安全注意事项

序号	风险分析	风险评估	控制措施
1	消毒液	灼伤	佩戴防护用品
2	高空物品坠落	砸伤	佩戴防护用品
3	牛群	撞伤、踢伤	注意观察牛群，避让
4	车辆伤害	挤伤、撞伤	注意避让车辆
5	牛舍	传染病	佩戴防护用品、正确操作
6	触电	电击	严禁湿手触碰电源、电柜

三、安全操作规程

1.上班期间禁止吸烟，严禁携带易燃易爆的物品。

2.要求上班期间必须戴手套、口罩和防护服。

3.冬季饲养员清洗水槽时，先检查加热电缆绝缘是否被破坏，防止触电。

4.注意来往车辆的行驶，需立即停止作业，停靠一边。

5.在工作区，注意墙体坍塌、卧床与围栏断裂、窗户玻璃破碎等现象，防止造成尖锐物品刺伤。注意牛舍内高空悬挂物体坠落，防止砸伤。

B.7 质检员、化验员

B.7.1 质检员

一、岗位说明

（一）岗位名称

质检员：了解牧场工作流程、牧场各环节运营相关知识；具备较强的执行力；具备吃苦耐劳的精神，合理完成任务，维护个人权益。

（二）岗位职责

负责到场原辅料、原奶采样、感官检测工作，负责质量管理体系落地追踪工作，质量数据汇总；日常监控检查问题的上报；追踪各部门整改情况，负责青贮、垫料、TMR 车、采样抽查工作；负责奶厅牛舍涂抹、空气净度验证工作；负责部门设备仪器运转保养维护负责所分配区域的卫生清扫工作；合理处理并完成上级领导交办的任务。

二、安全注意事项

表　质检员岗位安全注意事项

序号	风险分析	风险评估	控制措施
1	高空物品坠落	砸伤	佩戴防护用品
2	车辆伤害	挤伤、撞伤	佩戴防护用品，走人行道，学习安全生产基础知识
3	检货时砸伤	砸伤	远离卸车区，固定区域检验产品
4	化学品泄漏	划伤、灼伤	佩戴防护用品
5	触电	电击	按照规章制度正确用电

三、安全操作规程

1.库房取样或检查时，要注意检查货物有没有倾斜或倒塌的现象，出现上述现象要及时整改。

2.进入生产区域时佩戴工衣、防护用品。

3.接触化学品时，要佩戴防护用品，不能直接用手触摸，防止化学品沾到手上，对皮肤造成伤害。

4.在卸货区域行走时要注意高空货物倒塌，防止被砸伤。

5.生产区域行走时注意避让车辆。

B.7.2　化验员

一、岗位说明

（一）岗位名称

化验员：了解化验室工作流程、化验检验相关知识；具备较强的执行力；具备吃苦耐劳的精神，合理完成任务，维护个人权益。

（二）岗位职责

负责乳房炎病原菌鉴定、初乳、犊牛用奶微生物、免疫球胆蛋白、初乳白利度、单体牛抗生素等过程的检测；依据原奶检验计划完成原奶出场检验；依据原辅料检验标准计划完成饲草料到场检验；负责药品配置标定、到场药品试剂有效性的验证，填写检验记录报告，并及时出具检验报告单；负责部门设备仪器运转保养及维护工作，负责部门设备仪器运转保养维护负责所分配区域的卫生清扫工作；合理处理并完成上级领导交办的任务。

二、安全注意事项

表　化验员岗位安全注意事项

序号	风险分析	风险评估	控制措施
1	操作前对设备和试剂进行准备和检查其安全性	腐蚀、划伤	在准备和检查试剂安全时戴防护手套；在检查设备安全性时，注意设备用电的安全和设备零件的完好
2	腐蚀性药品的实验	腐蚀	使用试剂时需要佩戴防腐手套，对于操作强腐蚀性的药品（如浓酸、浓碱类）需要戴围裙；对于可能因反应剧烈产生挥发性气体或喷溅物的需佩戴防爆护目镜，并在通风橱内操作，将通风橱玻璃幕拉下，挡住操作者面部；操作过程要注意避免药品洒溅到皮肤及衣物上，如果有洒溅需要立即清理
3	挥发性药品的实验	呼吸道伤害	使用试剂时需要佩戴口罩和手套；室内气温高时，先将试剂瓶放在自来水流中冷却10min后再开启，开启时瓶口不准对着自己或他人；在通风橱内操作，将通风橱玻璃幕拉下，挡住操作者面部
4	毒害药品的实验	慢性疾病	使用试剂时需要佩戴手套和口罩，避免药品与肌肤接触，避免食入或吸入，操作后要认真洗手（使用具有挥发性的毒害品时，可增加佩戴防毒面具，并在通风橱内操作）
5	易燃药品的实验	火灾	注意实验室的温度不要超过药品的燃点；操作附近不得有明火或干热设备在运转；操作附近有灭火设施；加热时，必须在水浴锅上缓慢地进行，禁用火焰或电炉直接加热
6	易爆药品的实验	爆炸	注意实验室的温度不要过高，避免阳光直射；操作附近不得有明火；操作时轻拿轻放，切勿剧烈震动；需要佩戴防护（防爆）面罩
7	电器设备的使用	触电	使用电器设备时要按照先后顺序打开开关，要及时关闭不使用的设备，如果同时开启多个设备要注意电的负荷是否符合要求

三、安全操作规程

（一）准备工作

1.根据所做实验检查所用设备仪器的完好性，在确认完好可用的状态下使用。

2.准备药品时注意药品外观的完好性，佩戴防护手套，防止药品包装有破损划伤手。

（二）实验操作

1.根据实验所用药品的特性，佩戴相应的防护用品，如手套、防爆护目镜、口罩、围裙、防毒面罩、防毒面具等。

2.对于使用腐蚀性、挥发性药品的实验必须在通风橱内进行，且必须将通风橱玻璃幕拉下，挡住操作者面部。

3.对操作方法步骤理解、熟悉、严格执行，包括药品加入顺序、操作细节要求，如沿壁加入、缓慢加入、边加边摇、轻轻混匀。

4.操作完毕，及时清理现场，将药品归回原处，并将防护用品处理干净，以备下次使用。

B.8 叉车、铲车司机

一、岗位说明

（一）岗位名称

叉车、铲车司机：了解牧场产品工艺、流程、生产相关知识；具备较强的执行力；具备吃苦耐劳的精神，保证货物及时出入库，合理完成任务，维护个人权益。

（二）岗位职责

必须经过专业培训，取得合格的本车操作驾驶证后，持证上岗；严格执行牧场的规章作业和叉车、铲车作业指导规程作业；负责材料运输工作；负责对叉车、铲车的维修保养和安全运行；合理处理并完成上级领导交办的任务；必须熟悉草料库房火灾应急预案，并具备应急能力。

二、安全注意事项

表　叉车、铲车司机岗位安全注意事项

序号	风险分析	风险评估	控制措施
1	机械伤害	挤伤、压伤	佩戴防护用品，学习安全生产基础知识
2	货物倒塌	砸伤	佩戴防护用品、正确操作
3	超载	砸伤	佩戴防护用品，严禁超载
4	超速	撞伤	严禁超速

三、安全操作规程

（一）行车前的检查

按规定的项目、检查车辆各部技术状况，使之处于完好状态。

（二）行驶

1.起步前应观察车辆四周情况，确认安全后鸣笛起步。

2. 车辆在运行时，不准任何人上下车，货叉、铲斗内严禁站人。

3. 车辆行驶时必须将货叉、铲斗放在最低位，不得影响驾驶时行驶的视线。

4. 车辆工作时起落必须平稳，严禁超载，进入作业现场或行驶途中要注意上空有无障碍物剐撞。

5. 严禁用货叉、铲斗举升人员从事高空作业。

6. 车辆停车时必须关闭电源，拉好手闸，拔下钥匙。

7. 叉车在进行卸草时不得叉超过 3 层的草垛。

8. 车辆场区最高行驶速度不得超过 15km/h。

B.9 TMR 搅拌车驾驶员

一、岗位说明

（一）岗位名称

TMR 搅拌驾驶员：了解牧场生产流程，TMR 饲料制作相关专业知识；具备较强的执行力；具备吃苦耐劳的精神，保证 TMR 饲料制作符合技术标准，合理完成任务，维护个人权益。

（二）岗位职责

负责按照牧场时间计划制作 TMR 饲料，并配送到牛舍；根据配方加工饲料，计量准确，不得使用发霉变质饲料；按照厂家要求保养车辆，更换刀片，异常情况及时报告；负责 TMR 搅拌车内外及搅拌作业周围环境卫生清洁；合理处理并完成上级领导交办的任务；必须熟悉机械伤害应急预案，并具备应急能力。

二、安全注意事项

表　TMR 搅拌司机岗位安全注意事项

序号	风险分析	风险评估	控制措施
1	机械伤害	挤伤、压伤、刮伤	佩戴防护用品，学习安全生产基础知识
2	高空	摔伤	佩戴防护用品、系安全带
3	超载	砸伤	佩戴防护用品，严禁超载
4	超速	撞伤	严禁超速

三、安全操作规程

（一）使用机器前的准备工作

1. 启动机器前认真阅读使用说明书。

2. 启动机器前检查所有的保护装置是否正常，查看所有指示标签，并了解其含义。

3. 熟悉所有的控制按钮，分别试用每个操控装置，确认按照标准说明正常工作。

4. 设备操作人员必需是专职的，提前进行培训，考试合格后才能上岗。

5. 准备一些辅助设备，如青贮取草机、上料皮带、卸料皮带等。

6. 使用机器之前，必须确认应没有人站在机器后部或工作范围内，操作人员在预见到任危险时有责任立即停机。

7. 操作人员在感到身体不适、疲惫、酒醉以及服药后不准操作。

8. 开机前检测油量等是否充足，做到预热 5 min，在预热过程中倾听设备的声音是否正常，眼看，耳听，手摸，鼻闻，正常后再进行工作。

9. 准备好营养员所提供的配方数据。

10. 原料装填前应将称重显示器归零。

（二）注意事项

1. 严禁在饲喂通道内倒车，严禁用机器载人、动物及其他物品，搅拌作业时佩戴防尘口罩。

2. 严禁将机器作为升降机使用或者爬到切割装置内，需要观察搅拌机内部时请使用侧面的登梯。

3. 严禁站在取料滚筒附近，料堆范围内及青贮堆的顶部。

4. 严禁调节、破坏或去掉机器上的保护装置及警告标签。

5. 机器运转或与拖拉机动力输出轴相连时，不能进行保养或维修等工作。

6. 传动轴在转动时，要避免转大弯，否则将损坏传动轴。转大弯时，应先停止传动轴再转弯，以延长传动轴的使用寿命。传动轴转动时，人不能靠近，防止被传动轴卷入，造成人身伤害。

7. 升降大臂之前要确定大臂四周没有人，其次要确认截止阀是否处于打开状态。

8. 取料滚筒大臂在取料滚筒负荷增大时，会自动上升，经常这样会对机车的液压系统有一定的损坏。所以在负荷过大时，应调整大臂下降速度或减小取料滚筒的切料深度。

9. 在改变取料滚筒的转向时，应先等取料滚筒停止转动后再进行操作，防止损坏液压系统。

10. 在下降取料滚筒大臂时，应在大臂与大臂限位杆即将接触时调低大臂的下降速度（可用大臂下降速度调节旋钮进行调解），以避免大臂对限位杆的冲击，保证限位杆及后部清理铲不受损坏。

（三）投料顺序

1. 基本原则：根据配方遵循先干后湿，先精后粗，先轻后重的原则。

2. 添加顺序：

先加入长的干草 → 青贮 → 谷物（精料）→ 啤酒糟等辅料 → 加水或糖蜜

3. 如果是立式饲料搅拌车应将精料和干草添加顺序颠倒。

4. 在搅拌过程中应注意，装料不能太满，留一定的搅拌循环空间。

（四）驾驶员操作规程

1. 饲喂前的准备工作：检查投料车机油，散热器水位，柴油机油位，轮胎、车灯以及电子称。

2. 按照规定的饲喂时间、饲喂程序进饲喂。

3. 驾驶员要详细了解每个饲料原料的装车量并辅助装车员完成搅拌装车工作。

4.驾驶员要监督装车员装车确保装车量的准确。

5.搅拌时间：所有饲料装车完毕后要混合 6～8min（根据工作中的实际情况来定）。

6.按照饲喂单准确，均匀的按群分配饲料。误差应控制在 30kg 以内。

7.工作时要特别注意个人安全、设备安全、牛只安全，倒车鸣喇叭。

8.饲喂结束后及时进行剩料清理并做详细记录。

9.下一次饲喂的准备工作：预混工作，苜蓿解捆，青贮取料机检查工作等。

10.饲喂完后要将装载车、投料车、TMR 搅拌车进行保养，每周每辆车至少保养 1 次。驾驶员要详细填写保养记录。

11.固定式搅拌车的保养次序：①检查动力电机发热程度；②打润滑油；③检查传动轴；④检查搅拌箱里的刀片有无损坏；⑤检查搅拌箱内有无绳子等异物并清理干净。

B.10 奶车驾驶员

一、岗位说明

（一）岗位名称

奶车驾驶员：了解牧场生产流程，鲜奶运输相关专业知识；具备较强的执行力；具备吃苦耐劳的精神，保证鲜奶运输过程达到质量和安全标准，合理完成任务，维护个人权益。

（二）岗位职责

负责按照牧场时间计划运输鲜奶，按时到达指定地点；遵守牧场相关管理规定，配合牧场完成鲜奶运输相关记录，并严格遵守交通安全法律法规驾驶车辆；负责按规定期进行车辆维护保养，如车辆有异常及时上报；负责奶车内外及作业周围环境卫生清洁；合理处理并完成上级领导交办的任务；必须熟悉交通事故应急预案，并具备应急能力。

二、安全注意事项

表 奶车驾驶员岗位安全注意事项

序号	风险分析	风险评估	控制措施
1	机械伤害	挤伤、压伤、刮伤	佩戴防护用品，学习安全生产基础知识
2	超载	砸伤	佩戴防护用品，严禁超载
3	超速	撞伤	严禁超速

三、安全操作规程

1.车辆进场后必须遵守牧场相关管理规定，严禁携带有毒、有害物品进场，严禁驾驶员在车内或场区内吸烟。

2.车辆驾驶时严格遵守交通安全管理相关法律法规。

3.奶车外表（整体）的卫生必需干净，无尘土，无奶渍残留。

4.奶车罐盖口及内部不得有残存奶垢。

5. 奶车罐内不得有残留积水。

6. 奶车罐内不得有异味（如腐臭味、酸败味、酸碱味等）。

7. 奶车装奶量必须按照牧场要求的奶量装载。

8. 奶车在装奶过程中奶车司机必须时刻观察罐内奶量，不得出现溢奶现象。

9. 禁止奶车驾驶员进入 CIP 清洗间。

10. 车辆装奶结束后，经化验检测合格，方可用封签将罐口封闭，同时将罐口处流落到地面的残留奶清扫干净。

11. 奶车必须在规定时间内到达地点，不得无故拖延到场时间影响鲜奶运输，中途车辆停止或出现故障，应第一时间通知奶厅负责人。

四、奶车封签管理

1. 奶车装车后，封签工作必须由牧场相关负责人执行。

2. 检测结束后，填写电子 MPO 表，必须由牧场相关负责人确认提交后再发车。

B.11 兽医

一、岗位说明

（一）岗位名称

兽医：了解牧场工作流程、兽医诊疗相关知识；具备较强的执行力；具备吃苦耐劳的精神，合理完成任务，维护个人权益。

（二）岗位职责

负责做好牛群的疫苗免疫及疫病监测，做好乳房炎治疗、疾病治疗、修蹄保健、巡圈、干奶、初产牛的跟踪治疗等工作；及时填写奶牛的病历和处方，做好病例总结；负责奶牛卫生保健，降低发病率；定期向兽医主管汇报疾病治疗情况和淘汰情况，遇有特殊情况要及时汇报；协助病牛区、产房的消毒工作；协助产房技术员对难产及胎位不正牛只进行处理；负责所分配区域的卫生清扫；合理处理并完成上级领导交办的任务。

二、安全注意事项

表　兽医岗位安全注意事项

序号	风险分析	风险评估	控制措施
1	消毒液	灼伤	佩戴防护用品
2	诊疗	扎伤	佩戴防护用品、正确操作
3	牛群	撞伤、踢伤	注意观察牛群，避让
4	牛舍	传染病	佩戴防护用品、正确操作

三、安全操作规程

1. 兽医在配制药品时注意玻璃药品瓶的擦伤、划伤。

2. 兽医在给牛治疗时注意防止牛的撞伤、踢伤。

3. 兽医在给牛打针治疗时注意针头伤害。

4. 使用消毒液消毒时需要佩戴防护用品。

5. 兽医操作时佩戴个人防护用品保证生物安全。

6. 在牛舍行走时注意被牛粪、粪水湿滑摔倒等。

B.12 电焊工

一、岗位说明

（一）岗位名称

电焊工：了解牧场工作流程、掌握相关焊接作业知识；具备较强的执行力；具备吃苦耐劳的精神，合理完成任务，维护个人权益。

（二）岗位职责

严格执行牧场的设备维修管理规范；负责牧场焊接作业，及时保证设备设施正常运行；负责所分配区域的卫生清扫工作；合理处理并完成上级领导交办的任务，必须熟悉机械伤害应急预案，并具备应急能力。

二、安全注意事项

表　电焊工岗位安全注意事项

序号	风险分析	风险评估	控制措施
1	焊接	触电、电弧伤害	佩戴防护用品，学习安全生产基础知识
2	机械伤害	刮伤、挤伤、压伤	张贴警示标识，佩戴防护用品，按规程操作
3	高空	摔伤	佩戴防护用品
4	高温	烫伤	佩戴防护用品

三、安全操作规程

1. 禁止在草料库、油库、油漆储存地点等易燃、易爆区域焊接作业。

2. 焊接现场必须配置灭火器。

3. 使用电焊机进行焊接作业时，电焊机要接地，正确佩戴防护手套、防护面罩，出现触电。

4. 高空管路焊接时注意高温烫伤，需要佩戴防护用品：安全帽、安全带、防滑鞋。

5. 使用手电钻进行钻削作业时，正确佩戴防护眼罩，防止飞屑溅入眼睛或钻头崩断飞出造成伤害。

6. 使用大小锤敲击物体时，要佩戴手套、防护面罩，避免出现锤头甩出伤人。

7. 手持电动工具外观完好，检测绝缘良好。

8. 维修作业完毕后及时清理现场卫生。

B.13 配电工

一、岗位说明

（一）岗位名称

配电工：负责全牧场的供电及维修，以及变配电室的运行，空压机的维护保养，临时用电的管理等工作。

（二）岗位职责

负责牧场变压器及高压供电设备、高压供电线路及供电专线维护巡查；负责牧场正常电力供应及排查修护；负责牧场电表的安装及校验；负责牧场用电安全检查维修；负责牧场节约用电检查维修；发现安全隐患及时处理；出现异常断电等重大事故及时上报上级并及时抢修；负责高压设备的安全使用及场区照明、维修保养；负责所分配区域的卫生清扫；合理处理并完成上级领导交办的任务。

二、安全注意事项

表　配电工岗位安全注意事项

序号	风险分析	风险评估	控制措施
1	高空作业	摔伤	高空作业戴安全帽、系安全带
2	机械伤害	挤伤、砸伤	设备高速运转部位安装防护外壳，人员穿防砸鞋
3	触电	电击	避免湿手直接接触电源，发现电气故障及时通知电工处理

三、安全操作规程

（一）变配电安全操作规程

停送电操作顺序

1. 高压隔离开关操作顺序

（1）断电操作顺序：

断开低压各分路空气开关，隔离开关 → 断开低压总开关 → 断开高压断路器开关 → 摇出高压隔离开关

（2）送电操作顺序和断电顺序相反。

2. 低压开关操作顺序

（1）断电操作顺序：

断开低压各分路空气开关、隔离开关 → 断开低压总开关

（2）送电顺序与断电相反。

3. 安全注意事项

必须 2 人进行；必须进行验电，必要时需进行停电操作；注意各个开关的闭锁情况，不要进

行野蛮操作。

（二）倒闸操作

1. 倒闸操作规程

（1）高压双电源用户，做倒闸操作，必须事先与供电局联系，取得同意或拉供电局通知后，按规定时间进行，不得私自随意倒闸。

（2）倒闸操作必须先送合空闲的一路，再停止原来一路，以免用户受影响。

（3）发生故障未查明原因，不得进行倒闸操作。

（4）2 个倒闸开关，在每次操作后均应立即上锁，同时挂警告字牌。

（5）倒闸操作必须由 2 人进行（1 人操作、1 人监护）。

2. 安全注意事项

最好在干燥的天气下进行操作；操作时必须佩戴好防护用品；必须 2 人进行，1 人唱票，1 人操作。

（三）变配电设备安全检修

1. 变配电设备安全检修规程

（1）电工人员接到停电通知后，拉下有关刀闸开关，并在操作把手上加锁，同时挂警告牌，对尚无停电的设备周围加放保护遮拦；

（2）高低压断电后，在工作前必须首先进行验电；

（3）高压验电时，应使用相应高压等级的验电器，验电时，必须穿戴试验合格的高压绝缘手套，先在带电设备上试验，确实好用后，方能用其进行验电；

（4）验电工作应在施工设备进出线两侧进行，规定室外配电设备的验电工作，应在干燥天气进行；

（5）在验明确实无电后，将施工设备接地并将三相短路是防止突然来电、保护工作人员的基本可靠的安全措施；

（6）应在施工设备各可能送电的方面皆装接地线，对于双回路供电单位，在检修某一母线刀闸或隔离开关、负荷开关时，不但同时将两母线刀闸拉开，而且应该施工刀闸两端都同时挂接地线；

（7）装设接地线应先行接地，后挂接地线，拆接地线时其顺序与此相反；

（8）接地线应挂在工作人员随时可见的地方，并在接地线处挂"有人工作"警告牌，工作监护人应经常巡查接地线是否保持完好；

（9）应特别强调的是，必须把施工设备各方面的开关完全断开，必须拉开刀闸或隔离开关，使各方面至少有一个明显的断开点，禁止在只经断开油开关的设备上工作，同时必须注意由低压侧经过变压器高压侧反送电的可能。所以必须把与施工设备有关的变压器从高压两侧同时断开；

（10）工作中如遇中间停顿后再复工时，应重新检查所有安全措施，一切正常后，方可重新开始工作。全部离开现场时，室内应上锁，室外应派人看守。

2. 安全注意事项

设备检修室必须进行验电，并按照规定进行验电方可进行工作；必需执行工作票制度；设备检修送电时必须进行确认，并由设备使用部门签字确认后方可进行。

（四）登高作业操作规程

1.登高作业准备工作

（1）先办理高处作业安全许可证；

（2）佩戴好安全带，安全帽；

2.登高作业操作

（1）将机器放置在一个牢固、水平而且无障碍的工作场地，并将机器置于作业区的正下方；

（2）安装外伸支腿，并通过调整机器的水平位置；

（3）连接至适当的电源；

（4）将电气控制箱内空气开关拨至 ON 位置；

（5）旋出红色紧急制动钮；

（6）作业人员进入作业平台操作控制盒按钮或由地面工作人员操作电气控制箱上按钮控制平台的升降；

（7）如遇紧急情况，请按下红色紧急制动钮切断整机电源（平台上控制盒按钮与电气控制箱按钮为并联使用，作用相同）；

（8）高空作业中一定要把安全带挂到钢丝绳上。

3.安全注意事项

（1）从事高处作业及登高架设作业的人员要定期体检。经医生诊断，凡患高血压、心脏病、贫血病、癫痫病以及其他不适于高处作业及登高架设作业的人员，不得从事高处作业及登高架设作业；

（2）请勿在平台未平稳，外伸支腿未调好、调平，着地不牢靠的情况下提升平台；

（3）请勿在地面不平稳状态下使用；

（4）请勿在平台上有人或升起时调整或收起外伸支腿；

（5）请勿在平台升起时移动升降梯，如需移动请先将平台降下，松开支腿；

（6）严禁超载。请勿使用升降梯提升货物或设备，本机仅限用于载人和工具作业；

（7）请勿在强风状况下进行室外作业；

（8）请勿在作业时向外用力推拉物体；

（9）请勿在平台护栏上坐卧、站立或攀缘；

（10）升降梯下严禁站人或堆放杂物；

（11）请勿以升降梯作为电焊中线接地之用。

B.14　机修工

一、岗位说明

（一）岗位名称

机修工：了解牧场工作流程、掌握相关机械设备维修保养技术知识；具备较强的执行力；

具备吃苦耐劳的精神，合理完成任务，维护个人权益。

（二）岗位职责

严格执行牧场的设备维修管理规范；负责完成生产设备的维护保养，对设备进行定期检修、保养、排除隐患；按时准确地做好检修、保养记录以及仪器仪表的检查；负责设备、工具的使用和保管以及设备备品、备件的管理；合理处理并完成上级领导交办的任务，必须熟悉机械伤害应急预案，并具备应急能力。

二、安全注意事项

表　机修工岗位安全注意事项

序号	风险分析	风险评估	控制措施
1	焊接	触电、电弧伤害	佩戴防护用品，学习安全生产基础知识
2	机械伤害	刮伤、挤伤、压伤	张贴警示标识，佩戴防护用品，按规程操作
3	高空	摔伤	佩戴防护用品
4	高温	烫伤	佩戴防护用品
5	触电	电击	避免湿手直接接触电源，发现电气故障及时通知电工处理

三、安全操作规程

1. 工作前必须穿戴好劳动保护用品，清理好工作场地，必须检查好工具，以具备安全工作的条件。禁止将油料容器及各种金属物放在蓄电池上。

2. 在对车辆进行维修保养时，要严格按照规定选择平坦地点停放车辆，待车熄火停稳后，拔掉车钥匙，一定要垫好掩木、拉住手制动，将变速杆放在空挡位置，否则不准开工。发动机运转时，不准进入车下检查底盘或从事拆装作业。检修发动机时，必须将发动机盖或驾驶室完全打开并支稳。

3. 拆卸轮胎、钢板等机件时，千斤顶要放平、顶稳。用千斤顶顶起的车辆，必须用保险凳支撑，否则修理人不许在车上或躺在车下面工作。在下放车辆时打开千斤顶回油开关要慢，打开前应检查周围是否有障碍物和可能压倒自己的危险。

4. 架车前应先找好顶车工具，禁止使用砖头或其他易碎物体代替。起吊部件时，要选用合适的钢丝绳悬挂位置牢靠。吊装、拆卸、组装要互相协作，由1人指挥，严防失误，防止滑落、挤压、碰撞、飞溅、燃烧伤人。

5. 拆装轮胎螺丝时，不准使用活动扳手加套管来增加扭力，禁止将工具、配件等放在驾驶室顶上和车上。使用带电设备、机具、电钻、手砂轮必须执行有关操作规程，做到人离断电、火源熄，油桶、油盆、油箱加盖密封。

6. 修理人员需在发动着的汽车下面工作时，必须拉紧手刹，打好掩木。车辆架起来试验制动效果时，要支撑好保险、打好掩木，轮子正在转动时，不准在汽车上工作或在车前站立。

7. 清洗零件时，应在专设的洗件盆内进行，手不可直接接触强腐蚀物品，要远离火源。

8.清洗发动机时，一般不要使用汽油。如必须使用汽油时，必须将电瓶连铁线拆下再包扎好，绝对禁止启动擦洗，以防火灾事故。

9.自卸车车箱升起或下降时，不得站在或探向车箱下面作业，如确实需在升起的车箱下面作业时，一定要将车箱支撑牢固。修理人员严禁使用胶管用嘴吸油品，以防中毒。

10.拆下的传动轴，禁止竖立，应平放在支架上。坡道上禁止拆卸传动轴。严禁将车顶起发动和进入车下检查底盘转动部分，不准用吊车（吊链）代替千斤顶和保险凳对汽车进行空转试验。

11.各种锤把必须先检查装紧，有无裂痕，使用时必须注意锤头甩落飞出，危胁范围内人员、设备的安全。

12.不得用手伸入车上的变速箱内检查齿轮。拆装各种销子，两孔需对准时，应用对眼工具，不许用手试探。用铲剔削工件时，要严防铁屑飞溅伤人。

13.修车使用的工作灯，必须是 36V 的安全电压，严禁使用高压灯，工作完毕后必须切断电源。

14.修理人员严禁动车，牧场内车辆必须严格按照规定车速行驶（牧场交通限速为 15km/h，通过道口、弯道、进入厂房时，不得超过 5km/h）。试刹车时，要选择路段比较宽直的安全地段，并注意前后车辆行人。

15.车辆在修理完工后，启动车辆时应先检查车辆周围有无杂物，车上车下有无遗漏的工具和配件，车底还有无维修人员，检查完毕确认安全后方可正常启动车辆。

16.在车辆修理场所，必须配有消防器材，并由专人保管。

17.各种机具、设备、设施必须定点、定位，标示清楚，干净整洁、摆放整齐。

18.使用各种机械设备和用电动工具前，先检查设备的防护设施及连接线路是否良好，线路绝缘有无问题。使用完毕后要及时清理工作现场，并将使用机具分类摆放整齐。

19.在 TMR 车搅拌箱内作业时，必须将车熄灭，拔掉车钥匙，确保切断车辆的所有动力源，并在车辆驾驶室内挂"有人操作，禁止启动"牌。在更换 TMR 车刀片时，应将刀片的塑料防护套安装在刀刃后再进行操作，防止刀片割伤人员。更换刀片的人员要穿戴好劳保用品（防割钢丝手套、防砸鞋等），操作时集中精神，不得再搅拌箱内进行用力过猛、大幅度等操作。

B.15　环境清洁员

一、岗位说明

（一）岗位名称

环境清洁员：了解牛舍卧床、垫料、粪沟、粪道清洁及刮粪机设备相关知识；具备较强的执行力；具备吃苦耐劳的精神，保证管辖区域内卫生清洁工作，合理完成任务，维护个人权益。

（二）岗位职责

必须经过专业培训，取得合格的驾驶证后持证上岗；严格执行牧场的规章作业和车辆使用作业指导书规程作业；负责粪污输送及粪沟周围卫生；负责牛舍水槽、粪道、赶牛通道、牛舍卧床、垫料清洁卫生；负责对车辆保养，并减少故障率，确保刮粪机日常运转；合理处理并完成上级领导交办的任务；必须熟悉车辆伤害应急预案，并具备应急能力。

二、安全注意事项

表　环境清洁员岗位安全注意事项

序号	风险分析	风险评估	控制措施
1	机械伤害	挤伤、压伤	佩戴防护用品，学习相关车辆安全生产基础知识
2	牛群	踢伤、撞伤	注意避让牛群
3	超速	撞伤	严禁超速

三、安全操作规程

1. 按规定的项目、检查车辆各部技术状况，使之处于完好状态。

2. 起步前应观察车辆四周情况，确认安全后鸣笛起步。

3. 在牛舍行驶时注意避让牛群，避免被撞伤、踢伤。

4. 严禁设备带病运转，出现故障时找专业维修人员进行维修。

5. 清洁员在驾驶车辆时严禁超速、急刹车、急转弯，时速不得超过15km/h。

6. 严禁用铲车斗举升人员从事高空作业，铲车、铲斗铲货物时，货物近处禁止有人。

7. 停车时必须关闭电源，拉好手闸，拔下钥匙。

B.16　牛蹄保健员

一、岗位说明

（一）岗位名称

牛蹄保健员：了解牧场工作流程、兽医诊疗相关知识；具备较强的执行力；具备吃苦耐劳的精神，合理完成任务，维护个人权益。

（二）岗位职责

负责巡圈，做好蹄病牛只的揭发；负责蹄病的诊断及治疗，协助主治兽医完成疫苗免疫、疾病牛只治疗；负责牧场牛只修蹄计划的制定，负责牧场牛只修蹄；负责所分配区域的卫生清扫；合理处理并完成上级领导交办的任务。

二、安全注意事项

表　牛蹄保健员岗位安全注意事项

序号	风险分析	风险评估	控制措施
1	消毒液	灼伤	佩戴防护用品
2	诊疗	传染病	佩戴防护用品，正确操作
3	牛群	撞伤、踢伤	注意观察牛群，避让

三、安全操作规程

1. 保健员在给牛修蹄时需要佩戴防护用品。

2. 保健员在给牛修蹄时注意防止被牛撞伤、踢伤。

3. 使用消毒液消毒时需要佩戴防护用品。

4. 在牛舍行走时注意牛粪、粪水湿滑摔倒等。

5. 修蹄时正确使用修蹄刀，避免划伤自己。

B.17 司炉工

一、岗位说明

（一）岗位名称

司炉工：必须持证上岗；了解牧场工作流程、锅炉操作、检维修相关知识；具备较强的执行力；具备吃苦耐劳的精神，合理完成任务，确保供汽质量符合技术要求。

（二）岗位职责

负责按照操作程序工作，保证锅炉系统的正常运行；做好煤、气、水、电的计量记录，努力降低消耗，保证经济运行；遵守巡视检查制度，做好设备运行和巡视检查记录，发现异常及时采取措施；依据维修保养制度的要求，对锅炉进行维护保养；负责锅炉房内和周围环境的清扫卫生；合理处理并完成上级领导交办的任务。

二、安全注意事项

表 司炉工岗位安全注意事项

序号	风险分析	风险评估	控制措施
1	高温	高温、灼伤、烫伤	佩戴防护用品
2	机械伤害	刮伤、挤伤、压伤	佩戴防护用品、正确操作
3	触电	电击	避免湿手直接接触电源，发现电气故障及时通知电工处理
4	爆炸	炸伤、烫伤	佩戴防护用品，按规定检修维修，正确操作
5	火灾	高温、灼伤、窒息	佩戴防护用品，按规定检修维修，正确操作，制定应急方案，配备应急装备

三、安全操作规程

（一）点火前的检查准备工作

1. 检查锅筒、集箱、管子等内部有无杂物、水垢。

2. 密闭所的人孔和手孔。

3. 检查所有电动机的旋转方向是否正确，联轴器栓联接是否牢固，轴承油箱内润滑油是否充足。

4.检查炉墙是否正常，前后烟道、阀门是否严密；烟道阀门操作是否灵活；出灰门是否严密不漏气；省煤器是否严密。

5.链条炉排的活动部分与固定部分有无必要的间隙；炉排所有转动部分的润滑情况，启动电机对炉排各挡速度进行空转试验，检查炉排松紧是否适当；炉排片和其他零件是否完整。

6.检查水位计、压力表、安全阀及其他测量、控制仪表是否完整、有效、灵活。

7.蒸气管路、给水管路、排污管路是否完全畅通。

（二）升火

1.锅炉升火前应进行全面检查，而后给水，未进水前必须关闭排污阀，开启上部排气阀让锅炉内空气排出。

2.将已处理的水通过省煤器缓缓注入锅炉内，给水温度一般不高于40℃，当锅炉内水位表最低水位时，停止给水，待水位稳定后，观察水位是否有下降。

3.试开排污阀放水，检查是否堵塞。

4.开后门点火，在炉排前端放置木柴等燃料引烧，此时应开大引风机烟气调节门增强自然通风，引燃物燃烧后，调小烟气调节门，间断地开启引风机待引燃物燃烧旺盛后，开始手工添煤，关开启鼓风机，当煤层燃烧旺盛后，可以关闭点火门，从煤斗加煤，间断开动炉排，待前拱烧热，煤能正常燃烧后，可以调节鼓风机引风量，使燃烧正常。

5.生火速度不可太快，初次升火从冷炉到气压达到正常工作压力时以4～5h为宜，以后升火冷炉不短于2h，热炉不短于1h。

6.当开启的1只安全阀内冒出蒸汽时，即应关闭安全阀，并冲洗水位表和压力表弯管，当气压升到2～3个表压时，检查人孔及手孔盖是否渗漏，如有渗漏现象，应立即处理。

7.升火期间，应检查省煤器出口水温，该水温应比工作压力下饱和温度低40℃。

8.当锅炉压力逐渐升高时，应注意锅炉各部件有无特殊响声，如有应立即检查，必要时应停炉检查，解除故障后，方可继续运行。

（三）调整安全阀

安全阀应在初次升火时进行调整，调整方法如下：

1.调整弹簧式安全阀弹簧的压力，通过拧紧或放松调整螺丝来调节，观察压力表压力，当安全阀在应该开启压力时开启，此时拧紧螺丝即可。

2.所有安全阀经校验后，不准随便乱动；。

3.在校验安全阀时，锅炉筒内之水位较平常水位落低，并预备在安全阀开启后能随时进水。

4.在安全阀未校验前，锅炉绝对禁止投入运行。

（四）供汽

当锅炉内气压接近工作压力准备向外供汽时，供汽前锅炉内水位不宜超过正常水位，供汽时炉膛内燃烧稳定，操作步骤如下。

1.供汽时将总汽阀微微开启，让微量蒸汽进行暖管，时间一般不少于10min，同时将管路上的泄水阀开启，泄出冷凝水。

2. 缓缓全开总汽阀，同时注意锅炉各部件是否有特殊响声，如有应立即检查，必要时停炉检查。

3. 全开总汽阀后，应将总汽阀手轮退还半圈，以防热胀后不能转动。

4. 锅炉供汽后，应再检查一次附属零件阀门、仪表，有无漏水、漏气等情况。

（五）给水

1. 给水前首先检查所有水泵是否正常，水泵进水口至水箱的阀门、水泵排水口的阀门、操作阀门至锅炉管路之间的阀门是否全开启，若没有开启应全部开启。

2. 锅炉给水尽可能地采取连续进水，控制水泵出口阀门细水长流。

3. 开启电动机，当压力表指到水泵所需的产生的压力时，开启操作阀门。

4. 停止水泵运转时，应先关闭操作阀门，再停电机。

（六）排污

1. 排污时首先将慢开阀全开，然后微开快开阀，以便预热排污管路，待管路预热后再缓缓开大，排污完毕阀门，关闭次序与上相反。

2. 排污应在低负荷、高水位进行，在排污时应密切注意炉内水位，每次排污以降低锅炉水位 20～50mm 范围为宜。

3. 关闭排污阀后，检查排污阀是否严密，检查方法：关闭排污阀，过一些时间在离开第二只排污阀的管道上用手试摸，是否冷却，如不冷却，则排污阀必有渗漏。

（七）停炉

1. 临时故障停炉

（1）先关鼓风机，微开引风机。

（2）停止炉排转动，清除煤闸门下的煤，迅速排除故障。

2. 暂时停炉

（1）停炉前根据用气情况，可提前 20～30min 停止加煤，炉排速度减为最慢，此时应适当关小鼓风机、引风机，让煤烧尽，最后停止鼓风机。

（2）锅炉冷却后，水位要降低，因此，停炉时水位稍高于正常水位。

（3）停止供汽后，使汽包内压力降到零，再关断总汽阀及烟气调节门。

3. 长期停炉

（1）按第 2 条的步骤停炉。

（2）待炉内水慢慢冷却到 70℃以下时，方可将炉水放出，这时先将安人阀抬起，让汽包内部与大气相通。

（3）为了缩短冷却时间，也可向炉膛进入冷水，现时通过管道热水，但水位不应低于正常水位。

（4）炉水放出后，然后开启人孔、手孔用清水冲洗水污。

4. 紧急停炉

锅炉气压迅速上升，遇下列情况之一，紧急停炉。

（1）锅炉气压迅速上升，超过最高许可工作压力，虽经采取加强给水，减弱燃烧等降压措施，安全阀也排除污，但气压仍继上升时。

（2）锅炉严重缺水，水位降低到锅炉运行规程所规定的水位下极限以下时。

（3）锅炉水位迅速下降，虽经加大给水及采取其他措施，仍不能保持水时。

（4）锅炉水位迅速上升，超过运行规程所规定的水位上极限时。

（5）给水设备全部失效，无法向锅炉进水时。

（6）水位表或安全阀完全失效时。

（7）燃烧设备损坏，炉墙倒塌，或者锅炉构架被烧红等，严重威胁锅炉安全运行时。

（8）烟道中的气体发生爆炸或复燃，严重危及锅炉和司炉安全。

（9）锅炉受压分件烧红、裂纹、变形、接缝严重泄漏，危及安全运行时。

（10）锅炉房发生火警，或附近场地发生火警，可能蔓延到锅炉时。

（八）紧急停炉的顺序

1. 先停鼓风机，后停引风机。

2. 将煤闸门到最低点，迅速铲出煤斗内存煤，并工关闭点火门，清除炉排头部堆积的煤。

3. 以最快速度使炉排转动，把炉膛内的渣及煤通过排渣门全部清除掉，最后停止炉排转动。

4. 打开放汽阀把汽排出。

5. 当锅炉发生严重缺水时应关闭总气门，这时严禁盲目向炉内上水。

B.18　配料工

一、岗位说明

（一）岗位名称

配料工：了解牧场工作流程、饲喂相关知识；具备较强的执行力；具备吃苦耐劳的精神，保证饲料投放及时及投料精准度，负责配料时严格按配方执行，按配方配料达98％，合理完成任务，维护个人权益。

（二）岗位职责

必须经过专业培训，必须持有驾驶证件并持证上岗；严格执行牧场的规章作业和铲车作业指导书规程作业；负责观察牛的进食情况，如出现异常情况，及时反馈至兽医，饲喂道日粮无异物、推料及时、饲喂道干净；负责车辆保养、故障率；负责饲喂周围现场工作；合理处理并完成上级领导交办的任务；必须熟悉车辆伤害应急预案，并具备应急能力。

二、安全注意事项

表　配料工岗位安全注意事项

序号	风险分析	风险评估	控制措施
1	机械伤害	挤伤、压伤	佩戴防护用品，学习相关车辆安全生产基础知识
2	货物倒塌	砸伤	佩戴防护用品，正确操作

（续表）

序号	风险分析	风险评估	控制措施
3	超载	砸伤	佩戴防护用品，严禁超载
4	超速	撞伤	严禁超速
5	粉尘	爆炸、职业病	定期清洁、佩戴劳保用品

三、安全操作规程

1.按规定的项目、检查车辆各部技术状况，使之处于完好状态。

2.起步前应观察车辆四周情况，确认安全后鸣笛起步。

3.车辆在运行时，不准任何人上下车，铲车铲上严禁站人。

4.铲车行驶时必需将铲斗放至最低位，不得影响驾驶时的视线，进入作业现场或行驶途中要注意上空有无障碍物。

5.禁止急刹车和急转弯。

6.铲车工作时起落必须平稳，严禁超载，行驶时速不得超过15km/h。

7.严禁用铲斗举升人员从事高空作业。

8.车辆停车时必需关闭电源，停车后禁止将货物悬于空中，拉好手闸，拔下钥匙。

9.作业时为防止粉尘吸入，应佩戴防尘口罩。

附录 C   应急预案

本附录下各应急预案供牧场参考，牧场需根据自身情况，按照 10.1 应急预案管理制度中相关要求进行编制。

C.1   大风灾害应急方案

为有效防范与处置雷雨大风、飑线大风、龙卷风、冷空气大风、温带气旋大风等大风灾害，避免次生衍生灾害发生，确保人员生命财产安全和牧场安全运行。

适用范围：本预案适用于大风（除台风）灾害的监测与预防、预警与预警响应、应急处置和后期处置等应急工作。

一、预防

（一）密切关注天气报道，及时接收和向有关人员发送预报、预警信息，加强内部信息沟通；按照预防为主、预防与应急相结合的原则完善大风防御措施

（二）加固或拆除标识牌、室外悬挂物、屋顶等高处易坠落物、危房简易棚、易倒伏树木

（三）开展房屋、牛舍房顶、干草棚、精料库、门窗、标识牌等抗风能力的风险隐患排查，对于存在安全隐患的区域及时整改

（四）对干草棚、精料库等地存放的饲料原料做好遮盖工作

（五）检查断落的电线，请专业人员处理，加强防火安全管理

（六）牛舍房顶在入冬之前进行检修，防止春秋大风造成破坏，造成安全隐患

（七）加强大风天气下人员安全生产知识培训，提高人员的防灾自救意识，增强自身防护能力

（八）做好应对大风灾害的应急演练和各项安全准备

二、应急准备

（一）牧场密切关注天气变化，加强与气象部门联系，及时接收和向应急小组发送预报、预警信息，加强内部信息沟通

（二）加强高处悬挂的标识牌、室外悬挂物、危房简易棚、易倒伏的树木等安全防范检查

（三）加强拉运鲜奶车辆运输的安全管理

（四）做好应急力量部署

（五）做好应对大风的各项准备

三、应急防护措施

（一）根据气象局播报的大风预警信息，组织实施和指导本牧场的大风灾害防范和处置工作

（二）加强生活区、生产区和办公区的安全检查及管理工作，指导员工开展大风灾害防御和避险逃生安全教育，明确安全注意事项

（三）对抗风能力不足的房屋、牛舍、干草棚、车棚等进行摸排，及时做好人员撤离等工作

（四）对危险源做好重点防护，对危险场所进行封锁

（五）发生大风橙色或红色时，所有夜班员工不得私自离开牧场，避免在途中发生事故，并且根据牧场实际生产情况进行工作安排

（六）组织、指挥、协调本牧场的大风灾害防范和应急处置工作，落实好滞留员工和转移人员的安置工作

（七）组织牧场应急力量，对倒塌的建筑或内置人员实施抢救

（八）抢修被损坏的电缆、电线等供电供网设施

（九）视情况采取暂时停工等措施

（十）加强生产各部门安全管理监控

四、预警级别

大风预警级别依据可能造成的危害性、紧急性程度和发展势态，分为Ⅳ级（一般）、Ⅲ级（较重）、Ⅱ级（严重）和Ⅰ级（特别严重），依次用蓝色、黄色、橙色和红色表示。

（一）大风蓝色预警

24 小时内可能受大风影响，平均风力可达 6 级以上，或者阵风 8 级以上；或者已经受大风影响，平均风力为 6～7 级，或者阵风 8 级并可能持续。

（二）大风黄色预警

12 小时内可能受大风影响，平均风力可达 8 级以上，或者阵风 9 级以上，或者已经受到大风影响，平均风力为 8～9 级，或者阵风 9～10 级并可能持续。

（三）大风橙色预警

6 小时内可能受到大风影响，平均风力可达 10 级以上，或者阵风 11 级以上；或者已经受大风影响，平均风力为 10～11 级，或者阵风 11～12 级并可能持续。

（四）大风红色预警

6 小时内可能受大风影响，平均风力可达 12 级以上，或者阵风 13 级以上，或者已经受大风影响，平均风力为 12 级以上，或者阵风 13 级以上并可能持续。

牧场根据气象部门预警，迅速启动应急预案。

五、应急处置程序

（一）信息报告

牧场要按照相关预案和报告制度的规定，及时组织抢险救援，迅速汇总情况并报告。一旦发生重大突发事件，必须在接报后 1 小时内向牧场口头报告，2 个小时内书面报告。特别重大或特殊情况，立即报告。

（二）先期处置

大风灾害发生单位有进行即时处置的第一责任，要组织全场员工开展自救互救，联系相关单位须即时展开应急救援工作。

（三）灾情调查及评估总结

大风过程结束后，气象部门会及时解除预警信号，牧场及牧场相关部门视情况做好灾后生产恢复和后期灾害预防工作。

预警信号解除后牧场应进行大风灾害对本部门实况信息的汇总。牧场应急总指挥部针对实况汇报进行调查、评估与核实，应及时总结应对大风灾害的预防与处置工作，不断改进和完善各项应急措施，建立健全防御、处置大风灾害工作方案。

C.2　暴雪冰雹应急预案

一、预防和应急准备

（一）预防

1. 牧场密切关注天气变化，加强与气象部门联系，及时接收和向应急小组发送预报、预警信息，加强内部信息沟通。

2. 保证原料库存安全天数，干草、棉籽、各种可长时间贮存的精料，库存天数不小于 30 天。

3. 啤酒糟、精补料等原料库存保证 5～7 天。

4. 牧场每天关注天气预报及天气变化，提前做好应对准备，防止原料断货情况出现。

5. 牧场铲车、装载机、救援车辆集中检修，确保救援安全有序进行。

6. 加强对牧场重点区域巡查工作，如饲草料库房、精料库，对犊牛岛进行遮盖工作。

（二）应急准备

1. 出现大雪封路情况牧场饲养组及时查看库存，针对库存较少的原料沟通车辆运输情况。

2. 被困原料车辆如距离牧场较近，要求牧场马上组织救援，若距离牧场过远，牧场要沟通相关人员组织救援或安排其他可行路线，保证车辆及时到场，防止断货情况出现。

3. 牧场如出现断货现象提前 3 天告知营养师，提前做好断货后的临时配方。

4. 加强生产现场干草棚、精料库、加油站、犊牛岛等重点区域的巡查工作，为确保巡查的安全，巡查时必须 2 人以上，避免意外伤害事故的发生。

二、应急防护措施

1. 大雪天气，牧场场长首先要对牛舍、干草棚等房屋建筑进行检查，如有积雪要及时进行清理，防止房屋坍塌现象发生。

2. 出现大雪天气时，牧场必须通知场内生产车辆、鲜奶运输车、员工通勤车辆缓速慢行，保证车辆和员工人身安全。

3. 牧场通勤车辆或鲜奶运输车因遭受大雪天气出现交通阻碍等现象时，牧场要及时组织道路清理工作，做好人员工作调配，保证生产正常运行。

4. 及时沟通原料运输车辆，根据牧场实际库存优先救援库存天数少的原料车辆。

5. 大雪天气，牧场要指定专人随时与奶车司机保持沟通，保证鲜奶运输和人员安全，通勤车由牧场办公室负责上下班员工安全通勤管理工作。若距离过远，沟通相关单位组织救援或更改路线。

6.牛舍要采取防寒保暖措施，场区内要及时做好清雪工作。

7.大雪天气，所有夜班员工不得私自离开牧场，避免在途中发生事故，并且顶替白班人员，根据实际情况进行工作安排。

8.做好员工安全生产教育工作，员工出行要注意自身安全。

9.牧场要随时关注天气变化，及时根据天气状况做好相应防护措施。

10.大暴雪等原因对牧场房屋建筑等造成严重不利影响并影响生产的，牧场要明确具体整改措施和整改时间并及时上报。

三、应急处置程序

（一）信息报告

牧场要按照相关预案和报告制度的规定，及时组织抢险救援，迅速汇总情况并报告。一旦发生重大突发事件，必须在接报后1小时内向牧场口头报告，2小时内书面报告。特别重大或特殊情况，立即报告。

（二）先期处置

1.暴雪灾害发生单位有进行即时处置的第一责任，要组织全场员工开展自救互救，联系相关单位即时展开应急救援工作。

2.大雪天气如发生事故，应急小组负责人必须第一时间赶到现场并开展救援、事故调查处理等工作。

（三）灾后总结报告

1.应急小组在事故发生3日内，召开有关人员参加事故分析会，找出原因，制定纠正预防措施，杜绝类似事故的发生。

2.应急小组对事故责任人责任进行认定，提出书面处理建议，报牧场审批。

C.3 暴雨雷电应急预案

一、预防与应急准备

1.牧场密切关注天气变化，加强与气象部门联系，及时接收和向应急小组发送预报、预警信息，加强内部信息沟通。

2.办公区关紧门窗，将窗台、屋顶等高处易坠落物取下或加固。

3.加强对员工防暴雨雷电等异常天气知识的教育。

4.加强值班巡逻工作，重点巡查干草棚、精料库、犊牛岛等重点区域。

5.提前做好犊牛岛防雨工作，或提前将犊牛转移到舍内。

二、应急防护措施

1.员工应遵照就近躲避的原则就近躲避，进入牛舍或房屋室内避险，把人员活动限制在安全区域内。

2.恰逢下班时，应延迟下班，由部门负责人负责维持部门员工秩序，当确定安全的情况下方可下班。

3. 暴雨雷电等异常天气来临的整个时段，保安人员和应急指挥小组成员应当在牧场内巡视，若发现险情，立即向牧业牧场应急指挥小组报告，进行应急处理。

4. 若牛舍外墙、办公楼等建筑物在暴雨雷电天气中发生倾斜、开裂，现场指挥应立即组织应急人员引导员工撤离现场，疏散至安全区域，同时切断建筑物电源。

5. 场区内部分地势较低，排水不畅易造成积水，对干草库、精料库等区域影响较大。当雨水不能及时流入排水沟时，应急小组组长应组织人员进行疏通，应急人员立即赶赴现场进行救援抢险，力争将损失降低到最小。

6. 若有人受伤，立即送医院救治或拨打 120 急救电话。

三、应急处置程序

（一）信息报告

牧场要按照相关预案和报告制度的规定，及时组织抢险救援，迅速汇总情况并报告。一旦发生重大突发事件，必须在接报后 1 小时内向牧场口头报告，2 小时内书面报告。特别重大或特殊情况，立即报告。

（二）先期处置

1. 暴雨雷电灾害发生单位有进行即时处置的第一责任，要组织全场员工开展自救互救，联系相关单位即时展开应急救援工作。

2. 暴雨雷电天气如发生事故，应急小组负责人必须第一时间赶到现场并开展救援、事故调查处理等工作。

（三）暴雨雷电等异常天气过后的处置。

1. 进一步的巡查场区，及时发现安全隐患，并予以及时排除。

2. 应急小组在事故发生 3 日内，组织有关人员参加事故分析会，找出原因，制定纠正预防措施，杜绝类似事故的发生；牧场统计此次灾害损失情况上报牧场应急小组。

3. 应急小组对事故责任人责任进行认定，提出书面处理建议，报牧场审批。

C.4 地震灾害应急预案

一、临震应急准备

（一）临震应急期牧场应做好如下应急准备工作

1. 明确应急工作领导小组办公地点及通信方式，在明显的位置张贴使用，并通知全体员工。

2. 定期修订应急预案，并组织指挥部成员学习和熟悉预案，适时组织演练；周密计划和充分准备抗震救灾设备、器材、工具等装备，落实数量，分工明确，责任到人。

3. 利用已有的宣传载体宣传防震、避震、自救互救、应急疏散、逃生途径和方法等地震安全知识，并向全员发放地震安全知识画册、应急疏散路线图。

4. 制定并让全员熟悉应急疏散方案、疏散路线、疏散场地和避难场所。加强对重点部门、设施、线路的监控及巡视。

5. 所有员工应该了解各类防护器材、消防器材的存放地点和使用方法。

6.定期进行训练和演练，熟悉预案，明确职责，负责抢险工具、器材、设备的落实。

7.开展防震科普知识宣传培训，提高全员识别地震谣传的能力；及时平息地震谣传或误传，安定人心。

8.建立夜间值班制度，指定专人值班，发生地震马上启动消防警报。

9.将舍内牛群转移至安全地带。

10.行政办公车辆停放在开阔地带，车内配备一定数量的瓶装水和食品、药品。

11.财务室现金存储量放于最低水平，临时现金应及时放入保险柜内。

（二）根据震情预报和发展情况，适时通知生产部门停产，切断电源、水源，通知锅炉等压力容器使用部门停用卸压

（三）储备必要的食品、饮用水、雨具、应急灯、电筒、医疗救护等抗震救援物资

二、临震应急反应

牧场接到政府发布的临震预报后，应急领导小组应及时主持召开应急会议，宣布进入临震应急状态，根据震情发展和建筑物抗震能力以及周围建筑设施情况发布避震通知，按本预案做好地震应急的各项准备工作，包括熟悉地震应急预案、应急工作程序，开展防震科普知识的强化培训、避震及疏散演练，落实抢险救灾设备、物资保障、人员安全、牛群安全，检查并排除水、火、电、暖设施和危险建筑物等安全隐患，结合实际情况适时停止生产工作。

根据上级指挥机构发布的地震动态宣布临震应急期的起止时间，根据震情发展趋势决定全员避震疏散时间及范围。

三、震时应急反应

破坏性地震发生后，应立即报告牧场场长，经同意后启动应急预案。牧场和震情所在牧场地震应急工作领导小组自动转为抗震救灾指挥部，统一指挥，部署协调全体员工疏散、抢险救援等应急处置工作。指挥部全体成员根据部署要求，立即组织开展抗震救灾工作。

（一）保持与政府抗震救灾相关部门的通信联系，向有关部门了解地震震级、发生时间和位置、震情趋势等情况。保证24小时通信畅通，并随时保持实时信息沟通与共享，积极争取救灾物资，安排好全员生活。若由于地震导致有线或无线通信中断时，各部门要组织员工开展自救、互助

（二）组织全员疏散、转移至安全区域，防止强余震造成人员伤亡。在疏散、转移时，采取必要的防护、救护措施，按照就近的原则迅速由安全通道疏散出去

（三）室内应急措施：如果遇到强烈破坏性的地震时，逃生时最好不要选择跳楼逃跑。如地震时来不及跑出房间，要迅速贴墙角趴下，脸部朝下，头贴近墙壁，两只胳膊在胸前相交，右手正握左臂，左手反握右臂，鼻梁上方、两眼之间的凹部枕在臂上，闭上眼、嘴，用鼻子呼吸

（四）若在夜间下达人员疏散命令，人员在疏散过程中，必须在楼道的每个拐角处设1人用手电筒提供照明，同时指挥人员有序撤离，避免踩踏事故出现

（五）生产部门和办公室做好车辆的检查工作，保证车辆在任何状态下能处于使用的状态，在地震发生时，驾驶员和随车人员千万不要躲避在车辆内；如在行车途中遇到地震，应迅速将车

辆行驶到开阔地带

四、应急处置

（一）应急指挥小组统一领导、部署各职能部门的应急行动，并根据灾情需要及时请求当地政府支援救灾。各部门、生产各组迅速组成抢险救灾突击队，在现场指挥部的指挥下参加抢险救灾

（二）迅速组织地震灾害发生区的员工撤离，协同地方政府维护好社会治安及撤离群众的生活安置工作

（三）协同地方政府封锁事故现场和危险区域，设置警示标识，同时设法保护周边重要生产、生活设施，防止引发次生灾害或事故

（四）事故现场如有人员伤害，立即抢救并就近送往当地医院进行医疗救治

（五）做好现场救援人员的安全防护工作，防止救援过程中发生二次伤亡

（六）对于震后破坏的供电线路、供排水管道、机车、道路等基础设备设施，立即组织相关人员配合有关部门进行抢修、尽快恢复供水、供电，保证牧场正常生产需要和生活需要

（七）组织人力加强牧场治安保卫工作、维护公共秩序，加强对牧场公共财产、救济物品集散点等重点部位的警戒

（八）牧场在开展救援工作的同时，立即将伤病员数量、救治情况、救援力量以及建筑物倒塌、震灾损失的初步统计等情况报告牧场及牧场所在地救灾指挥部和相关部门

五、应急终止

牧场所在当地政府主管部门应急处置已经终止，牧场及所辖牧场地震救援工作完成，牧场伤病人员得到妥善救治和安置；员工情绪稳定并得到妥善安置，牧场恢复正常的生产生活秩序，经牧场批准可宣布地震应急响应终止。应急小组在地震发生3日内，组织有关人员参加地震分析总结会；牧场统计此次灾害损失情况上报牧场应急小组。

C.5　火灾事故应急预案

一、预防和应急准备

（一）预防

1. 办公室定期做好消防知识培训并组织灭火和应急疏散的实施和演练。

2. 组织实施日常消防安全管理工作，定期实施防火检查，发现隐患及时整改。

3. 组织实施牧场消防设施、灭火器材和消防安全标志的监督，确保其完好有效。

4. 牧场组建消防队，认真学习消防安全知识，熟练掌握灭火器材的使用，听从指挥，积极参加扑救火灾，保护好火灾扑灭后的现场等。

（二）应急准备

1. 加强牧场重点防范部位（如加油站、干草棚、精料库、酒精库房、大宗物资库房、机械车库、配电室、档案资料室等）的应急准备。

2. 各重点部位必需配备足够灭火器材。

3. 各部门必须按时检查、维修和保养灭火器材，确保可以正常使用，每年要对灭火器全面检修 1 次。

4. 要求电工、维修人员定期对电源线路及上、下水管道进行检查，防止电源线路及上、下水管路漏水、漏电。

5. 定期做好消防水车的维修、保养工作。

6. 应在办公楼、牛舍等配备应急灯，预防突然停电现象。

二、应急响应

（一）当发生火灾险情时拨打 119 火警电话，报警时要讲清起火地址，讲清着火部位、火势大小、是否有人被围困、有无爆炸危险品等情况。

（二）灭火方式

1. 普通固体可燃物质如木材、纸张等可用水型灭火器（泡沫灭火器、干粉灭火器）灭火；易燃液体和液化固体如各种油类、有机溶剂、油漆等的灭火，气体如氢气等的灭火，可用干粉灭火器和沙子。

2. 灭火时要先切断电源，无法切断电源时，要用干粉灭火器灭火，但要使人体与带电体之间保持必要的安全距离。

三、应急救援

（一）发生火灾时，应急指挥小组成员及消防人员应在最短时间内到达出事地点

（二）办公室负责通知相关部门，并向牧场领导报告，负责报警及通信联络

（三）牧场电工负责火场断电，并负责初期灭火和配合消防队员灭火

（四）各部门负责人负责人员和物资的疏散，保持现场秩序，防止混乱

四、应急疏散措施

（一）根据办公楼主体结构、办公室分布情况、安全通道的位置等综合因素，办公楼发生险情时办公室负责人员的疏散、撤离和救援；疏散、撤离的启动、指挥权在应急指挥小组

（二）一般情况下，撤离办公楼的人员统一到办公区大门口的空地集合，不能随意离开

（三）各部门负责人组织人员点名，确保人员安全

五、安全救护措施

如有人员伤亡，应迅速将伤员转移到安全地区，轻伤及牧场能自行救助的伤员利用医疗急救设施进行抢救，严重伤员就地抢救并联系 120 急救中心救助。

六、应急处置程序

（一）信息报告

牧场要按照相关预案和报告制度的规定，及时组织抢险救援，迅速汇总情况并报告。一旦发生火灾事件，必须在 1 小时内向主管部门口头报告，2 小时内书面报告。特别重大火情，立即报告。

（二）先期处置

大火灾害发生单位有进行即时处置的第一责任，要组织全场员工开展自救互救，联系相关单

位须即时展开应急救援工作。

（三）善后工作

1. 场应急指挥小组向主管部门上报人员伤亡情况和牧场财产损失情况。

2. 协助消防部门调查火灾原因。

3. 组织人员清理灭火器材，及时更换、补充灭火器材。

4. 对火灾现场进行清理，恢复整洁。

5. 应急指挥小组召开会议，对火灾扑救行动进行回顾、总结、问责。

6. 由办公室联系保险公司进行索赔。

C.6 挤奶设备故障应急预案

一、适用范围

适用于牧场挤奶系统设备，凡是设备故障发生后有下列情形之一的均应按本预案的有关规定进行。

（一）严重影响生产秩序，造成挤奶停止

（二）挤奶系统、制冷系统重大故障，发生安全事故等

（三）关键、贵重设备故障直接经济损失金额达 2 万元以上

二、组织管理

（一）成立牧场设备故障应急处置领导小组，其组成人员如下

组长：牧场场长

副组长：副场长、场长助理

组员：挤奶组负责人、清理维修组负责人

技术监督员：设备部挤奶系统及制冷系统负责人

（二）故障应急处置小组主要职责

发生设备故障时，通报设备故障信息，发布应急处置命令，负责组织实施应急方案；在最短的时间内以最快的方式向上级部门和相关部门报告事故有关情况。

必要时向有关单位发出协助处置请求；进行事故的调查、处理及经验教训的总结工作。

（三）指挥小组分工

1. 组长：组织、指挥设备故障的应急处置工作。

2. 副组长：协助组长负责应急处置的具体组织、指挥工作；生产系统开展调度工作。

3. 成员：负责组织事故现场的抢险、抢修工作；损失额度的评估；处理善后事宜。

三、故障发生处理办法

（一）挤奶系统

1. 挤奶系统故障发生，维修人员无法确定故障原因并且没有备件的情况下，第一时间请示组长，组长联系相关技术人员，沟通故障原因并确定故障维修方案。技术人员需要第一时间赶往现场进行维修作业技术支持。

2. 如有缺少配件的情况发生，马上交由采购部门在最短时间内完成采购。

3. 如在质保内的设备发生故障时，需第一时间与合同签署部门沟通并联系厂家到场维修，并在同时通知技术监督员到场采取有效措施。

（二）制冷系统

制冷系统专业性较强，同时也关系到牛奶的健康温度，设备部有专业的制冷维修工程师，所以制冷系统发生大型故障时（维修人员处理不了的情况下），第一时间启动备用制冷设备并电话通知制冷技术人员，技术人员必须第一时间赶往现场，确定维修方案并交由采购部门采购配件。

四、重大设备故障的预防措施

为最大限度杜绝或减少重大设备故障的发生，牧场根据生产、储存等实际情况制定如下预防措施：

（一）牧场的基础设施建设，必需按照国家规定设计、施工，并通过法须机构的各项验收和评估

（二）严格把好供应关。主要生产设备、关键零配件的购置必须选择有资质、实力的厂家、供应商

（三）制定、完善并落实各生产工序安全技术操作规程、设备安全操作规程及设备维护保养制度

（四）加强设备日常维护保养培训，增强员工自主意识，降低设备故障率，制定有效的管理制度并认真落实检查

C.7 有限空间事故现场处置方案

一、事故风险分析

（一）事故类型

人体的呼吸过程由于某种原因受阻或异常，所产生的全身各器官组织缺氧，二氧化碳滞留而引起的组织细胞代谢障碍、功能紊乱和形态结构损伤的病理状态称为窒息。《现代汉语词典》对窒息的解释：因外界氧气不足或其他气体过多或者呼吸系统发生障碍而呼吸困难甚至停止呼吸。

在有限空间内作业，不按照规定作业或检测，由于氧气的缺乏可能引起窒息事故。

（二）事故发生的区域、地点或装置的名称

牧场所有有限空间作业都可能发生有限空间事故。

（三）事故发生的可能时间、事故的危害严重程度及其影响范围

事故发生的可能时间：该事故发生无明显季节特征，可能导致人员中毒、窒息死亡；

事故的危害严重程度：造成人员死亡或严重缺氧伤害；

影响范围：作业人员。

（四）事故前可能出现的征兆

1. 进入有限作业前没有进行合理的通风，作业场所的有害气体浓度超标。

2. 未能合理使用电器设备；照明用电需用安全电压。

3.有限空间作业焊接、切割时通风防火措施不到位。

4.有限空间作业时外围监护不到位。

5.有限空间与其他系统连通的可能危及安全作业的管道没有采取有效隔离措施。

6.使用水封或关闭阀门等代替盲板或拆除管道。

7.与有限空间相连通的可能危及安全作业的孔、洞应进行严密封堵。

8.有限空间带有搅拌器等用电设备时，应在停机后切断电源（最好的做法是安排电工停电并拆除电源线），上锁并加挂警示牌。

二、应急工作职责

（一）应急小组

本现场处置方案的应急自救组织设置，由有限空间所在部门主管及当班班长等人组成现场应急小组，部门主管为现场应急小组组长。

（二）应急小组职责

1.负责组织制定合适的现场处置方案。

2.组织现场处置方案的实施、演练。

3.检查督促做好本处置方案的各项准备工作。

4.领导、组织、协调本处置方案的应急管理和救援工作。

5.负责本处置方案重大事项的决策。

6.发布和解除应急救援命令、信号。

7.向上级汇报事故情况，必要时向有关部门发出救援请求。

8.组织事故调查，对应急救援工作进行总结。

三、应急处置

（一）事故应急处置程序

现场监护人为事故处理的第一责任人，发现进入有限空间作业的作业人员3min没有回音，应立即对异常情况进行确认。告知应急小组开启应急处置。

（二）现场应急处置措施

1.监护人员进行现场确认时必须正确佩戴空气呼吸器等防护用品，班组长及其他支援人员均应正确佩戴防护用品。

2.打开通风系统，保证作业现场空气流通。

3.现场确定事故类型及严重程度后，针对不同的情况实施营救。如中毒、窒息事故应加紧进行通风处理；触电及搅伤等应立即切断电源；如发生火灾，应正确使用救火器材进行救助；发生坠落事故时，不要轻易挪动伤员，必要时寻求专业人员进行救助。

4.对事态进行初步确认、控制，如不能控制事态发展，应立即向上级回报，扩大应急救援。

（三）报告事项

1.报警电话及联系方式。

2.报告内容：主要为事故时间、地点、伤亡及救援情况、报告人及电话等。

四、应急处置注意事项

（一）进行有限空间作业或救助时，作业人员应正确佩戴个人防护器具

（二）应针对不同情况正确使用抢险救援器材

（三）有限空间作业时照明灯应使用安全电压

（四）有限空间内其他危险未解除禁止参加互救，只有确保安全的情况下才能救人

（五）避免盲目施救造成更多人员伤亡，一旦施救条件未具备，紧急向上级汇报

（六）应急救援结束后应清理救援工具、装备、人员；做出对此次事故的分析汇总工作，分析发生原因、破坏程度、造成的损失、救援效果并作出书面总结

C.8　起重机械故障现场处置方案

一、事故风险分析

（一）事故类型

起重机械故障后如果处置不及时、不正确，可能导致起重机械失控，起吊物坠落，造成起吊物及周围设备损坏报废、起重机械损坏以及造成人身伤亡。

（二）事故发生的区域、地点或装置的名称

牧场所有正在使用的起重机械及区域。

（三）事故发生的可能时间、事故的危害严重程度及其影响范围

事故发生的可能时间：该事故发生无明显季节特征。

事故的危害严重程度：造成人员死亡或受伤。

影响范围：作业人员及作业区域其他人员。

（四）事故前可能出现的征兆

1.起重机械起吊物品坠落或严重溜钩（溜车）

起重机械钢丝绳破（磨）损严重、钢丝绳压板螺丝松动、制动装置失灵、减速机刷齿或短轴、起吊钩断裂、电气控制（保护）失灵或短路等严重故障或驾驶员错误判断指挥信号等误操作，导致起吊物品坠落或严重溜钩（溜车）。

故障先兆主要是起重机械运行时卷筒或减速机有异声、局部温度超标、起吊物品时吃力、操作时动作不灵敏、钢丝绳损伤且超负荷使用、钢丝绳压板螺丝松动、制动装置及减速机带故障使用、起吊钩运转异常及开口超标等。

2.起重机械发生电气控制系统失灵或保护拒动

电气控制（保护）系统、线路老化短路及仓门开关、行程限位开关、超载限制器等保护元件损坏可导致电器控制系统失灵或保护拒动。

事故先兆是电气控制（保护）系统、线路及仓门开关、行程限位开关、超载限制器等保护元件温度超标、起吊物品时吃力、操作时动作不灵敏。

3.起重机械大车（小车）车轮脱轨

起重机械大车（小车）单面端梁行走车轮因减速机或转动轴、联轴节等传动部件故障而

拒动或轨道上有异物，导致起重机械端梁两端间车轮不能同步动作，造成大车（小车）车轮脱轨。

事故先兆主要是起重机械大车（小车）运行时减速机或行车轮有异音、局部温度超标、操作时动作不灵敏、有跑偏现象。

二、应急工作职责

（一）应急小组

本现场处置方案的应急自救组织设置，由起重机械主管部门经理及当班班长等组成现场应急小组，部门经理为现场应急小组组长。

（二）应急小组职责

1. 负责组织制定合适的现场处置方案。

2. 组织现场处置方案的实施、演练。

3. 检查督促做好本处置方案的各项准备工作。

4. 领导、组织、协调本处置方案的应急管理和救援工作。

5. 负责本处置方案重大事项的决策。

6. 发布和解除应急救援命令、信号。

7. 向上级汇报事故情况，必要时向有关部门发出救援请求。

8. 组织事故调查，对应急救援工作进行总结。

三、应急处置

（一）事故应急处置程序

现场监护人为事故处理的第一责任人，发现起重机械运行出现异常时，应立即对异常情况进行确认，告知应急小组开启应急处置。

（二）现场应急处置措施

1. 起重机械起吊物品坠落或严重溜钩（溜车）处置措施。

（1）故障发现人员应先切断设备电源，仔细检查设备情况，进行现场先期处理。

（2）小组成员必需穿戴绝缘靴、佩戴安全带等个人防护器具，携带抢险及维修工器具。

（3）如果起吊物发生坠落，用倒链或垫块进行稳固，防止起吊物发生倾覆伤及周围设备人员。

（4）如果起吊物未发生坠落，钢丝绳及制动器、卷筒、减速机等故障时可用倒链（起重量必须大于起吊物重量）起吊物安全放至地面；钢丝绳及制动器、卷筒、减速机故障时只能使用倒链把起吊物安全放至地面。在放置过程中动作应缓慢，认真观察设备异常情况并疏散周围人员。起吊物放置地面后做好稳固，防止发生倾覆。

（5）组织技术及安全人员迅速查明故障部位及原因，维修人员进行故障排除并做好维修记录，以作为今后修订处置方案的依据。

（6）故障排除后必需使用专用配重块进行试吊，合格后方可继续使用，严禁使用设备或起吊物进行试吊。

2. 起重机械电气控制系统失灵或保护拒动处置措施。

（1）故障发现人应首先切断设备电源，仔细检查故障设备情况，进行现场先期处理。

（2）如果引发起吊物坠落，用倒链或垫块进行稳固，防止起吊物发生倾覆伤及周围设备及人员。

（3）如果起吊物未发生坠落，可用倒链（起重量必需大于起吊物重量）或用撬棍人工释放抱闸的方法把起吊物安全放至地面。在放置过程中动作应缓慢，认真观察设备异常情况并疏散周围人员。起吊物放置地面后做好稳固处理，防止发生倾覆。

（4）如发生起升钩冲顶，用撬棍人工释放抱闸的方法将起升钩与卷筒之间的挤压力量释放。

（5）组织技术及安全人员迅速查明故障部位及原因，查找故障过程中应拆解符合端电缆头，以防止起重机械误动引发事故，维修人员进行故障排除并做好维修记录，以作为今后修订处置方案的依据。

（6）故障排除后必须进行空负荷试验（未接入符合端线路），然后进行空载试验（接入负荷端线路），合格后方可继续使用运行。

3. 起重机械大车（小车）车轮脱轨处置措施。

（1）故障发现人应首先切断设备电源，仔细检查故障设备情况，进行现场先期处理。

（2）在行车轮脱落端上方合适位置选择吊点，用倒链将端梁固定，在未脱落端行车轮前后加装夹轨器，防止发生起重机械坠落事故。

（3）如果引发起吊物坠落，用倒链或垫块进行稳固，防止起吊物发生倾覆伤及周围设备及人员。

（4）如果起吊物未发生坠落，可用倒链（起重量必须大于起吊物重量）或用撬棍人工释放抱闸的方法把起吊物安全放至地面。在放置过程中动作应缓慢，认真观察设备异常情况并疏散周围人员。起吊物放置地面后做好稳固处理，防止发生倾覆。

（5）组织技术及安全人员迅速查明故障部位及原因，维修人员进行故障排除时，起重机两端必需用钢丝绳或倒链牵制，起重机械下方必需设置警戒线以防止发生起重机坠落事故，并做好维修记录，作为今后修订处置方案的依据。

（6）故障排除后必须进行空载试验，合格后方可继续使用运行。

（三）报告事项

1. 报警电话及联系方式。

2. 报告内容：主要为事故时间、地点、伤亡及救援情况、报告人及电话等。

3. 事件扩大引发人身、设备事故后，由总经理向上级主管单位、当地政府安全监督部门、电监会排出机构汇报事故信息，最迟不超过1小时。

四、注意事项

1. 进入生产现场应按规定穿防护服装、戴防护帽，从事电气作业应穿戴绝缘防护用品，在有易燃、易爆物品的作业场所，应穿防止产生静电火花的衣物。

2. 抢险储备物资要定期检查、试验，确认完好。备件损坏或数量不足时，及时修复或联系购买。

3.严格执行应急救援指挥部下达的应急救援命令，正确执行应急救援措施，避免因救援对策或措施执行错误造成事故进一步扩大或人员伤亡等重大事件的发生。

4.应急处置成员处理过程中发现设备异常或其他险情应及时将情况上报给应急救援指挥部，绝不能盲目处理，造成设备损坏事故扩大。

5.应急救援人员在实施救援前，要积极采取预防措施，做好自我防护，防止发生次生事故。

6.在急救过程中，遇有威胁人身安全情况时，应首先确保人身安全，迅速组织脱离威胁区域或场所后，再采取急救措施。

7.现场应急救援人员应根据需要携带相应的专业防护设备，采取安全防护措施，严格执行应急救援人员进入和离开现场的相关规定。现场应急救援指挥部根据需要具体协调、调集相应的安全防护装备。

C.9　锅炉事故现场处置方案

一、事故风险分析

（一）事故类型

1.停水事故

锅炉停水后，锅炉还在运行，如果不立即停炉，关闭主气阀，会导致锅筒内缺水进而导致锅炉损坏及爆炸等事故的发生。

2.爆炸事故

锅炉因停水存在爆炸危险，严重影响牧场员工的生产、生活秩序，并会造成重大的经济损失。

（二）事故发生的区域、地点或装置的名称

锅炉所在区域或地点。

（三）事故发生的可能时间、事故的危害严重程度及影响范围

事故发生的可能时间：该事故发生无明显季节特征。

锅炉停水事故可能导致锅炉损坏及爆炸事故的发生。

锅炉爆炸事故可能导致人员出现伤亡，极易产生火灾并导致建筑倒塌，造成人员砸伤等危害，影响范围包括锅炉所在及附近生产区域，并影响牧场的生产以及员工的生活。

（四）事故可能出现的征兆

1.停水事故

天气异常、倾盆大雨、电闪雷鸣会导致大面积停电而停水；厂区内部及周边自来水管线附近施工；给水量比正常时候偏小。

2.爆炸事故

操作工精力不集中，违规操作。设备维护保养未按照规定进行，未按照规定周期检验设备。发生停水事故，未及时处置。

三大安全附件未按照规定保养维护及检验。

二、应急组织与职责

（一）应急小组

本现场处置方案的应急自救组织设置，由锅炉主管部门经理及锅炉当班班长等组成现场应急小组，主管部门经理为现场应急小组组长。

（二）应急小组职责

1.负责组织制定合适的现场处置方案。

2.组织现场处置方案的实施、演练。

3.检查督促做好本处置方案的各项准备工作。

4.领导、组织、协调本处置方案的应急管理和救援工作。

5.负责本处置方案重大事项的决策。

6.发布和解除应急救援命令、信号。

7.向上级汇报事故情况，必要时向有关部门发出救援请求。

8.组织事故调查，对应急救援工作进行总结。

三、应急处置

（一）现场应急处置措施

1.停水事故

发现锅炉严重缺水或停水时应急停锅炉，锅炉应立即停止燃料供应，停止燃烧，严禁向锅炉内进水。

2.爆炸事故

（1）划定警戒区域，设置警戒标识。严禁无关车辆、人员进入现场；

（2）若发生爆炸，应扩大警戒范围；

（3）当确认锅炉存在爆炸危险时，要立即疏散靠近锅炉的建筑物内的所有人员；

（4）及时切断燃料，扑灭地上、地下室（沟）火焰，停止锅炉加热。应采用泡沫灭火剂冷却灭火；

（5）利用水炮、开花水枪或高压喷雾枪冷却锅炉、降低温度，并与锅炉保持一定的安全距离；

（6）现场温度降低、爆炸危险排除后，利用水罐车给锅炉加水；

（7）如现场发生爆炸、房屋垮塌，应按照建筑物垮塌事故处置程序进行处置。

（二）报告事项

1.报警电话及联系方式。

2.报告内容：主要为事故发生时间、地点、伤亡及救援情况、报告人及电话等。

3.发生锅炉事故，不能很快得到有效控制或已造成重大人员伤亡时，应立即向上级锅炉事故应急救援部门请求给予支持。

四、注意事项

（一）停水事故

1.进入现场人员要有自我保护意识，当心发生二次事故。

2.救援人员按照应急方案正确采取措施，避免事故处置不当，导致事故扩大。

3.应急救援结束后做好现场检查、人员清点工作，认真分析事故原因，制定防范措施，落实安全生产责任制，防止类似事故。

（二）爆炸事故

1.现场有爆炸危险时，救援人员要少而精，利用水流、泡沫对锅炉进行冷却灭火时，要利用地形地物作掩护。

2.当锅炉严重缺水时，由于锅炉锅筒水冷壁管严重损伤。如果此时往锅炉内注水容易造成爆炸，必需让锅炉自然冷却方可注水。

3.对锅炉冷却时，水炮要不停地摆动，使水流从上均匀冷却锅炉。严禁使用强水流直接冲击，防止骤冷导致锅炉发生爆炸。

4.夜间救援时要做好现场照明。

C.10 机械伤害事故现场处置方案

一、事故风险分析

（一）事故类型

牧场内有叉车、铲车、TMR搅拌车、固液分离机、清粪装置、挤奶设备、取料机等。这些设备在使用过程中，可能发生机械伤害事故。

（二）事故发生的区域、地点或装置的名称

设备所在区域或地点。

（三）事故发生的可能时间、事故的危害严重程度及其影响范围

1.机械设备防护设施不全，易造成绞、碾、碰、割、戳、切等伤害。

2.机械设备摆放不当，安全操作距离不足，易导致挤伤、压伤等。

3.机械设备缺陷处理不及时、带病运行，易造成机械伤害。

4.人员操作行为不当，易导致肢体或身体被戳伤、砸伤、打击、夹伤等伤害。

（四）事故可能出现的征兆

1.使用前未按要求点检。

2.机械设备发生异常。

3.未定期对设备进行维护、检修、保养。

4.未设置警示标识。

5.操作员工未按安全规程作业。

6.员工未按要求规范佩戴劳动防护用品，员工疲劳作业等。

二、应急组织与职责

（一）现场应急救援小组

本现场处置方案的应急自救组织设置，由机械设备所在部门经理及当班班长等组成现场应急救援小组，部门经理为现场应急救援小组组长。

（二）职责

1.负责组织制定适合本项目实际的现场处置方案。

2.组织现场处置方案的实施、演练。

3.根据事故现场情况，确保应急资源配备投入到位，组织现场应急救援工作。

4.向上级汇报和向周边部门通报事故情况，必要时向有关部门发出救援请求。

5.组织事故调查，对应急救援工作进行总结。

（三）应急处置

1.应急处置程序

事故发生后，现场人员在立即采取抢救措施的同时，立即拨打120急救电话，或派车将伤员送往医院，然后将事故报告牧场应急指挥部总指挥。

2.应急处置措施

（1）发生机械伤害事故时，首先要断开电源、关闭正在运行的设备，停止相关作业，移动、拆除影响救援伤员的设备设施，将受伤人员安全移出。在移出过程中，保证救援人员和伤员的安全，其次要按照以下处置方案进行处置。

（2）发生机械伤害事故后，现场人员不要惊慌，应保持冷静，迅速对受伤人员进行检查，对重伤员送医院进行抢救，并封锁现场，向部门应急救援小组汇报，必要时向牧场应急救援总指挥报告。

（3）救护人员既要安慰受伤者，自己也须保持冷静，以消除受伤者的恐惧，不要给伤者喝水或其他饮料，也不要用拍打的方式试图唤醒受伤者。

（4）必要时，对受伤人员采取必要的救助措施，如采用人工呼吸、心脏按压和止血、固定、包扎等措施。

（5）事故救援结束后，应急救援小组须保护好现场，配合牧场事故调查小组对事故进行调查，收集相关证据，待牧场应急总指挥发布"应急结束"信号后，方可恢复现场。

3.报告事项

（1）报警电话及联系方式；

（2）报告内容：主要为事故时间、地点、伤亡及救援情况、报告人及电话等。

三、注意事项

1.作业人员必须经过安全操作规程前要对所用设备先进行点检，作业发生机械伤害事故，应马上建立警戒区，禁止其他无关人员进入警戒区，以免发生次生、衍生事故。

2.受伤人员若发生骨折，不能随意搬动伤员，应固定伤肢，以避免不正确的抬运产生二次伤害。

3.若事故不能有效处理时，应马上请求外部支援，救援物资、人员进入现场时，由应急救援小组组长统一指挥。

4.注意做好事故现场保护工作，以便进行事故调查取证。

C.11 压力容器、压力管道事故现场处置方案

一、事故风险分析

（一）事故类型

牧场生产、生活在用的压力容器和压力管道，存在泄漏、烫伤、爆炸风险。

注：本现场处置方案适用于特种设备压力容器和压力管道，牧场应根据《特种设备目录》确定本单位设备是否属于特种设备压力容器和压力管道。

（二）事故发生的区域、地点或装置的名称

压力容器、压力管道所在区域、地点。

（三）事故发生的可能时间、事故的危害严重程度及影响范围

事故发生的可能时间：该事故发生无明显季节特征。

事故的危害严重程度：压力容器的爆炸碎片可能伤人；发生的冲击波可能伤人；可能引起厂房及周边建筑的倒塌而伤人；由于压力容器的爆炸泄漏引起火灾；压力管道中有毒气体的泄漏，可能造成人员中毒。

影响范围：压力容器、压力管道使用人员及所在区域其他人员。

（四）事故可能出现的征兆

安全阀、压力表等安全附件失效；误操作；容器压力、温度异常；周边环境温度骤升等。

压力管道焊口、管道接口、各类阀门等未按规定进行维护检修。

二、应急组织与职责

（一）应急小组

本现场处置方案的应急自救组织设置，由特种设备主管部门经理及设备使用当班班长等组成现场应急小组，主管部门经理为现场应急小组组长。

（二）应急小组职责

1.负责组织制定合适的现场处置方案。

2.组织现场处置方案的实施、演练。

3.检查督促做好本处置方案的各项准备工作。

4.领导、组织、协调本处置方案的应急管理和救援工作。

5.负责本处置方案重大事项的决策。

6.发布和解除应急救援命令、信号。

7.向上级汇报事故情况，必要时向有关部门发出救援请求。

8.组织事故调查，对应急救援工作进行总结。

三、应急处置

（一）现场应急处置措施

事故发生后，各岗位操作人员、维修人员、安全人员、部门主管、分管领导、安全生产第一责任人应按照本预案采取有效的处理措施。设备管理部主要负责人在事故制止或处理之前，不得离开现场。

紧急情况发生后，由总指挥批准，立即启动本应急预案，应急处理小组按照各自的职责和工作程序贯彻执行本预案。

应急预案启动后，各类应急工作分工如下：

1.炸伤或击伤人员应由安全人员负责解救脱离爆炸源或危险源。

2.行政部门经理或其下属主管立即拨打120急救电话与医院联系。

3.生产人员负责传送相关劳保用品和现场协助。

4.任何部门和个人不得干扰现场秩序，相关部门和个人应当支持配合，并提供一切便利条件。

参加紧急处理的人员，应当按照本预案的规定采取安全防护措施，并在专业人员的指导下进行工作。

（二）报告事项

1.报警电话及联系方式。

2.报告内容：主要为事故发生时间、地点、伤亡及救援情况、报告人及电话等。

3.发生压力容器事故，不能很快得到有效控制或已造成重大人员伤亡时，应立即向上级压力容器事故应急救援部门请求给予支援。

四、注意事项

（一）压力容器、管道发生爆炸事故后，为防止事故扩大，压力容器、压力管道所有阀门应迅速关闭或采取堵漏；对可燃气体和油类应用沙石或二氧化碳、干粉等灭火器进行灭火，同时设置隔离带以防火灾事故蔓延；对受伤人员立即实行现场救护，伤势严重的立即送往附近医院。

（二）压力容器、压力管道发生泄漏中毒事故后，现场抢险人员必须佩戴过滤式防毒面具、口罩或氧气呼吸器等进行呼吸防护，进入现场关闭所有通气阀门或采取堵漏，并将救出人员抬至通风空气新鲜处进行现场救护，中毒严重的应立即送往附近医院。

（三）火灾发生会伴有浓烟、火光，产生大量的烟、一氧化碳和二氧化碳。同时，合成纤维、橡胶、塑料等燃烧时还可能产生二氧化硫、氧化氮、氰化氢等毒气；苯、汽油等易燃液体燃烧会产生有害的苯等。因此，参与消防灭火和救护人员进入事故现场必须采取或掌握灭火过程中防烟防毒的基本措施：

1.发生室外火灾，消防人员一般不要站立在着火点的下风侧，避免吸入烟雾晕倒。

2.发生室内火灾，消防人员进行扑救前，应先打开门窗。若火灾发生在地下室，消防人员灭火时还应佩戴防毒面具和氧气呼吸器，避免中毒危险。

3.发生在有毒有害工作场所的火灾，消防人员在扑救时一定要配备过滤式防毒面具或氧气呼吸器，佩戴安全帽、防护衣鞋等。过滤式防毒面具应根据化学毒剂和有害气体的种类选用相应类型的滤毒罐。当空气中氧气浓度降到18%以下，毒性气体浓度在2%以上时，各种型号的滤毒罐都不起到滤毒作用，应停止使用滤毒罐，改用氧气呼吸器。如果发现抢救人员有头晕、恶心、发冷等中毒症状，应立即撤离火灾现场，让其安静休息，吸取新鲜空气，严重者应立即送往医院进行急救。

C.12　危险化学品事故现场处置方案

一、事故风险分析

（一）事故类型

牧场由于生产消杀需要，储存并使用部分危险化学品，在运输、装卸、储存及使用过程中可能发生危险化学品事故。

（二）事故发生的区域、地点或装置的名称

危险化学品仓库、装卸区域、使用区域以及运输过程中。

（三）事故发生的可能时间、事故的危害严重程度及影响范围

事故发生的可能时间：该事故发生无明显季节特征，可能导致人员灼伤皮肤和眼睛。危险化学品由于泄漏、火灾、爆炸等各种原因造成或可能造成较多人员急性中毒、伤害或死亡等，造成人身和财产损失及其他对社会有较大危害的危险化学品事故。

事故的危害严重程度：造成人员死亡或受伤。

影响范围：危险化学品保管、装卸、运输及使用相关人员。

（四）事故可能出现的征兆

1.危险化学品未按照相关规定储存，或危险化学品储存容器老旧或者发生破损。

2.危险化学品在装卸、运输过程中未按照相关法律法规、标准进行作业。

3.在使用、装卸、运输危化品过程中，作业人员未穿戴防护用品。

4.危化品仓库安全防护设施未定期维保检验，或出现故障或异常。

二、应急组织与职责

（一）应急小组

本现场处置方案的应急自救组织设置，由危险化学品主管部门经理及使用危化品当班班长等人组成现场应急小组，主管部门经理为现场应急小组组长。

（二）应急小组职责

1.负责组织制定合适的现场处置方案。

2.组织现场处置方案的实施、演练。

3.检查督促做好本处置方案的各项准备工作。

4.领导、组织、协调本处置方案的应急管理和救援工作。

5.负责本处置方案重大事项的决策。

6.发布和解除应急救援命令、信号。

7.向上级汇报事故情况，必要时向有关部门发出救援请求。

8.组织事故调查，对应急救援工作进行总结。

三、应急处置

（一）现场应急处置措施

1.灼伤皮肤和眼睛事故

（1）灼伤皮肤和眼睛进行处理时，需用大量清水冲洗。皮肤灼伤时，用清水冲洗皮肤，将皮肤上的化学品冲洗干净，如皮肤还有红肿刺痛时，需送至医院治疗。

（2）化学品溅入眼睛时，需马上用清水冲洗眼睛。如还有刺痛感，需送至医院治疗。

2.危险化学品泄漏事故处置措施

（1）进入泄漏现场进行处理时，救援人员必须配备必要的劳动防护器具，如泄漏的是易燃易爆的物质，事故中心应严禁火种，切断电源，禁止车辆进入。立即在边界设置警戒线，根据事故情况和事故发展，确定事故涉及区域人员的撤离。如果泄漏物是有毒的，应使用专用防护服、隔绝式空气面具。应急处理时严禁单独行动，要有监护人。

（2）泄漏源控制：关闭阀门，停止作业。堵漏采用合适的材料和技术手段堵在泄漏处。

（3）泄漏物处理：围堤堵截，筑堤堵截泄漏液体或引流到安全地点，储罐发生液体泄漏时，要及时找到漏点进行封堵。

（4）稀释与覆盖：用水向泄漏液体进行稀释，对于可燃物也可以在现场用大量水进行灭火。

3.危险化学品火灾事故处置措施

（1）先控制、后消灭：针对化学危险品火灾的火势发展蔓延快和燃烧面积大的特点，积极采取统一指挥，以快制快；堵截火势，防止蔓延；重点突破，排除险情；分割包围，速战速决的灭火战术。

（2）扑救人员应占领上风或侧风阵地：进行火情侦查，进行火灾扑救，火场扑救人员应有针对性地采取自我防护措施，如佩戴防毒面具，穿戴专用防护服等。应迅速查明燃烧范围、燃烧物品及其周围物品的名称和主要危险特性，火势蔓延的主要途径，燃烧的危险化学品及燃烧产物是否有毒。

（3）正确选择最合适的灭火剂和灭火方法：火势大时，应堵截火势蔓延，控制燃烧范围，然后逐步扑灭火势，对有可能发生爆炸、爆裂、喷溅等特别危险需紧急撤退的情况下，应按照统一的撤退信号和撤退方法及时撤退，（撤退信号应格外醒目，能使现场所有人员都看到或听到）。

（4）消灭余火：火灾扑灭后，仍要派人监护现场，消灭余火，起火单位应保护现场，接受事故调查，协助公安消防监督部门和上级安全生产监督管理部门调查火灾原因，核定起火损失，查明火灾责任，未经公安消防监督部门和上级安全生产监督管理部门的同意，不得擅自清理火灾现场。

（二）报告事项

1.报警电话及联系方式。

2. 报告内容：主要为事故发生时间、地点、伤亡及救援情况、报告人及电话等。

3. 发生危险化学品事故，不能很快得到有效控制或已造成重大人员伤亡时，应立即向上级危险化学品事故应急救援部门请求给予支援。

四、注意事项

1. 进入生产现场应按规定穿防护服装、戴防护帽，从事电气作业应穿戴绝缘防护用品，在有易燃、易爆物品的作业场所，应穿防止产生静电火花的衣物。

2. 抢险储备物资要定期检查、试验，确认完好。备件损坏或数量不足时，及时修复或联系购买。

3. 严格执行应急救援指挥部下达的应急救援命令，正确执行应急救援措施，避免因救援对策或措施执行错误造成事故进一步扩大或人员伤亡重大事件的发生。

4. 应急处置成员处理过程中发现设备异常或其他险情应及时将情况上报给应急救援指挥部，绝不能盲目处理，造成设备损坏事故扩大。

5. 应急救援人员在实施救援前，要积极采取预防措施，做好自我防护，防止发生次生事故。

6. 在急救过程中，遇有威胁人身安全情况时，应首先确保人身安全，迅速组织脱离威胁区域或场所后，再采取急救措施。

7. 现场应急救援人员应根据需要携带相应的专业防护设备，采取安全按防护措施，严格执行应急救援人员进入和离开现场的相关规定。现场应急救援指挥部根据需要具体协调、调集相应的安全防护装备。

附录 D 安全管理制度相关表格

D.1 目标制定与分解示例

××××年安全生产目标与指标分解表

安全生产总控制目标与指标：

1.生产性责任安全死亡事故、重伤事故为零；

2.火灾事故为零；

3.重大设备事故为零；

4.职业病及疑似职业病为零；

5.场内交通安全事故为零；

6.特种作业（设备）持证上岗率为100%；

7.安全教育培训率为100%，合格率为100%；

8.劳动防护用品正确佩戴率为100%；

9.事故隐患整改率为100%；

10.职业健康检查率为100%。

序号	部门/人	目标与指标	目标实现控制措施
01	场长	科学、合理确定活动不少于四次，牧场安全生产总控制目标，参加年度内安全检查，履行其安全生产职责	确保实现安全目标所需的资源
02	主管安全副场长	1.利用牧场一切资源，确保牧场安全生产总控制目标的全面完成 2.参加牧场安全生产总控制目标与指标的确定 3.参加生产安全事故的调查、分析、处理，以及重大安全生产问题的研究和决策	督促有关责任人、部门完成本部门的控制目标并组织开展考核。贯彻执行国家有关安全生产法律法规及牧场各项安全生产规章制度，落实安全生产责任制
03	安全部/安全员	1.根据上一年度安全生产制度运行情况及绩效评定结果，负责起草本年度安全生产目标与指标，持续改进 2.总体控制牧场年度安全生产目标与指标完成情况 3.根据各部门职责，分解安全生产目标指标 4.按照"谁主管、谁负责"的原则，督促各部门完成分解目标 5.具体负责安全生产绩效考核工作 6.负责安全生产制度运行监测、记录等工作，编制年度自评报告 7.定期开展安全生产风险评估工作，建立制度对策措施 8.对外来人员进入生产区域时进行"危险源告知" 9.组织全员消防安全演练	1.定期监督检查各部门、执行牧场安全生产规章制度及安全操作规程情况，落实安全生产责任制情况 2.定期开展事故隐患排查治理工作，及时下发整改通知单，督促按时完成整改 3.及时开展"牧场级"安全生产教育培训工作 4.定期组织开展职业健康检查工作 5.组织开展多种形式的安全生产活动，提高员工安全生产积极性 6.利用科学合理的评估方法，定期开展安全生产风险评估工作，制定相应的对策措施 7.按照"PDCA"模式，持续改进牧场安全生产工作

（续表）

序号	部门/人	目标与指标	目标实现控制措施
04	综合管理部	1.宿舍、食堂火灾事故为零 2.负责安排新进人员进行安全教育培训率100% 3.负责安排特种作业（设备）人员取证培训率为100% 4.按期完成本部门安全生产工作	督促驾驶人员经常性检查车辆安全状况，学习安全驾驶知识，参加宿舍、食堂检查工作，并对存在的问题及时整改。按照牧场规定，及时安排新进人员开展安全教育培训、职业健康检查工作，以及特种作业（设备）人员取证培训工作。组织本部门人员学习牧场安全生产规章制度相关内容
05	生产部门	1.本部门生产安全事故为零 2.本部门管理区域火灾事故发生率为零 3.参加牧场各项安全生产活动 4.与外来单位签订《安全管理协议》，签订率100% 5.采购合格的劳动防护用品率100% 6.完成本部门各项目标指标，且按时填写率为100%	严格执行牧场安全生产规章制度要求；经常性检查本部门范围内火灾事故隐患；督促本部门职工积极参加各种安全生产活动，提高安全意识。组织本部门人员学习牧场安全生产规章制度相关内容。未签订《安全管理协议》的施工单位不得进场作业。严格按照国家相关标准采购合格的劳动防护用品，编制合格供应商目录
06	兽医部	1.本部门重伤以上（含重伤）生产安全事故为零 2.本部门管理区域火灾事故发生率为零 3.参加安全教育培训率100% 4.劳动防护用品正确佩戴率为100% 5.危险化学品丢失事故为零 6.参加牧场各项安全生产活动 7.完成本部门各项目标指标，且按时填写率为100%	严格执行牧场安全生产规章制度和操作规程；排查治理本部门范围内火灾事故隐患；督促本部门职工积极参加各种安全教育培训，提高安全意识；及时整改各类事故隐患；组织本部门人员学习牧场安全规章制度相关内容。正确使用危险化学品等，并按规定佩戴劳动防护用品
07	财务部	1.本部门生产安全事故为零，参加牧场各项安全生产活动 2.优先安排解决重大事故隐患所需资金，按时支付劳动防护用品、安全教育等费用 3.进行大额现金存取时，由两人以上到银行办理 4.网上银行操作未严格按照《网上银行管理办法》，保障货币资金的安全 5.完成本部门各项目标指标，且按时填写率为100%	严格执行牧场安全生产要求，履行本部门的安全生产职责。做好现金保管工作，严禁在单位存放较大数额的现金。组织本部门人员学习安全规章制度相关内容
08	班组	1.本班组重伤以上（含重伤）生产安全事故为零 2.火灾事故发生率为零 3."班组级"安全教育培训率及合格率100%，建立《安全教育培训档案》 4.班组安全活动，每月不少于2次，活动记录齐全有效 5.劳动防护用品正确佩戴率100% 6.危险化学品丢失事故为零 7.职业病事故、急性职业健康危害事故为零 8.完成本部门各项目标指标，且按时填写率为100% 9.现场设备清洁率为100%	1.严格执行牧场各项安全生产规章制度及操作规程；组织本班组人员学习牧场安全规章制度相关内容 2.积极开展安全教育培训工作，按规定完成"班组级"安全教育培训 3.监督本班组员工正确佩戴劳动防护用品，并积极参加牧场各项安全生产活动 4.定期开展班组安全活动工作 5.未经批准，严禁在作业场所乱拉乱接各类电气线路及设施设备 6.发生事故及时上报

序号	部门／人	目标与指标	目标实现控制措施
08	班组	10. 工具、劳动防护用品摆放整齐，必须规范 11. 重大设备事故率为100% 12. 事故隐患整改率为100% 13. 特种设备年度检测率为100%	7. 对事故隐患及时整改，不能整改的报告安全科 8. 正确使用危险化学品等 9. 参加牧场危险源辨识与风险评估工作，制定控制措施 10. 建立健全本班组安全生产管理档案（包括安全教育培训档案、班组活动记录等）

D.2　年度安全生产费用计划表

序号	项目名称	实施内容	投入 （万元）	备注
1				
2				
3				
4				
5				
6				
7				
8				
9				
10				
11				
12				
13				
14				
15				
16				
17				
18				
19				
20				
21				
	合计			

D.3 法律法规清单

序号	法律、法规、标准及其他要求	属性	生效日期	相关条款说明	获取途径	颁布部门	执行情况
1	中华人民共和国宪法	法律	2018.3.1	第9、10、42.48条	网络	全国人大	有效
2	中华人民共和国行政诉讼法	法律	2017.5.1	全文	网络	全国人大	有效
3	中华人民共和国刑法（修正案十一）	法律	2021.3.1	第六章第四、五、六节	网络	全国人大	有效
4	中华人民共和国环境保护法	法律	2015.1.1	26.27.28.29、36	网络	全国人大	有效
5	中华人民共和国安全生产法	法律	2014.12.1	全文	网络	全国人大常委会	有效
6	中华人民共和国大气污染防治法	法律	2016.1.1	5．11．32．33	网络	全国人大	有效
7	中华人民共和国固体废物污染环境防治法	法律	2013.6.29	9．12．13．35	网络	全国人大	有效
8	中华人民共和国水污染防治法	法律	2008.6.1	5．13．44	网络	全国人大	有效
9	……						
10	……						
11	……						

D.4 安全生产培训相关表格

D.4.1 年度培训计划表

序号	培训内容	培训对象	培训方式	培训时间	培训地点	考核方式	备注
1							
2							
3							
4							
5							
6							
7							

D.4.2 培训记录表

培训内容			
培训方式			
培训时间			
参加人员			
培训内容摘要			
培训效果评价	评价人：×××　　　　　　　　　　　　日期：××××		

记录人：×××

D.4.3　三级教育卡

姓名		性别		出生年月			文化程度				
身份证 号码					进厂 日期		工种				
学时		场级：8h　部门级：8h　班组级：8h　总计24h					考试成绩	牧 场	部 门	班 组

<table>
<tr><td colspan="5" align="center">三级教育具体内容</td></tr>
<tr>
<td rowspan="2">牧场
教育</td>
<td colspan="4">（1）本牧场安全生产情况及安全生产基本知识；
（2）本牧场安全生产规章制度和劳动纪律；
（3）从业人员安全生产权利和义务；
（4）事故案例；
（5）事故应急救援、事故应急预案演练及防范措施等内容。</td>
</tr>
<tr>
<td>教育人
签名</td>
<td>受教育人
签名</td>
<td>教育
时间</td>
<td>年　月　日___时至___时（　）课时

年　月　日___时至___时（　）课时</td>
</tr>
<tr>
<td rowspan="2">部
门
教
育</td>
<td colspan="4">（1）工作环境及危险因素；
（2）所从事工种可能遭受的职业伤害和伤亡事故；
（3）所从事工种的安全职责、强制性标准；
（4）自救互救、急救方法、疏散和现场紧急情况的处理；
（5）职业健康安全个人防护用品的配置和使用；
（6）职业健康安全生产状况及规章制度；
（7）预防事故和职业危害的措施及应注意的安全事项；
（8）事故案例；
（9）其他需要培训的内容。</td>
</tr>
<tr>
<td>教育人
签名</td>
<td>受教育人
签名</td>
<td>教育
时间</td>
<td>年　月　日___时至___时（　）课时

年　月　日___时至___时（　）课时</td>
</tr>
<tr>
<td rowspan="2">班
组
教
育</td>
<td colspan="4">（1）岗位安全操作与预防规程；
（2）岗位之间工作衔接配合的安全与职业卫生事项；
（3）事故案例；
（4）其他需要培训的内容。</td>
</tr>
<tr>
<td>教育人
签名</td>
<td>受教育人
签名</td>
<td>教育
时间</td>
<td>年　月　日___时至___时（　）课时

年　月　日___时至___时（　）课时</td>
</tr>
</table>

D.5 现场安全管理相关表格

D.5.1 可能产生职业病危害设备、材料和化学品一览表

序号	设备、材料、化学品名称	可能生产的职业病危害因素名称	使用部门和岗位	年使用量	生产供货单位
1					
2					
3					

负责人签名：   日期：   年   月   日

D.5.2 职业病防护设施一览表

防护设施名称	型号	使用部门和岗位	防护用途	生产及安装单位	验收日期

负责人签名：   日期：   年   月   日

D.5.3 年度职业病危害控制实施表

危害种类	可能造成损害	管理意义（是/否）	消除	隔离	限制	治理措施	完成期限	检查计划	实施结果

负责部门：安全管理部门、综合管理部   负责人（签名）：   日期：   年   月

D.5.4 年度个人防护用品发放使用记录

部门名称	个人防护用品名称	型号	数量	领发人	领发日期

负责人签名：   日期：   年   月   日

D.5.5　职业病病例一览表

姓名	部门、岗位	职业病名	诊断部门	诊断事件	处理情况

D.5.6　职业中毒事故报告与处理记录表

牧场名称		法定代表人	
事故报告人		联系电话	

中毒事件情况：

1.发生时间：　　年　　月　　日　　时

2.发生场所（生产区域名称）：　　　　　　工作内容：

3.中毒情况：接触人数：　　发病人数：

　　　　　　送医院治疗人数：　　死亡人数：

毒物名称：

事件经过（事件起因、患者主要临床表现、救援过程和处理情况）：

事故性质最终分析结论：

事件报告情况	1.报告时间：　　年　　月　　日　　时 2.报告单位： 　　　　　　　　　　负责人（签名）： 　　　　　　　　　　日期：　年　月　日

D.5.7　病死畜禽无害化处理记录

日期	数量	处理或死亡原因	畜禽标识编码	处理方法	处理单位（或责任人）	备注

注：1.日期：填写病死畜禽无害化处理的日期。2.数量：填写同批次处理的病死畜禽的数量，单位为头、只。3.处理或死亡原因：填写实施无害化处理的原因，如染疫病、正常死亡、病因不明等。4.畜禽标识编码：填写15位畜禽标识编码中的标识顺序号，按批次统一填写。猪、牛、羊以外的畜禽养殖场此栏不填。5.处理方法：填写GB 16548—1996《畜禽病害肉尸及其产品无害化处理规程》规定的无害化处理方法。6.处理单位：委托无害化处理场实施无害化处理的填写处理单位名称；由本场自行实施无害化处理的由实施无害化处理的人员签字。

D.5.8　设备开箱验收记录表

设备名称		规格型号		
设备编号		设备单价		
订货数量		使用部门		
验收地点		验收日期		
供货单位		生产单位		
参加验收单位及人员				
包装是否完好、设备外观有无缺陷和受损				
设备名称规格是否与订货合同相符				
到货数量、交货期否与订货合同相符				
设备技术资料、质量证明文件是否齐全				
随机配件、备品等是否齐全、完好				
验收结论				
存在的问题				
验收人员签名				

D.5.9　设备安装调试记录表

设备名称		规格型号	
设备编号		使用部门	
安装调试时间		安装调试结束时间	
供货单位		牧场	
参加安装调试单位及人员			
设备安装调试过程记录			
安装调试人员签字确认			

D.5.10　消防安全日常检查记录表

项目 / 日期	疏散通道是否畅通	安全指示标志	灭火器完好情况	消防栓完好情况	隐患常发点检查	其他项目	检查人	复查人
1								
2								
3								

检查地点：　　　　　　　　　　　　　　　　　　　　　年　月　日

D.5.11　设备检修记录表

设备检修记录表						
部门		设备名称		检修类别		
设备编号		承担部门		型号规格		
主要零部件	检修		检修内容：			
	更换					
试运转情况（空负荷、带负荷）				验收签名	设备主管	
					备注	
检修人员		检修起始时间：　年　月　日　时　分				
		检修完成时间：　年　月　日　时　分				

D.6　危险作业管理相关表格

D.6.1　动火作业

主要表格如下。

动火作业许可证

编号：

动火级别：□一般危险（2 级动火）□较大危险（1 级动火）□高度危险（特殊动火）

作业单位		作业现场负责人	
作业地点		监护人	
作业人		监督人	
作业内容			
作业时间	年 月 日 时 分　　　年 月 日 时 分		
动火类型	□焊接 □气割□烘烤□切削 □锤击□打磨□钻孔 □其他：		
涉及的其他危险作业	□高处作业 □ 临时用电 □ 有限空间 □ 吊装 □ 动土 □ 断路 □ 盲板抽堵 □加放氨□检修、维修 □熏蒸 □筒仓□其他：		
特定作业	□ 交叉作业 □多重作业 □夜间作业 □ 相关方作业 □ 特殊气候条件作业 □ 特殊时段作业 □其他：		
作业风险	□高处坠落 □ 火灾爆炸 □触电 □中毒窒息 □ 高空坠物 / 物体打击 □ 灼烫 □腐蚀□机械伤害 □淹溺 □坍塌□其他：		

动火分析	分析项目	测量值	结论	检测人	采样时间及位置
	氧含量				
易燃易爆、有毒有害气体、粉尘等物质					

补充安全措施	

我代表作业单位提出作业申请，并组织进行作业风险分析，确认安全措施落实到位。 　作业现场负责人签字： 　　　　　　年 月 日 时 分	我确认作业单位已经落实安全措施，我承诺全程坚守作业现场对作业进行监护。 　监护人签字： 　　　　　　年 月 日 时 分

我代表作业所在部门审核许可证，并对作业现场安全措施落实情况进行了检查确认。 　作业所在部门审核签字： 　　年 月 日 时 分	我代表安全管理部门对作业方案进行审核，并现场检查符合作业标准要求。 　安全管理部门审核签字： 　　年 月 日 时 分	我代表作业主管部门，对作业方案进行审核，并现场确认符合作业标准要求，批准作业。 　作业主管部门审批签字： 　　年 月 日 时 分

高度危险审批	我代表公司，审核高度危险作业方案，已安排现场检查并确认符合作业标准要求，批准此高度危险作业。 　安全分管领导或牧场主要负责人签字： 　　　　　　　年 月 日 时 分

许可证关闭	作业按照规定时间顺利完成，作业单位已经将作业现场清理完毕，现场检查确认没有隐患，许可证可以关闭。	
	作业人签字： 　　　年 月 日 时 分	作业现场负责人签字： 　　　年 月 日 时 分
	监护人签字： 　　　年 月 日 时 分	监督人签字： 　　　年 月 日 时 分

动火作业安全风险分析表

编号：

作业单位						
作业时间		年 月 日 时 分	至	月 日 时 分		
作业地点			作业内容			
			动火部位			

序号	阶段	存在的主要风险	可能的事故/后果	现有控制措施	是否满足要求
1		□作业现场负责人没有会同相关部门进行风险辨识。	火灾	□作业现场负责人会同相关部门进行风险辨识。	□是 □否
2		□现场作业人员不明确，没有落实责任制，安全职责不明确；作业人员不足等劳动组织不合理。	其他伤害	□明确作业人员，监护人和安全监督人员及其安全生产职责，将责任落实到具体人员；合理确定劳动人员和现场人员组织。	□是 □否
3		□高度危险、较大危险未制定动火作业方案和现场处置方案。	火灾	□制定动火作业方案和现场处置人员角色分配、职责分工、作业流程、作业要求、作业工具，作业设备，防护用品等，应急管理等；明确现场应急措施、联络方式、灭火器材等。	□是 □否
4	作业前	□高度危险、较大危险动火作业或在易燃易爆装置、管道、阴井、有限空间等部位作业前未进行动火分析；在易燃易爆场所内处于运行状态的设备、管道等进行动火作业。	火灾	□按本章节有限空间动火分析，高度危险动火作业随时进行监测；使用便携式检测仪，双检测仪平行检测；对易燃场所内处于运行状态的设备、管道等能拆移动的部件，应拆移到安全地点动火。	□是 □否
5		□与动火点相连的管线未进行可靠的隔离、封堵或拆除处理；需要动火作业的塔、容器、罐、储罐、阴井、槽车等管设备和管线未上锁挂牌。	火灾	□在方案中明确，动火前应切断引物料来源并加盲板或断开、打开人孔、通风换气、彻底吹扫、清洗、置换后，检测符合规范要求后才能动火；与动火点直接相连的阀门应上锁挂牌。	□是 □否
6		□未召开现场碰头会，进行现场安全条件确认；超过24h的动火作业人员进行重新确认。	火灾	□按照标准要求，召开现场碰头会和确认，对人、机、物、环、管进行现场检查和确认；对作业时间超过24h的动火作业，必须每天对现场安全条件进行重新确认。	□是 □否
7		□未按要求对作业人员和监护人进行交底。	其他伤害	□按规定对作业人员进行交底，未经交底不得作业。	□是 □否

（续表）

序号	阶段	存在的主要风险	可能的事故/后果	现有控制措施	是否满足要求
8	作业中	□人员资格、职业禁忌、身体、患病、饮酒、超龄不符合要求。	其他伤害	□作业人员经过培训或持证上岗，身体状良好，无患病忌，未喝酒。	□是□否
9		□动火作业用的工具、仪器仪表、电气等设备、车辆不符合要求。	火灾	□动火前，确认完好方可人使用。	□是□否
10		□劳动防护用品不完备；防护用具存在缺陷；在埋地管线或操作坑内作业缺存在隐患。	其他伤害	□配发合格的防护用具和服装；劳动防护用品数量质量符合要求；正确佩戴劳动防护用品，埋地管线或操作坑内作业佩戴劳动防护用品。	□是□否
11		□气体检测仪未在校验有效期内或失效；检测样品不具备代表性；较大危险作业未按规定时间、频次进行环境监测。	其他伤害	□气体检测仪经过比对，处于正常工作状态；检测的位置；检测样品应有代表性，必要时样品保留到动火结束；按规定时间和频次进行检测，填写检测记录，发现异常采取气体；有限空间动火作业无关人员进入动火区域。有（受）限空间每2小时监测一次，温度异常采取措施。	□是□否
12		□未合理划定动火作业区域设置警戒线；警示灯、隔离栏杆等警戒设施；现场未配备足够适用的消防器材；无关人员或车辆进入动火区域。	其他伤害	□合理划定动火作业区域，设置警戒线，设定与现场风险相对应的安全警示标识，并在现场张贴或悬挂动火作业安全许可证；配备足够适用的消防器材；严禁与动火作业无关人员或车辆进入动火区域。	□是□否
13		□动火现场及周围存在易燃物品；高处作业下方未取相应燃措施。	火灾	□清除动火现场及周围易燃物品；下部如有可燃物、空洞、阴井、地沟、水封等，应检查并采取措施，在下方铺垫阻燃物、水封、封堵孔洞等防止火花溅落的部位。	□是□否
14		□动火点周围有易燃可燃液体、气体、溶剂未采取相应措施。	火灾	□动火点距动火点30m内不得有闪点易燃液体；距动火点15m内不得有其他可燃物泄漏和排放各类可燃气体；动火点10m范围内不得动火点下方同时进行可燃溶剂清洗或喷漆等作业。	□是□否
15		□未办理《动火作业安全许可证》进行作业；作业实质性内容发生变更未重新办理。	火灾	□按要求办理《动火作业安全许可证》后，动火地点、方式等实质性内容发生变更的，应重新办理作业；人员、地点、方式等实质性内容发生变更的，应重新办理作业许可。	□是□否
16		□多项危险作业交叉实施时未明确管理措施；现场沟通不畅。	其他伤害	□指定专人负责联络和沟通，统一制定作业方案。涉及相关方的，须签订安全管理协议。紧急情况时，联络人向各方通报。	□是□否

（续表）

序号	阶段	存在的主要风险	可能的事故/后果	现有控制措施	是否满足要求
17		□使用不安全设备，用手代替工具进行操作；采取不安全的作业姿势或方位；在有危险的设备上进行工作；不停机工作。	火灾，其他伤害	□使用安全设备，严禁用手代替工具工作进行操作；采取安全的作业姿势或方位；严禁在有危险的设备上进行工作以及不停机工作。	□是 □否
18		□照明、通风等不良；动火作业现场通风不畅，气体聚集。	中毒和窒息	□确保照明，现场通排风良好，保证气体顺畅排走。	□是 □否
19		□动火作业位置存在风险。	火灾	□应在动火点的上风向作业，应位于避开可燃液体、气流可能喷射和封堵射出的方位，并采取封堵隔离等措施控制火花飞溅。	□是 □否
20		□氧气瓶与乙炔气瓶的间隔不符合要求。	火灾	□氧气瓶与乙炔气瓶的间隔不小于5m，且乙炔气瓶严禁卧放，二者与动火作业地点距离不得小于10m，并不得在烈日下暴晒。	□是 □否
21		□动火点附近阴井、地沟、水封等未有效防护。	火灾	□采取相应的安全防火措施，距动火点15m内所有的漏斗、排水口、地沟等应封严盖实。	□是 □否
22		□铁路沿线作业时，未采取措施。	火灾	□铁路专用线25m范围以内动火作业时，遇装有易燃易爆危险化学品的火车通过或停留时，应立即停止动火作业。	□是 □否
23		□现场作业中断未进行重新确认。	火灾	□高度危险、较大危险动火作业中断超过30min的，继续动火作业前，动火监护人应重新确认安全条件。	□是 □否
24		□动火作业未考虑特殊气候条件。	火灾	□六级以上（含六级）风应停止室外一切动火作业。五级以上（含五级）风不应进行室外高处动火作业。	□是 □否
25		□现场监督人缺失，没有进行影像记录监控。	其他伤害	□按规定派人全程监督，进行影像记录监控。	□是 □否
26		□在生产不稳定以及设备、管道腐蚀等情况下进行带压不置换动火；动火作业负压动火。	其他爆炸	□严禁在生产不稳定以及设备、管道腐蚀等情况下进行带压置换动火；严禁在输送含有毒气物质管道等可能存在中毒危险环境下置换动火；严禁负压动火。	□是 □否
27	作业后	□作业后未有效清理现场，存在残火等隐患。	火灾	□完工后清除残火10min后，确认无遗留火种，清扫现场。	□是 □否
28		□临时用电拆卸不规范。	触电	□电气专业人员拆除电气线路和用电设备。	□是 □否
29		□作业未关闭，签字不齐全，记录未归档。	其他伤害	□按标准组织验收关闭，规范签字，存档。	□是 □否
30	其他	□其他现场辨识的风险情形。			□是 □否

作业现场负责人： 参与人：

年 月 日 时 分

动火作业安全条件确认表

编号：

动火级别：□一般危险（2级动火）□较大危险（1级动火）□高度危险（特殊动火）

作业单位			作业现场负责人	
作业地点			监护人	
动火类型		\multicolumn{3}{l}{□焊接 □气割 □烘烤 □切削 □锤击 □打磨 □钻孔 □其他：_____}
作业内容			动火部位	
确认时间		\multicolumn{3}{c}{年 月 日 时 分至 月 日 时 分}

序号	要素	条件	确认结果
1	作业人员	作业人员、监护人和安全监督人员及其职责明确，责任落实到具体人员；劳动人员和现场人员组织合理	□符合□不符合□不涉及
2		作业人员经过培训或持证上岗，身体状况良好、无患病、无职业禁忌证、未喝酒	□符合□不符合□不涉及
3		按规定派人全程监督，进行影像记录监控	□符合□不符合□不涉及
4	设备设施	在易燃易爆场所内处于运行状态的设备、管道等进行动火作业时，明确运行状态动火作业的处置和应急措施	□符合□不符合□不涉及
5		与动火点直接相连的阀门上锁挂牌	□符合□不符合□不涉及
6		动火作业用的工具、仪器仪表、电气等设备和车辆符合要求	□符合□不符合□不涉及
7		气体检测仪经过比对，处于正常工作状态；检测的位置和样品有代表性，必要时样品保留到动火结束；按规定的时间和频次进行检测，填写检测记录；有限空间动火对气体、温度每2小时监测一次，发现异常采取措施	□符合□不符合□不涉及
8		配备足够适用的消防器材	□符合□不符合□不涉及
9		氧气瓶与乙炔气瓶的间隔不小于5m，乙炔气瓶严禁卧放，二者与动火作业地点距离不得小于10m，不得在烈日下暴晒	□符合□不符合□不涉及
10		拆卸临时用电时，电气专业人员规范拆除电气线路和用电设备	□符合□不符合□不涉及
11		配发合格的防护用具和服装；劳动防护用品数量、质量和性能符合要求；正确佩戴劳动防护用品，高处、埋地管线操作坑内作业时佩戴阻燃或不燃安全带、安全绳等	□符合□不符合□不涉及
12		按本章节和有限空间标准进行动火分析，高度危险动火作业随时进行监测	□符合□不符合□不涉及
13		高度危险、较大危险动火作业进行有效动火分析检测，使用便携式检测仪，宜采用双人、双检测仪平行检测	□符合□不符合□不涉及
14	作业环境	与动火点相连的管线及需要动火的塔、罐、容器、槽车等设备，动火前切断物料来源并加盲板或断开，打开人孔，通风换气，彻底吹扫、清洗、置换后，检测符合规范要求	□符合□不符合□不涉及
15		合理划定动火作业区域，设置警戒线、警示灯、隔离栏杆等警戒设施，设定与现场风险相对应的安全警示标识，现场张贴或悬挂动火作业安全许可证；严禁与动火作业无关人员或车辆进入动火区域	□符合□不符合□不涉及
16		清除动火现场及周围易燃物品；高处作业下部如有可燃物、空洞、阴井、地沟、水封等，检查并采取措施，在下方铺垫阻燃毯、封堵孔洞等防止火花溅落措施，监护人随时关注火花溅落的部位	□符合□不符合□不涉及
17		动火期间距动火点30m内没有低闪点易燃液体泄漏和排放各类可燃气体；距动火点15m内没有其他可燃物泄漏、暴露和排放各类可燃液体；未在动火点10m范围内及用火点下方同时进行可燃溶剂清洗或喷漆等作业	□符合□不符合□不涉及

（续表）

序号	要素	条件	确认结果
18		在动火点的上风向作业，位于避开可燃液体、气流可能喷射和封堵物射出的方位，采取隔离围堵等措施控制火花飞溅	□符合□不符合□不涉及
19		动火点附近阴井、地沟、水封等采取相应的安全防火措施，距动火点15m内所有的漏斗、排水口、各类井口、地沟等封严盖实	□符合□不符合□不涉及
20		六级以上（含六级）风停止室外一切动火作业。五级以上（含五级）风停止室外高处动火作业	□符合□不符合□不涉及
21		确保照明、现场通排风良好，保证气体顺畅排走	□符合□不符合□不涉及
22		严禁在生产不稳定以及设备、管道腐蚀等情况下进行带压不置换动火；严禁在输送含有毒气物质管道等可能存在中毒危险环境下进行带压不置换动火；严禁负压动火	□符合□不符合□不涉及
23		完工后，清除残火，10min后，确认无遗留火种，清扫现场	□符合□不符合□不涉及
24		作业现场负责人会同相关部门进行风险辨识	□符合□不符合□不涉及
25		制定动火作业方案和现场处置方案，明确人员角色分配、职责分工、作业流程、作业要求、作业工具、作业设备、防护用品、应急管理等；明确现场应急措施、联络方式、灭火器材等	□符合□不符合□不涉及
26	管理措施	召开现场碰头会，对人、机、物、环、管进行现场检查和确认；对作业时间超过24h的动火作业，每天对现场安全条件重新确认	□符合□不符合□不涉及
27		按要求办理《动火作业安全许可证》；人员、地点、方式等实质性内容发生变更的，重新办理作业许可	□符合□不符合□不涉及
28		按规定对作业人员进行交底	□符合□不符合□不涉及
29		多项危险作业交叉实施时明确管理措施，指定专人负责联络和沟通，统一制定作业方案，涉及相关方的，签订安全管理协议，紧急情况时，联络人向各方通报	□符合□不符合□不涉及
30		高度危险、较大危险作业中断超过30min的，继续动火前，动火作业人、动火监护人重新确认安全条件	□符合□不符合□不涉及
31	其他	根据作业需要，其他需要现场确认的情形	□符合□不符合□不涉及
现场安全条件确认签字			

牧场作业： 作业单位负责人或安全员签字： 　　年 月 日 时 分	牧场作业： 安全管理部门签字（较大及高度危险）： 　　年 月 日 时 分
相关方作业： 作业主管部门负责人或安全员签字： 　　年 月 日 时 分	相关方作业： 安全管理部门签字（较大及高度危险）： 　　年 月 日 时 分

说明：1. 高度危险（特殊动火）、较大危险（1级动火）安全管理部门应到现场进行确认；

　　　2. 一般危险（2级动火）由部门兼职安全员或安全管理部门员工到现场进行确认；

　　　3. 动火作业超过24小时，必须每天进行确认。

动火作业安全技术交底表

编号：

作业单位		作业内容	
交底时间		交底地点	
交底人		被交底单位 / 部门	

序号	要素	交底内容
1	作业方案	□ 动火作业已制定了作业方案，且作业方案与作业现场相符，满足指导安全作业的条件。
2	作业风险	□ 现场作业人员不明确，没有落实责任制，安全职责不明确；作业人员不足等劳动组织不合理。
3		□ 高度危险、较大危险动火作业或在易燃易爆装置、管道、储罐、阴井、有限空间等部位作业前未进行动火分析。
4		□ 在易燃易爆场所内处于运行状态的设备、管道等进行动火作业，未拆移到安全地点动火。
5		□ 与动火点相连的管线未进行可靠的隔离、封堵或拆除处理。
6		□ 需要动火的塔、罐、容器、槽车等设备和管线未按规定进行动火。
7		□ 与动火点直接相连的阀门未上锁挂牌。
8		□ 未正确佩戴劳动防护用品。
9		□ 氧气瓶与乙炔气瓶的间隔不符合要求，发生火灾事故。
10		□ 气体检测样品不具备代表性；高度、较大危险作业未按规定时间、频次进行检测；有（受）限空间未进行环境监测。
11		□ 动火现场及周围有易燃物品；高处作业下方未采取阻燃措施，动火点周围有易燃可燃液体、气体、溶剂未采取措施。
12		□ 使用不安全设备，用手代替工具操作；采取不安全的作业姿势或方位；在有危险的设备上工作；不停机工作。
13		□ 动火作业现场照明、通风等不良；通风不畅、气体聚集，发生中毒、窒息事故。
14		□ 在动火点的下风向作业，未避开可燃液体、气流喷射和封堵物射出的方位，未采取隔离围堵等措施控制火花飞溅。
15		□ 动火点附近阴井、地沟、水封等未有效防护，发生火灾。
16		□ 铁路沿线作业时，未采取措施，发生火灾事故。
17		□ 在生产不稳定以及设备、管道腐蚀等情况下进行带压不置换动火；动火作业负压动火，发生爆炸事故。
18		□ 作业后未有效清理现场，存在残火等隐患，发生火灾事故。
19		□ 临时用电拆卸不规范，发生触电事故。
20	职责分工	□ 作业现场负责人组织落实作业安全管理要求；督促作业人员正确穿戴劳动防护用品；对现场监督检查，并制止违章行为；作业完毕，负责组织现场清理。
21		□ 作业人掌握作业安全操作程序，具备相应操作能力；接受安全培训与技术交底；按照作业许可及操作规程作业；正确使用现场安全设备设施，正确穿戴劳动防护用品；发现不具备条件或违章指挥时，有权拒绝实施作业。
22		□ 监护人了解作业区域的环境、工艺情况、作业活动危险有害因素和安全措施，掌握急救方法，熟悉现场处置方案，熟练使用应急救援设备设施，负责危险作业现场的监护与检查；作业前核实安全措施落实及警示标识设置情况；作业中全程监护、视频记录作业人员作业，监控作业和周边环境；发现作业人员"三违"行为或安全措施不完善等，有权提出停止作业。
23		□ 一名员工自我保护，两名员工应相互保安，三名及以上员工之间应共同保安。作业现场负责人、作业人、监护人、监督人应相互监督、相互检查。作业中发现"三违"行为和作业条件或人员异常等，任何人有权要求停止作业，及时报告。

（续表）

序号	要素	交底内容
24	安全措施	☐作业前组织现场碰头会，指定作业现场负责人、作业人、监护人、监督人，明确安全职责，落实责任制。
25		☐按本章节和相关标准动火分析，高度危险动火作业随时监测；使用便携式检测仪，宜采用双人、双检测仪平行检测。
26		☐对易燃易爆场所内处于运行状态的设备、管道等能拆移的部件，应拆移到安全地点动火。
27		☐动火前切断物料来源并加盲板或断开，打开入孔，通风换气，彻底吹扫、清洗、置换后，检测符合规范要求后动火。与动火点直接相连的阀门上锁挂牌。
28		☐按规定时间和频次进行检测，填写检测记录；有限空间动火对气体、温度每 2 小时监测 1 次，发现异常采取措施。
29		☐监护人随时关注火花溅落的部位，发现异常采取措施。
30		☐严禁用手代替工具进行操作；采取安全的作业姿势或方位；严禁在有危险的设备上进行工作以及不停机工作。
31		☐确保照明、现场通排风良好，保证气体顺畅排走。
32		☐作业时，避开可燃液体、气流可能喷射和封堵物射出的方位，并采取隔离围堵等措施控制火花飞溅。
33		☐氧气瓶与乙炔气瓶间隔不小于 5m，乙炔气瓶严禁卧放，二者与动火作业地点距离不小于 10m，并不得在烈日下暴晒。
34		☐距动火点 15m 内所有的漏斗、排水口、各类井口、地沟等应封严盖实。
35		☐铁路专用线 25m 范围以内动火作业时，遇装有易燃易爆危险化学品的火车通过或停留时，立即停止动火。
36		☐严禁在生产不稳定以及设备、管道腐蚀等情况下进行带压不置换动火；严禁在输送含有毒气物质管道等可能存在中毒危险环境下进行带压不置换动火；严禁负压动火。
37		☐完工后清除残火 10min 后，确认无遗留火种，清扫现场。
38		☐拆卸临时用电时，电气专业人员规范拆除电气线路和用电设备。
39	安全防护	☐配发合格的防护用具和服装；劳动防护用品数量质量符合要求；正确佩戴劳动防护用品。
40		☐高处、埋地管线操作坑内作业佩戴阻燃或不燃安全带、安全绳等。
41	应急措施	☐现场处置方案，明确现场应急措施、联络方式、逃生路线和救护方法、灭火器材等，应急物资与物品放置在现场。
42		☐多项危险作业交叉实施时，指定专人负责联络和沟通，统一制定作业方案。涉及相关方的，须签订安全管理协议。紧急情况时，联络人向各方通报。
43	其他	☐根据现场作业风险其他需要交底内容，没有可写"无"、不得留空白。

应急处置

1.现场处置措施：

2.安全注意事项：

3.自救互救措施：

4.报告流程及联系人（结合实际确定报告流程、节点，明确各节点联系人与联系方式）应急物资：（包括名称、数量、位置）

禁止以下违章行为

1.动火作业人员身体健康，禁止从事职业禁忌作业；严禁超龄使用外来人员；

2.饮酒、患病等不适于动火作业的人员，不得进行动火作业；

3.现场监护人必须全程监护，监护人离开必须停止作业；

4.动火作业时间、作业人员、变更作业时重新启动动火作业流程；

5.当动火作业发生异常时，下达停止作业指令，组织应急救援；

6.严禁与动火作业无关人员或车辆进入动火区域；

被交底人签字（共　　　　人）：

动火作业安全告知（示例）

动火作业安全告知								
动火级别	□高度危险（特殊动火）□较大危险（1级动火）□一般危险（2级动火）							
作业单位								
作业时间	年　月　日　时　分 —— 年　月　日　时　分							
作业现场负责人				联系方式				
作业监护人				联系方式				

安全警示

注意安全	当心火灾	当心爆炸	当心触电

说明：标识仅为示例，根据实际情况调整

安全操作注意事项

一、作业前必须做好安全隔离，确认现场安全条件。

二、作业区域周围易燃物必须得以清除，方可作业。

三、必须严格执行作业审批制度，未经许可严禁作业。

四、未经许可不得靠近或进入作业区域。

五、必须安排专人监护，作业期间监护人严禁擅离职守。

六、作业人员必须根据危险作业和动火类型，有效穿戴安全防护用品。

七、现场必须配备应急物资，紧急情况时，确保使用上应急物资措施。

八、发现异常情况，应立即停止作业，严禁违章指挥、强令冒险作业。

必须戴安全帽	必须戴防护眼镜	必须戴防护手套	

说明：标识仅为示例，根据实际情况调整

单位应急电话：	报警急救电话：火警119　急救120
重要提示	危险作业，请勿靠近！

D.6.2 临时用电

临时用电作业许可证

编号：

临时用电作业级别：□一般危险 □较大危险 □高度危险

作业单位		作业现场负责人	
作业地点		监护人	
作业人		监督人	
作业内容			
作业时间	年 月 日 时 分		年 月 日 时 分
涉及的其他危险作业	□动火作业 □高处作业 □有限空间 □吊装 □动土 □断路 □盲板抽堵 □加放氨 □检维修 □熏蒸 □筒仓 □其他：_____		
特定作业	□交叉作业 □多重作业 □夜间作业 □相关方作业 □特殊气候条件作业 □特殊时段作业 □其他：_____		
作业风险	□触电 □火灾 □其他：_____		
我代表作业单位提出作业申请，并组织进行作业风险分析，确认安全措施落实到位。 作业现场负责人签字： 年 月 日 时 分	我确认作业单位已经落实安全措施，我承诺全程坚守作业现场对作业进行监护。 监护人签字： 年 月 日 时 分	我代表供电单位审核施工组织设计，并对作业现场安全措施落实情况进行了检查确认。 供电单位签字： 年 月 日 时 分	
我代表作业所在部门审核许可证，并对作业现场安全措施落实情况进行了检查确认。 作业所在部门审核签字： 年 月 日 时 分	我代表安全管理部门对作业方案进行审核，并现场检查符合作业标准要求。 安全管理部门审核签字： 年 月 日 时 分	我代表作业主管部门，对作业方案进行审核，并现场确认符合作业标准要求，批准作业。 作业主管部门审批签字： 年 月 日 时 分	
高度危险审批	我代表公司，审核高度危险作业方案，已安排现场检查并确认符合作业标准要求，批准此高度危险作业。 安全分管领导或牧场主要负责人签字： 年 月 日 时 分		
验收送电	现场临时用电线路符合标准要求，经验收，同意供电。 供电单位签字： 年 月 日 时 分		
许可证关闭	作业按照规定时间顺利完成，作业单位已经将作业现场清理完毕，现场检查确认没有隐患，许可证可以关闭。		
	作业人签字： 年 月 日 时 分	作业现场负责人签字： 年 月 日 时 分	
	监护人签字： 年 月 日 时 分	监督人签字： 年 月 日 时 分	
许可证取消	申请单位因故取消临时用电作业，此《临时用电作业安全许可证》予以取消。 原批准人签字： 年 月 日 时 分		

临时用电作业安全风险分析表

编号：

作业单位					
作业时间	年 月 日 时 分 至 月 日 时 分				
作业地点					

作业内容

序号	阶段	作业步骤	存在的主要风险	可能的事故/后果	现有控制措施	是否满足要求
1	作业前	作业风险分析	□未分析作业风险，缺少作业方案。	高处坠落、其他伤害	作业前组织现场碰头会、分析风险，制定作业方案与现场处置措施。	□是 □否
2			□相关方无资质。	触电伤害	□对相关方资质审核。	□是 □否
3			□作业人员未持证。	触电伤害	□对特种作业人员资格审核。	□是 □否
4			□作业人员患有职业禁忌。	触电伤害	□对作业人员身体条件检查。	□是 □否
5	作业前准备		□作业现场设备、设施、工具有故障或破损。	触电伤害、机械伤害	□对作业现场设备、设施、工具进行检查。	□是 □否
6			□未办理作业许可证或许可证过期。	触电伤害、物体打击、机械伤害	□对作业许可证进行核实。	□是 □否
7			□劳动防护用品未检测或失效。	触电伤害	□对劳动防护用品状况检查。	□是 □否
8			□施工现场的临时用电系统利用大地做相线或零线。	触电伤害	□作业前对接零、接地线进行检查。	□是 □否
9			□配电箱、开关箱装设有严重损伤作用的瓦斯、烟气、潮气及其他有害介质中。	触电伤害	□配电箱、开关箱装设应在干燥、通风及常温场所。	□是 □否
10	作业实施		□临时线路、设施由未电气专业人员安装。	触电伤害	□临时线路、设施由电气专业人员安装。	□是 □否
11	作业中		□停送电操作顺序错误。	触电伤害	□严格遵守停送电操作顺序。	□是 □否
12			□作业中人员未按规定佩戴劳动防护用品。	触电伤害、物体打击	□作业中人员按规定佩戴劳动防护用品。	□是 □否
13			□作业过程中，监护人、监督人离开现场。	触电伤害	□作业过程中，监护人、监督人不得无故离开现场。	□是 □否
14			□室外临时用电配电箱无防雨、防潮措施。	触电伤害	□室外临时用电配电箱配备防雨、防潮措施。	□是 □否

（续表）

序号	阶段	作业步骤	存在的主要风险	可能的事故/后果	现有控制措施	是否满足要求
15			□临时用电线路搬迁或移动后未验收。	触电伤害	□临时用电线路搬迁或移动后验收后方可使用。	□是 □否
16			□移动工具，手持工具"一闸多控"。	触电伤害	□移动工具，手持工具"一闸，一机，一漏保"。	□是 □否
17			□电气设备或手持电动工具绝缘超标。	触电伤害	□手持式电动工具使用前必须做绝缘检查和空载检查，在绝缘合格、空载运转正常后方可使用。	□是 □否
18			□手持电动工具外观破损，保护罩缺失。	触电伤害	□手持式电动工具的外壳、手柄、插头、开关、负荷线等必须完好无损。	□是 □否
19			□手持电动工具漏保护器选型错误或故障。	触电伤害	□使用I类工具时，应装设额定漏电动作电流不大于30mA，动作时间不大于0.1s的漏电保护器。若使用II类工具应装设额定漏电动作电流不大于15mA，动作时间不大于0.1s的漏电保护器。	□是 □否
20			□现场照明不满足所在区域安全作业亮度、防爆等级、防尘、防水、防震等要求。	触电伤害	□现场照明满足所在区域安全作业亮度、防爆等级、防尘、防水、防震等要求。	□是 □否
21			□照明器具和器材的质量不符合国家现行有关强制性标准的规定。	触电伤害	□照明器具和器材的质量不符合国家现行有关强制性标准的规定。	□是 □否
22			□配电箱、开关箱应定期检查、维修。	触电伤害	□配电箱、开关箱应定期检查、维修。	□是 □否
23			□未停电拆除临时用电线路及用电设备。	触电伤害	□电气专业人员停电后，方可拆除临时用电线路及用电设备。	□是 □否
24	作业后	作业后关闭	□现场物品未清理干净。	其他伤害	□作业完成后应清理现场物品，恢复原状。	□是 □否
25			□执行挂牌，上锁的，作业完毕未实施摘牌，解锁。	触电伤害	□执行挂牌、上锁的，作业完毕实施摘牌，解锁。	□是 □否
26			□现场未验收就关闭作业。	触电伤害	□现场验收后，方可关闭作业。	□是 □否
27			□其他现场辨识的风险情形。			

作业现场负责人：　　　　　　　　　　参与人：　　　　　　　　　　　年　　月　　日　　时　　分

临时用电作业安全条件确认表

编号：

临时用电作业级别：□一般危险 □较大危险 □高度危险

作业单位		作业现场负责人	
作业地点		监护人	
作业类型	□ □其他：＿＿＿＿＿＿		
作业内容			
确认时间	年 月 日 时 分至 月 日 时 分		

序号	要素	条件	确认结果
1	作业人员	现场明确负责人、监护人	□符合□不符合□不涉及
2		作业人员持有生产经营单位核发的安全培训上岗证，特种作业人员具有《特种作业操作证》	□符合□不符合□不涉及
3		现场人员无职业禁忌证（如色盲、癫痫病、精神疾病等）、饮酒、患病、超龄现象	□符合□不符合□不涉及
4	作业环境	作业现场亮度满足安全作业要求	□符合□不符合□不涉及
5		室外临时用电作业未降雨	□符合□不符合□不涉及
6		作业现场电气设备15m范围内，不得存放易燃、易爆、腐蚀性等危险物品	□符合□不符合□不涉及
7	作业模式	自有员工作业	□符合□不符合□不涉及
8		相关方人作业	□符合□不符合□不涉及
9	作业流程	制定作业方案	□符合□不符合□不涉及
10		辨识风险、制定措施	□符合□不符合□不涉及
11		办理许可证	□符合□不符合□不涉及
12	防护设施	漏电保护器测试正常	□符合□不符合□不涉及
13		接零保护系统正常	□符合□不符合□不涉及
14		防爆、防粉尘设施正常	□符合□不符合□不涉及
15	个体防护	作业人员正确佩戴安全帽	□符合□不符合□不涉及
16		作业人员正确穿戴绝缘鞋、绝缘手套等绝缘防护用品	□符合□不符合□不涉及
17	应急措施	监护人具备触电事故应急处置能力	□符合□不符合□不涉及
18	安全管理	办理有效的作业许可	□符合□不符合□不涉及
19		作业人员、监护人已接受安全技术交底	□符合□不符合□不涉及
20	其他	根据作业需要，其他需要现场确认的情形	□符合□不符合□不涉及

现场安全条件确认签字	
牧场作业： 　　作业单位负责人或安全员签字： 　　　　　　　　年 月 日 时 分	牧场作业： 　　安全管理部门签字（较大及高度危险）： 　　　　　　　　年 月 日 时 分
相关方作业： 　　作业主管部门负责人或安全员签字： 　　　　　　　　年 月 日 时 分	相关方作业： 　　安全管理部门签字（较大及高度危险）： 　　　　　　　　年 月 日 时 分

临时用电作业安全技术交底表

编号：

作业单位			作业内容	
交底时间			交底地点	
交底人			被交底单位/部门	
序号	要素	交底内容		
1	作业方案	□制定完善、可操作的作业方案，并对相关人员进行交底。		
2	职责分工	□作业现场负责人、作业人员、监护人。		
3	作业风险	□严格承包商管理，不得将工程发包给不具备安全生产条件的单位和个人。		
4		□临时用电作业前，对作业人员、监护人等进行安全技术交底。		
5		□临时用电线路经电气专业人员安装完毕并经验收后方可使用。		
6		□安装、巡检、维修或拆除临时用电线路的作业，应由具备相应资质和能力的电工进行，并应有人监护。		
7		□临时作业单位不得擅自增加用电负荷、变更用电地点、用途。		
8		□使用移动工具、手持工具等用电设备应有各自的电源开关，必须实行"一机一闸"制，严禁"一闸多控"。		
9		□在水下或潮湿环境中使用电气设备或电动工具，带电零件与壳体之间，基本绝缘不得小于2MΩ，加强绝缘不得小于7MΩ。		
10		□手持式电动工具的外壳、手柄、插头、开关、负荷线等必须完好无损，使用前必须做绝缘检查和空载检查，在绝缘合格、空载运转正常后方可使用。		
11		□使用Ⅰ类工具时，应装设额定漏电动作电流不大于30mA、动作时间不大于0.1s的漏电保护器。若使用Ⅱ类工具应装设额定漏电动作电流不大于15mA、动作时间不大于0.1s的漏电保护器。		
12		□现场照明应满足所在区域安全作业亮度、防爆等级、防尘、防水、防震等要求。		
13		□照明器具和器材的质量应符合国家现行有关强制性标准的规定，不得使用绝缘老化或破损的器具和器材。		
14		□作业过程中，应全程进行影像记录监控。		
15	防护措施	□临时用电作业中用到的安全警示标志、工具、仪表、电气设施和各种设备，作业单位应在作业前加以检查，确认其完好后方可投入使用。		
16		□临时用电所需的劳保用品应经过检测，并在有效期内；严禁使用未经检测或已报废的电工劳动保护用品。		
17		□临时用电电源应安装漏电保护器，在每次使用之前应利用试验按钮进行测试。		
18		□施工现场的临时用电电力系统严禁利用大地做相线或零线。		
19		□临时用电线路应设置过载、短路保护开关，并设置接地保护，使用前应检查电气装置和保护设施是否良好。		
20		□TN系统中的保护零线除必须在配电室或总配电箱处做重复接地外，还必需在配电系统的中间处和末端处做重复接地。		
21		□漏电保护器每天使用前应启动漏电试验按钮试跳一次，试跳不正常时严禁继续使用。		
22	应急措施	□发生人员触电，第一时间使用绝缘物体使触电人员脱离电源。		
23		□对触电者进行检查，若心跳呼吸停止要立即做心肺复苏。		
24		□在检查触电者的同时拨打120急救电话，并且对触电者进行持续的胸外心脏按压，直到急救人员到达现场。		
25	其他	□根据现场作业风险其他需要交底内容，没有可写"无"，不得留空白。		

应急处置

1.现场处置措施；2.安全注意事项；3.自救互救措施：

4.报告流程及联系人（结合实际确定报告流程、节点，明确各节点联系人与联系方式）应急物资：（包括名称、数量、位置）：

禁止以下违章行为

1.作业人员未持证上岗。2.作业人员患有职业禁忌证。 3.未办理作业许可证或许可证过期。4.作业中人员未按规定佩戴劳动防护用品。5.作业过程中，监护人、监督人离开现场。6.未停电拆除临时用电线路及用电设备。

被交底人签字（共　　　　　人）

临时用电作业安全告知（示例）

临时用电作业安全告知										
作业级别	□一般危险 □较大危险 □高度危险									
作业单位										
作业时间	年	月	日	时	分—年		月	日	时	分
作业现场负责人					联系方式					
作业监护人					联系方式					

安全警示
 注意安全　　当心触电 说明：标识仅为示例，根据实际情况调整

安全操作注意事项

一、未经许可不得靠近或进入作业区域。

二、必须严格执行作业审批制度，未经许可严禁作业。

三、必须设置专业监护，作业期间监护人严禁擅离职守。

四、必须在作业前做好安全隔离，确认现场安全条件，落实各项安全措施。

五、作业人员必须穿戴工作服，佩戴安全帽。作业人员未进行有效防护，禁止作业。

六、必须制定应急措施，现场配备应急装备与物资。

七、发现异常情况，应立即停止作业，严禁违章指挥、强令冒险作业。

必须戴安全帽　必须戴防护手套　必须穿防护鞋　必须穿工作服　必须接地

说明：标识仅为示例，根据实际情况调整

单位应急电话：	报警急救电话：火警 119　急救 120
重要提示	危险作业，请勿靠近！

D.6.3 有限空间

有限空间作业许可证

编号：

作业级别：□一般危险 □较大危险 □高度危险

作业单位		作业现场负责人	
作业地点		监护人	
作业人		监督人	
作业内容			
设施所属单位		设施名称	
空间内原有介质		主要危险因素	
作业时间	年 月 日 时 分	年 月 日 时 分	
涉及的其他危险作业	□动火作业 □临时用电 □高处作业 □吊装 □动土 □断路 □盲板抽堵 □加放氨 □检维修 □熏蒸 □筒仓 □其他：		
特定作业	□交叉作业 □多重作业 □夜间作业 □相关方作业 □特殊气候条件作业 □特殊时段作业 □其他：_____		
作业风险	□重度窒息 □火灾爆炸 □高处坠落 □物体打击 □机械伤害 □坍塌 □其他：_____		

进入前采样检测数据及分析	分析项目	测量值	结论	检测人	采样时间
	氧含量				
	易燃易爆、有毒有害物质(气体、粉尘等)				

我代表作业单位提出作业申请，并组织进行作业风险分析，确认安全措施落实到位。 作业现场负责人签字： 年 月 日 时 分	我确认作业单位已经落实安全措施，我承诺全程坚守作业现场对作业进行监护。 监护人签字： 年 月 日 时 分

我代表作业所在部门审核许可证，并对作业现场安全措施落实情况进行了检查确认。 作业所在部门审核签字： 年 月 日 时 分	我代表安全管理部门对作业方案进行审核，并现场检查符合作业标准要求。 安全管理部门审核签字： 年 月 日 时 分	我代表作业主管部门，对作业方案进行审核，并现场确认符合作业标准要求，批准作业。 作业主管部门审签字： 年 月 日 时 分

高度危险审批	我代表公司，审核高度危险作业方案，已安排现场检查并确认符合作业标准要求，批准此高度危险作业。 安全分管领导或牧场主要负责人签字： 年 月 日 时 分

许可证关闭	作业按照规定时间顺利完成，作业单位已经将作业现场清理完毕，现场检查确认没有隐患，许可证可以关闭。
	作业人签字：　　　　　　　　　　　　作业现场负责人签字：

编号：

有限空间作业安全风险分析表

作业单位	
作业时间	年 月 日 时 分 至 月 日 时 分
作业地点	

作业内容：

序号	阶段	作业步骤	存在的主要风险	可能的事故/后果	现有控制措施	是否满足要求
1	作业前	作业场所准备	□有限空间内空气不流通，氧含量不足，导致人员窒息。	窒息	□作业前监测氧含量浓度，氧含量浓度应保持在19.5%~23.5%，如不符合则继续通风直至合格为止。	□是 □否
2			□有限空间内存在有毒有害气体，导致人员窒息。	中毒	□作业前检测有毒有害浓度，有毒有害物质浓度应当符合GBZ2.1—2019《工作场所有害因素职业接触限值》和GBZ2.2—2017《工作场所有害因素职业接触限值物理因素》标准，如不符合则继续通风直至合格为止。	□是 □否
3			□有限空间内存在易燃易爆气体、液体、粉尘，遇明火发生火灾、爆炸。	火灾爆炸	□作业前使用防爆风机对有限空间内气体进行置换；□检测易燃易爆气体、液体、粉尘浓度，应符合：当其爆炸下限＞4%时，浓度应＜0.5%（体积）；当爆炸下限＜4%时，浓度应＜0.2%（体积）的要求，如不符合则继续置换直至合格为止。	□是 □否
4			□有限空间内存在易燃易爆气体，与氧气混合形成爆炸性混合物，遇明火发生火灾、爆炸。	火灾爆炸	□严禁向有限空间内通纯氧或氧含量较高的气体。	□是 □否
5			□有限空间内存在液体，液位异常升高导致人员淹溺。	淹溺	□作业前排空有限空间内的液体，并关闭液体进入端的阀门等。	□是 □否
6			□有限空间内的立面、顶面等结构不牢固，固定物、附着物坠落打击人员，甚至掩埋作业人员。	坍塌、物体打击	□作业前检查有限空间内的结构固性和附着物的稳固性，如可能发生事故则进行加固、支护等。□作业人员应佩戴安全帽、防护鞋。	□是 □否
7			□有限空间内因极端的温度、噪声、湿滑的作业面、坠落、尖锐锋利的物体等物理危害，或者腐蚀化学品、带电等因素而引起正在作业的人员受到伤害的危险。	其他伤害	□通过降温、干燥、去除尖锐物体等措施控制风险。同时，人员应根据需要佩戴安全帽、耳塞，穿着防护服等。	□是 □否
8		设备准备	□气体检测仪故障，导致检测结果不准确，进而导致事故发生。	中毒窒息、火灾爆炸	□按照气体检测仪的说明书定期检定其准确，或者更换相关的备件。	□是 □否

（续表）

序号	阶段	作业步骤	存在的主要风险	可能的事故/后果	现有控制措施	是否满足要求
9			□在存在易燃易爆物质的有限空间内作业时，照明灯具等产生的火花引燃易燃易爆物质，进而引起火灾爆炸。	火灾爆炸	□有限空间照明电压应≤36V；□在潮湿容器、金属容器、狭小容器内作业电压应≤12V；□在易燃易爆的有限空间作业时，作业人员应使用防爆电筒或电压不大于12V的防爆安全行灯。	□是 □否
10		人员准备	□作业人员未经专业培训、考核、超龄、职业禁忌证、酒后上岗人员，违章操作，个人防护用品缺失。	其他伤害	□岗前进行专业、安全、应急等培训并考核合格，作业前安全技术交底，身体检查。	□是 □否
11		作业环境	□作业环境的氧含量或有毒有害气体含量不能持续稳定符合要求。	中毒窒息，火灾爆炸	□作业人员配套隔绝式呼吸防护用品，如长管式呼吸器；□作业人员佩戴便携式气体检测仪，随时监测气体浓度，如有异常立即停止作业；□作业中应定时监测，至少每2小时监测1次；□作业过程中采取强制通风措施。	□是 □否
12	作业中		□作业暂时中断，或者有限空间内容氧含量、有毒有害物质发生变化，导致事故发生。	中毒窒息	□作业中断超过30分钟应重新进行监测分析。	□是 □否
13			□作业过程中人员发生意外，未及时发现，由于操作不当等因素造成导致人员伤亡。	其他事故	□作业过程有专人全程监督；□监护人员与作业人员进行沟通。	□是 □否
14		进出有限空间	□人员垂直进入有限空间时，人员跌落。	高处坠落	□人员垂直进入有限空间时带安全带，系安全绳。	□是 □否
15		有限空间作业过程	□带有搅拌器的设备意外运行，导致人员受伤。	机械伤害	□带有搅拌器的设备应切断电源。	□是 □否
16	作业后	工器具清理	□作业工具遗漏，造成其他事故。	其他事故	□作业结束后清点工器具、材料，全部带出有限空间。	□是 □否
17		作业现场恢复	□有限空间未闭锁或封闭，人员误入或者误操作后导致事故发生。	中毒窒息，火灾爆炸等	□作业结束后，对有限空间内容进行检查，没问题后将有限空间闭锁措施等恢复原状。	□是 □否
18	其他		□其他现场辨识的风险情形。			

作业现场负责人：　　　　　参与人：　　　　　年　月　日　时　分

有限空间作业安全条件确认表

编号：

有限空间作业级别：□一般危险□较大危险□高度危险

作业单位		作业现场负责人	
作业地点		监护人	
作业内容			
确认时间	年 月 日 时 分 至 月 日 时 分		

序号	要素	条件	确认结果
1	作业人员	作业人员携带有工具袋	□符合□不符合□不涉及
2		作业人员防护用品、防毒用具、着装符合工作要求	□符合□不符合□不涉及
3		连续测定的仪器和人员	□符合□不符合□不涉及
4	设备设施工具	必要时配备便携式气体检测仪	□符合□不符合□不涉及
5		呼吸器、梯子、绳缆等抢救器具已配备	□符合□不符合□不涉及
6		使用防爆电筒或电压不大于12V的防爆安全行灯	□符合□不符合□不涉及
7		作业防护措施：消防器材（ ）、救生绳（ ）、气防装备（ ）	□符合□不符合□不涉及
8		测定用仪器准确可靠性	□符合□不符合□不涉及
9	作业环境	所有与有限空间有联系的阀门、管线加盲板隔离，列出盲板清单，并落实抽堵盲板责任人	□符合□不符合□不涉及
10		设备经过置换、蒸煮、吹扫	□符合□不符合□不涉及
11		设备打开通风孔进行自然通风，温度适宜人员作业	□符合□不符合□不涉及
12		带有搅拌器的设备应切断电源，挂"禁止合闸"标识牌，加锁（ ）设专人监护（ ）	□符合□不符合□不涉及
13		有限空间进出口通道，无阻碍人员进出的障碍物	□符合□不符合□不涉及
14		盛装过可燃有毒液体、气体的有限空间，已检测分析可燃、有毒有害气体含量符合规范要求	□符合□不符合□不涉及
15		必要时采取强制通风（ ），佩戴空气呼吸器（ ），长管面具（ ）	□符合□不符合□不涉及
16		检查有限空间内部，具备作业条件，必要时应用防爆工具	□符合□不符合□不涉及
17	作业管理	对作业人员进行安全教育，作业安全技术交底，作业人员清楚有限空间内存在的危险有害因素	□符合□不符合□不涉及
18		同时进行其他特种作业办理相应的作业票据	□符合□不符合□不涉及
19		安全警示标识设立	□符合□不符合□不涉及
20		作业前对进入有限空间危险性进行风险识别、分析	□符合□不符合□不涉及
21	其他		□符合□不符合□不涉及

现场安全条件确认签字	
牧场作业： 　作业单位负责人或安全员签字： 　　　　　年 月 日 时 分	牧场作业： 　安全管理部门签字（较大及高度危险）： 　　　　　年 月 日 时 分
相关方作业： 　作业主管部门负责人或安全员签字： 　　　　　年 月 日 时 分	相关方作业： 　安全管理部门签字（较大及高度危险）： 　　　　　年 月 日 时 分

作业过程监测记录					
序号	1	2	3	4	5
时间					
氧含量					
物质：					
物质：					
物质：					
物质：					
检测人					
序号	6	7	8	9	10
时间					
氧含量					
物质：					
物质：					
物质：					
物质：					
检测人					
序号	11	12	13	14	15
时间					
氧含量					
物质：					
物质：					
物质：					
物质：					
检测人					

注：氧含量下方空格中根据实际填写易燃易爆、有毒有害物质名称。

有限空间作业安全技术交底表

编号：

作业级别：□一般危险 □较大危险 □高度危险

作业单位		作业内容	
交底时间		交底地点	
交底人		被交底单位／部门	
序号	要素	交底内容	
1	作业方案	□作业已制定了作业方案，且作业方案与作业现场相符，满足指导安全作业的条件。	
2	作业风险	□有限空间内空气不流通，氧含量不足，导致人员窒息。	
3		□有限空间内存在有毒有害气体，导致人员窒息。	
4		□有限空间内存在易燃易爆气体、液体、粉尘，遇明火发生火灾、爆炸。	
5		□有限空间内存在易燃易爆气体，与氧气混合形成爆炸性混合物，遇明火发生火灾、爆炸。	
6		□有限空间内存在液体，液位异常升高导致人员淹溺。	
7		□有限空间内的立面、顶面等结构牢固，固定物、附着物掉落击打人员，甚至掩埋作业人员。	
8		□有限空间内因极端的温度、噪声、湿滑的作业面、坠落、尖锐锋利的物体等物理危害，或者腐蚀性化品、带电等因素而引起正在作业的人员受到伤害的危险。	
9		□气体检测仪故障，导致检测结果不准确，进而导致事故发生。	
10		□在存在易燃易爆物质的有限空间内作业时，照明灯具等产生的火花引燃易燃易爆物质，进而引起火灾爆炸。	
11		□作业人员未经专业培训、考核、超龄、职业禁忌证、酒后上岗人员，违章操作，个人防护用品缺失。	
12		□作业环境的氧含量或有毒有害气体含量不能持续稳定符合要求。	
13		□作业暂时中断，或者有限空间内容氧含量、有毒有害物质发生变化，导致事故发生。	
14		□作业过程中人员发生意外，未及时发现，导致人员伤亡。	
15		□人员垂直进入有限空间时，由于操作不当等因素造成人员跌落。	
16		□带有搅拌器的设备意外运行，导致人员受伤。	
17		□作业工具遗漏，造成其他事故。	
18		□有限空间未闭锁或封闭，人员误入或者误操作后导致事故发生。	
19		□其他现场辨识的风险情形。	
20	职责分工	□作业现场负责人组织落实作业安全管理要求；督促作业人员正确穿戴劳动防护用品；对现场监督检查，并线并制止违章行为；作业完毕，负责组织现场清理。	
21		□作业人掌握作业安全操作程序，具备相应操作能力；接受安全培训与技术交底；按照作业许可及操作规程作业；正确使用现场安全设备设施，正确穿戴劳动防护用品；发现不具备条件或违章指挥时，有权拒绝实施作业。	
22		□监护人了解作业区域的环境、工艺情况、作业活动危险有害因素和安全措施，掌握急救方法，熟悉现场处置方案，熟练使用应急救援设备设施，负责危险作业现场的监护与检查；作业前核实安全措施落实及警示标识设置情况；作业期间全程监护以及视频记录作业人员动态和作业进展，监控作业环境和周边动态；发现现场施工人员的"三违"行为，或安全措施不完善等，有权提出停止作业等。	
23		□ 1 名员工应自我保护，2 名员工应相互保安，3 名及以上员工之间应共同保安。作业现场负责人、作业人、监护人、监督人应相互监督、相互检查。作业过程中如发现"三违"情形和作业条件或人员异常等情况，任何人均有权要求停止作业，及时报告。	
24	安全措施	□现场必须配备监护人，监护人应具有相关的专业知识。监护人必须全程监护，如需离开必须撤离作业人员。	
25		□现场负责人应对作业人员的资格、身体状况、设备、工具、防护用品等进行检查，确认无误后方可作业。	

（续表）

序号	要素	交底内容
26	安全措施	□进入有限空间作业时，应按照"先通风、后检测、再作业"的原则进行，确认现场作业环境符合要求时，系好安全带，戴好安全帽，方可作业。作业过程中，必须保持强制通风，在有可能意外释放有毒有害气体的场所作业时，必须佩戴正压式呼吸器或长管呼吸器等合适的防护用品。
27		□作业中应定时监测，至少每2小时监测1次，如有1项不合格或监测分析结果有明显变化，应立即停止作业，撤离作业人员，经对现场处理并达到安全作业条件后方可恢复作业。
28		□作业中断超过30分钟应重新进行监测分析，对人员重新进行清点，对可能释放有害物质的有限空间，应连续监测。情况异常时应立即停止作业，撤离、清点作业人员，经对现场处理并取样分析合格后方可恢复作业。
29		□有限空间涂刷具有挥发性溶剂的涂料时，应进行连续监测、分析，并采取强制通风措施。
30		□检（监）测氧含量和有毒有害气体浓度并符合下列规定：（1）氧浓度保持在19.5%~23.5%；（2）可燃气体浓度：当其爆炸下限 > 4%时，浓度应 < 0.5%（体积）；（3）当爆炸下限 < 4%时，浓度应 < 0.2%（体积）；（4）有限空间内的有毒、有害物质浓度应当同时符合 GBZ 2.1—2019《工作场所有害因素职业接触限值》和 GBZ 2.2—2017《工作场所有害因素职业接触限值 物理因素》标准。如有一项不合格，应立即停止作业。
31		□采样点应有代表性，容积较大的有限空间，应采取上、中、下各部位取样。必要时分析样品应保留到作业结束。
32		□在有限空间使用的用电设备应符合安全要求（1）有限空间照明电压应 ≤ 36V，在潮湿容器、狭小容器内作业电压应 ≤ 12V；（2）在潮湿容器中，作业人员应站在绝缘板上，同时保证金属容器接地可靠。
33		□有限空间内进行动火作业的，应有防火、防爆、防窒息措施。
34		□作业完工后，应清点理作业人员及工具。验收人对现场进行验收，确认安全后，签字关闭《有限空间安全许可证》，作业人员撤离现场。
35		□进入天花夹层应戴好安全帽，进入冷库作业，应穿戴好防滑鞋、保温棉服、手套等防护用品，配备监护人。
36	安全防护	□使用的防毒面具或正压式呼吸器等防护用品，在有效期内且完好。
37		□作业人员应正确穿戴防护用品。
38	应急措施	□根据作业风险及可能发生的事故，制定了应急处置方案。
39		□根据作业风险及可能发生的事故，配备了应急物资与物品，放置在现场。
40	其他	□根据现场作业风险其他需要交底内容，没有可写"无"、不得留空白。

应急处置

1. 现场处置措施：

2. 安全注意事项：

3. 自救互救措施：

4. 报告流程及联系人（结合实际确定报告流程、节点，明确各节点联系人与联系方式）

应急物资：（包括名称、数量、位置）：

禁止以下违章行为

1. 未进行气体检测或气体检测不合格不得作业。

2. 未正确佩戴防护用品不得作业。

3. 未配齐应急救援物资不得作业。

4. 作业人员不具备相应安全操作技能不得作业。

5. 救援人员未正确佩戴防护用品不得作业。

6. 有机械伤害风险的作业，未进行动力锁控不得作业。

7. 未设置监护人不得作业。

8. 有限空间作业必须经过审批后方可作业，审批人必须到现场对作业环境、防护措施落实情况等进行核实后方可签字审批。严禁未经审批私自作业。

被交底人签字（共　　人）：

有限空间作业安全告知（示例）

有限空间作业安全告知					
有限空间 名称		编号		责任人	
作业级别		□一般危险	□较大危险	□高度危险	
作业单位					
作业时间					
作业现场负责人			联系方式		
作业监护人			联系方式		

主要危险有害因素		安全操作注意事项
缺氧；硫化氢、一氧化碳等有毒有害气体；甲烷等易燃易爆气体；高处坠落、淹溺等。		（一）严格执行作业审批，未经许可严禁擅自进入； （二）作业前应进行安全风险分析并制定相应的工作措施； （三）严格执行"先通风、再检测、后作业"，未经检测或检测不合格严禁作业；
硫化氢	最高容许浓度 10mg/m³ 爆炸下限 4%	（四）作业人员应正确穿戴、使用防中毒窒息等个人防护用品； （五）作业现场应设置安全警示标识； （六）现场应设置专人监护，作业期间严禁擅离职守； （七）对作业人员进行有限空间作业安全培训，培训不合格严禁上岗作业； （八）制定应急处置措施，现场配备应急装备，严禁盲目施救。
一氧化碳	时间加权平均容许浓度 20 mg/m³ 短时间接触容许浓度 30 mg/m³ 爆炸极限 12.5%~74.2%	
甲烷	爆炸极限 5%~15%	
氧气	安全范围 19.5%~23.5%	
水深	3m	必须注意通风　必须戴防护面具　必须穿工作服

应急处置措施	
⚠️ ☠️ 🔥 ⚠ 注意安全　当心中毒　当心火灾　当心坠落	（一）发生事故时，监护人员应立即判断、处理并及时报告； （二）发生窒息、中毒事故时，应急人员进入调节池内必须使用正压式空气呼吸器等救援装备实施救援，同时至少有 1 人在外部负责监护和联络； （三）严禁不采取任何防护措施盲目施救，造成事故后果扩大。

未经审批严禁擅自作业！严禁盲目施救！

单位应急电话：　　　　　　　　报警急救电话：火警 119　急救 120

说明：标识仅为示例，根据实际情况调整。

D.6.4　吊装作业

吊装作业安全许可证

吊装作业级别：□一般危险 □较大危险 □高度危险

作业单位		作业现场负责人	
作业地点		监督人	
监护人		吊装指挥人员及特殊工种作业证号	
起重司机及特殊工种作业证号		其他作业人员	
作业内容			
吊装工具名称		起吊重物质量（t）	
作业时间	年　月　日　时　分　—　年　月　日　时　分		
涉及的其他危险作业	□动火作业 □临时用电 □受限空间 □动土 □断路 □盲板抽堵 □加放氨　□检维修　□熏蒸　□筒仓 □其他：_____		
特定作业	□交叉作业 □多重作业 □夜间作业 □相关方作业 □特殊气候条件作业 □特殊时段作业 □其他：_____		
作业风险	□起重伤害 □高处坠落 □物体打击 □机械伤害 □坍塌 □触电 □其他：_____		
我代表作业单位提出作业申请，并组织进行作业风险分析，确认安全措施落实到位。 作业现场负责人签字： 年　月　日　时　分			我确认作业单位已经落实安全措施，我承诺全程坚守作业现场对作业进行监护。 监护人签字： 年　月　日　时　分
我代表作业所在部门审核许可证，并对作业现场安全措施落实情况进行了检查确认。 作业所在部门审核签字： 年　月　日　时　分		我代表安全管理部门对作业方案进行审核，并现场检查符合作业标准要求。 安全管理部门审核签字： 年　月　日　时　分	我代表作业主管部门，对作业方案进行审核，并现场确认符合作业标准要求，批准作业。 作业主管部门审批签字： 年　月　日　时　分
高度危险审批	我代表公司，审核高度危险作业方案，已安排现场检查并确认符合作业标准要求，批准此高度危险作业。 安全分管领导或牧场主要负责人签字： 年　月　日　时　分		
许可证关闭	作业按照规定时间顺利完成，作业单位已经将作业现场清理完毕，现场检查确认没有隐患，许可证可以关闭。		
	作业人签字： 年　月　日　时　分	作业现场负责人签字： 年　月　日　时　分	
	监护人签字： 年　月　日　时　分	监督人签字： 年　月　日　时　分	
许可证取消	申请单位因故取消吊装作业，此《吊装作业安全许可证》予以取消。 原批准人签字： 年　月　日　时　分		

吊装作业安全风险分析表

作业单位			
作业时间	年 月 日 时 分 至 月 日 时 分	作业内容	
作业地点			编号：

序号	阶段	存在的主要风险	可能的事故/后果	现有控制措施	是否满足要求
1	作业前	□没有进行安全技术交底和风险告知。	起重伤害	□作业单位现场负责人负责安全技术交底和风险告知。	□是□否
2		□没有安排专人全程监护。	起重伤害	□安排有资质的监护人全程监护。	□是□否
3		□起重机驾驶员未持证上岗。	起重伤害	□起重机驾驶员必须具有特殊工种工作证书，持证上岗。	□是□否
4		□工作前未检查起重机的工作范围。	其他伤害	□工作前应检查起重机的工作范围，清除妨碍起重机回转的障碍物。	□是□否
5		□未进行作业机具检查，开始吊装作业。	起重伤害	□起重机操作人员必须按照起重机械的操作规定，在检查合格后方可进行吊装作业。	□是□否
6	作业中	□起重机械在输电线路下方或其附近工作，起重臂与电线间距小于安全距离时偏离斜拽。	触电	□起重臂与输电线路间距小于安全要求时，断电施工。	□是□否
7		□起吊重物时，吊臂及吊物上有人或有浮置物。	起重伤害	□起吊重物时，吊臂及吊物上严禁有人或有浮置物。	□是□否
8		□荷载限制装置未安装或失灵。	起重伤害	□立即停止使用，由专业人员维修或更换并调试合格后方可使用。	□是□否
9		□行程限位装置未安装或失灵。	起重伤害	□检查行程限位装置，不符合要求立即整改。	□是□否
10		□吊钩设置钢丝绳防脱钩装置不符合规范要求。	起重伤害	□对吊钩钢丝绳进行检查，不符合要求立即整改。	□是□否
11		□使用磨损、变形、锈蚀严重的钢丝绳。	起重伤害	□对钢丝绳进行检查，不符合要求不得使用。	□是□否
12		□钢丝绳索具安全系数小于规定值。	起重伤害	□绳夹夹座扣在钢丝绳的工作段，U形螺扣扣在钢丝绳尾端，不得正反交错布置。	□是□否
13		□使用磨损、裂纹严重到达到报废标准的卷筒、滑轮。	起重伤害	□卷筒、滑轮应转动良好，不应出现裂纹、轮缘破损等损伤钢丝绳的缺陷。对滑轮、卷筒进行检查，不符合要求立即整改。	□是□否
14		□卷筒、滑轮未安装钢丝绳防脱装置。	起重伤害	□卷筒应设有钢丝绳防脱装置，该装置与滑轮最外缘的间隙不应超过钢丝绳直径的20%。检查钢丝绳脱槽装置，不符合要求立即整改。	□是□否

（续表）

序号	阶段	存在的主要风险	可能的事故/后果	现有控制措施	是否满足要求
15		□起重机作业处地面承载能力不足，未采取有效措施。	起重伤害	□对作业人员进行安全技术交底；班组在作业前进行检查，发现问题，停止作业，验收合格后再进行施工。	□是 □否
16		□吊运物件堆放高度过高，稳定性不足。	物体打击	□吊物堆放高度控制在2 m以下，不符合要求立即整改。	□是 □否
17		□大型设备放置后未采取稳定措施。	物体打击	□检查稳定措施，不符合要求立即整改。	□是 □否
18		□索具编结长度或缆夹数量符合要求。	起重伤害	□对作业人员进行安全技术交底，在作业前进行检查。	□是 □否
19		□落钩时吊物局部着地引起吊绳偏斜，吊物未固定时松钩。	起重伤害	□对起重人员加强专业培训，起重指挥及司索持证上岗。	□是 □否
20		□吊索的夹角过大。	起重伤害	□对起重人员加强专业培训，按照安全方案进行操作。	□是 □否
21		□起重工作区域内无关人员停留或通过，在伸臂及吊物的下方有人员通过或逗留。	起重伤害	□对现场人员加强安全教育，现场负责人委派专人现场监护。	□是 □否
22		□起重机吊重物时未走吊装通道。	起重伤害	□严禁从人头上越过，施工中安排专人监护。	□是 □否
23		□起重机起重物在空中长时间停留。	起重伤害	□加强专业培训，杜绝出现。	□是 □否
24		□用起重机的主、副钩抬同一重物时，其总载荷超过当时主钩的允许载荷。	起重伤害	□明确安全措施，做好专业培训。	□是 □否
25		□起重机遇有故障或有不正常现象时，在运转中进行调整或检修。	起重伤害	□起重机械发生故障或有不正常现象时，应放下重物，停止运转后进行排除，严禁在运转中进行调整或检修。	□是 □否
26		□对不明重量、埋在地下或冻结在地面上的物件进行起吊。	起重伤害	□加强专业培训，按照操作规程要求进行操作。	□是 □否
27		□以运行的设备、管道以及脚手架、平台等作为起重承力点。	起重伤害	□加强专业培训，杜绝出现。	□是 □否
28		□遇有大雪、大雾、雷雨等恶劣气候，或夜间照明不足，使指挥人员看不清工作地点，操作人员看不清指挥信号。	起重伤害	□不得进行起重工作。	□是 □否
29		□起重机在工作中遇到突然停电。	起重伤害	□先将所有控制器恢复到零位，然后切断电源。	□是 □否
30	作业后	□闭合主电源开关前，未检查所有控制手柄是否处于零位或复位。	起重伤害	□将起重（吊装）机械吊钩，起重臂等工作装置按规定放到稳妥位置，所有控制手柄均应放置零位或复位，切断电源开关及关闭液压装置。	□是 □否
31		未将吊索、吊具等收回放置于规定的地方，妥善保管。	起重伤害	现场作业负责人组织验收合格后，予以关闭。	□是 □否
32		其他现场辨识风险			

作业现场负责人：　　　　　　参与人：　　　　　　　　年　　月　　日　　时　　分

吊装作业安全条件确认表

编号：_____

吊装级别：□一般危险（3级吊装）□较大危险（2级吊装）□高度危险（1级吊装）

作业单位		作业现场负责人	
作业地点		监护人	
作业内容			
确认时间	年　月　日　时　　分至　月　日　　时　　　　分		

序号	要素	条件	确认结果
1	作业人员	作业人员、监护人和安全监督人员及其职责明确，责任落实到具体人员；劳动人员和现场人员组织合理	□符合□不符合□不涉及
2		作业人员经过培训或持证上岗，身体状况良好、无患病、无职业禁忌证、未喝酒	□符合□不符合□不涉及
3		监护人在岗，作业区域无非作业人员	□符合□不符合□不涉及
4		作业人员已按规定佩戴防护器具和个体防护用品	□符合□不符合□不涉及
5		按规定派人全程监督，进行影像记录监控	□符合□不符合□不涉及
6		现场吊装人员清楚吊物重量	□符合□不符合□不涉及
7	设备设施	起重吊装设备、钢丝绳、揽风绳、链条、吊钩等各种机具，安全可靠	□符合□不符合□不涉及
8		吊装绳索、揽风绳、拖拉绳等无同带电线路接触，并保持安全距离	□符合□不符合□不涉及
9		未利用管道、管架、电杆、机电设备等作吊装锚点	□符合□不符合□不涉及
10		起吊物的质量（t）经确认，在吊装机械的承重范围	□符合□不符合□不涉及
11		在吊装高度的管线、电缆桥架已做好防护措施	□符合□不符合□不涉及
12		在爆炸危险生产区域内作业，机动车排气管已装火星熄灭器	□符合□不符合□不涉及
13	作业环境	已在吊装现场设置安全警示标志，无关人员不许进入作业现场	□符合□不符合□不涉及
14		夜间作业采用足够的照明	□符合□不符合□不涉及
15		室外作业遇到（雷电／大雾／六级及以上大风），已停止作业	□符合□不符合□不涉及
16		作业高度和转臂范围内，无架空线路	□符合□不符合□不涉及
17		吊装作业现场是否出现危险品泄漏	□符合□不符合□不涉及
18	管理措施	作业现场负责人会同相关部门进行风险分析	□符合□不符合□不涉及
19		制定吊装作业方案，明确人员角色分配、职责分工、作业流程、作业要求、作业工具、作业设备、防护用品、应急管理等；明确现场应急措施、联络方式、灭火器材等	□符合□不符合□不涉及
20		召开现场碰头会，对人、机、物、环、管进行现场检查和确认；对作业时间超过24h的吊装作业，每天对现场安全条件重新确认	□符合□不符合□不涉及
21		按要求办理《吊装作业安全许可证》；人员、地点、方式等实质性内容发生变更的，重新办理作业许可	□符合□不符合□不涉及
22		按规定对作业人员进行交底	□符合□不符合□不涉及
23		多项危险作业交叉实施时明确管理措施，指定专人负责联络和沟通，统一制定作业方案，涉及相关方的，签订安全管理协议，紧急情况时，联络人向各方通报	□符合□不符合□不涉及
24		作业现场围栏、警戒线、警告牌、夜间警示灯已按要求设置	□符合□不符合□不涉及
25	其他	根据作业需要，其他需要现场确认的情形	□符合□不符合□不涉及
现场安全条件确认签字			
牧场作业： 　　作业单位负责人或安全员签字： 　　　　　　年　　月　日　时　分		牧场作业： 　　安全管理部门签字（较大及高度危险）： 　　　　　　年　　月　日　时　分	
相关方作业： 　　作业主管部门负责人或安全员签字： 　　　　　　年　　月　日　时　分		相关方作业： 　　安全管理部门签字（较大及高度危险）： 　　　　　　年　　月　日　时　分	

吊装作业安全技术交底表

编号：＿＿＿＿＿＿＿＿＿＿＿＿

作业单位			作业内容	
交底时间			交底地点	
交底人			被交底单位／部门	

序号	要素	交底内容
1	作业方案	□已制定与作业现场相符的吊装作业方案，并对相关人员进行交底。
2	作业风险	□现场作业劳动组织不合理，分工不清，职责不明，安全职责未落实，导致事故发生。
3		□大风天气作业，未采取防风措施，导致脱绳事件。
4		□未按规定选择、使用合格的吊具、索具，导致脱钩事件或断绳事件。
5		□吊物捆绑不牢，吊点和吊物的中心不在同一铅垂线上，导致起吊后吊物发生大幅度摆动，可能发生脱绳事件。
6		□起重臂下方有人或吊物上有人或浮置物，发生起重伤害事故。
7		□起吊质量不明物体；起吊埋在地下或与其他物体冻结在一起的重物，导致脱钩。
8		□在制动器等安全装置失灵、吊钩防松装置损坏、钢丝绳损伤严重的情况下，冒险起吊酿成事故。
9		□用吊钩直接缠绕重物或将不同种类或不同规格的索具混用。
10		□无指挥、无法看清场地、无法看清吊物和吊车运行的轨迹及无法看清吊物情况和指挥信号时，盲目起吊。
11		□起重机械及其臂架、吊具、辅具、钢丝绳、缆风绳和吊物靠近高低压输电线路，安全距离不足时，冒险进行起重作业。
12		□在起重机械工作前，未对起重机械进行检查和维修；在有载荷的情况下，违规调整起升变幅机构的制动器或利用极限位置限制器停车。
13		□起吊重物就位前，解开吊装索具。
14		□吊装作业未设置警戒区或警戒区设置范围小于作业半径，导致无关人员进入作业区域。
15		□作业结束未清点所有工具、部件。
16		□监护人不在现场监护，导致突发事件未及时处置，导致事故扩大。
17	职责分工	□作业现场负责人组织落实作业安全管理要求；督促作业人员正确穿戴劳动防护用品；对现场监督检查，并制止违章行为；作业完毕，负责组织现场清理。
18		□指挥人员应掌握起重、吊装任务的技术要求，组织起重吊装作业人员进行安全技术交底，认真交待指挥信号；组织起重机驾驶员进行起重机检查、注油、空转和必要时的试吊。
19		□起重机驾驶员、司索人员应掌握作业安全操作程序，具备相应操作能力；接受安全培训与技术交底；按照作业许可及操作规程作业；正确使用现场安全设备设施，正确穿戴劳动防护用品；发现不具备安全作业条件或违章指挥时，有权拒绝实施作业。
20		□监护人了解作业区域的环境、工艺情况、作业活动危险有害因素和安全措施，掌握急救方法，熟悉现场处置方案，熟练使用应急救援设备设施，负责危险作业现场的监护与检查；作业前核实安全措施落实及警示标识设置情况；作业期间全程监护以及视频记录作业人员动态和作业进展，监控作业环境和周边动态；发现现场施工人员的"三违"行为，或安全措施不完善等，有权提出停止作业等。
21		□1名员工应自我保护，2名员工应相互保安，3名及以上员工之间应共同保安。作业现场负责人、作业人、监护人、监督人应相互监督、相互检查。作业过程中如发现"三违"情形和作业条件或人员异常等情况，任何人均有权要求停止作业，及时报告。

（续表）

序号	要素	交底内容
22		□作业前组织现场碰头会，指定作业现场负责人、作业人、监护人、监督人。
23		□按规定负荷进行吊装吊具、索具经计算选择使用，严禁超负荷运行。所吊重物接近或达到额定起重吊装能力时，应检查制动器，用低高度、短行程试吊后，再平稳吊起。利用两台或多台起重机吊同一重物时，升降、运行应保持同步；各台起重机械所承受的载荷不得超过各自额定起重能力的80%。
24		□吊物捆绑应牢靠，吊点和吊物的中心应在同一垂直线上。
25		□当起重臂吊钩或吊物下面有人，吊物上有人或浮置物时，不得进行起重操作。
26		□严禁利用管道、管架、电杆、机电设备、建筑物及构筑物等作吊装锚点。
27		□严禁超负荷起吊；不得捆挂、起吊不明质量、与其他重物相连、埋在地下或与其他物体冻结在一起的重物。
28	安全措施	□在制动器、安全装置失灵、吊钩防松装置损坏、钢丝绳损伤严重的情况下严禁进行吊装作业。
29		□不准用吊钩直接缠绕重物，不得将不同种类或不同规格的索具混用。
30		□无指挥、无法看清吊物或无法看清指挥信号时，不得进行起吊。
31		□起重机械及其臂架、吊具、辅具、钢丝绳、缆风绳和吊物不得靠近高低压输电线路。在输电线路近旁作业时，应按规定保持足够的安全距离，不能满足时，应停电后再进行起重作业。
32		□在起重机械工作时，不得对起重机械进行检查和维修；在有载荷的情况下，不得调整起升变幅机构的制动器；不得利用极限位置限制器停车。
33		□起吊重物就位前，严禁解开吊装索具。
34		□六级及以上大风、浓雾、雷雨等异常天气，停止吊装作业。
35		□监护人全程监护，监护人离开现场，立即停止作业。
36		□吊装作业现场设置不小于作业半径的警戒区。
37		□作业结束清点所有工具、部件。
38	安全防护	□使用的安全帽等防护用品应有"LA"标识，在有效期内且完好。
39		□作业现场应设有悬挂安全带的锚点或挂点，可牢固可靠，满足安全带高挂低用要求。
40	应急措施	□根据作业风险及可能发生的事故，制定了应急处置方案。
41		□根据作业风险及可能发生的事故，配备了应急物资与物品，放置在现场。
42	其他	□根据现场作业风险其他需要交底内容，没有可写"无"、不得留空白。

应急处置

1. 现场处置措施：
2. 安全注意事项：
3. 自救互救措施：
4. 报告流程及联系人（结合实际确定报告流程、节点，明确各节点联系人与联系方式）应急物资：（包括名称、数量、位置）：

禁止以下违章行为

（1）禁止指挥信号不明时吊运物件；
（2）禁止斜牵斜拉时吊运物件；
（3）禁止被吊物重量不明或超负荷时吊运物件；
（4）禁止散物捆扎不牢或物料装放过满时吊运物件；
（5）禁止吊物上有人时吊运物件；
（6）禁止直接吊运在地下物件；
（7）禁止机械安全装置失灵时吊运物件；
（8）禁止现场光线暗，看不清吊物起落点时吊运物件；
（9）禁止棱刃物与钢丝绳直接接触无保护措施时吊运物件；
（10）禁止六级以上大风时吊运物件。

被交底人签字（共　　　人）：

吊装作业安全告知（示例）

吊装作业安全告知			
作业级别	□一般危险	□较大危险	□高度危险
作业单位			
作业时间	年 月 日 时 分 — 年 月 日 时 分		
作业现场负责人		联系方式	
作业监护人		联系方式	

安全警示

请勿靠近	注意安全	当心落物

说明：标识仅为示例，根据实际情况调整

安全操作注意事项

一、未经许可不得靠近或进入作业区域。

二、必须严格执行作业审批制度，未经许可严禁作业。

三、必须设置专人监护，作业期间监护人严禁擅离职守。

四、必须在作业前做好安全隔离，确认现场安全条件，落实各项安全措施。

五、作业人员必须佩戴安全帽。作业人员未进行有效防护，禁止作业。

六、以下情况不应起吊：

无法看清场地、吊物，指挥信号不明；起重臂吊钩或吊物下面有人、吊物上有人或浮置物；重物捆绑、紧固、吊挂不牢，吊挂不平衡，绳打结、绳不齐，斜拉重物，棱角吊物与钢丝绳之间没有衬垫；重物质量不明、与其他重物相连、埋在地下、与其他物体冻结在一起。

七、必须制定应急措施，现场配备应急装备与物资。

八、发现异常情况，应立即停止作业，严禁违章指挥、强令冒险作业。

必须戴安全帽	必须穿工作服

说明：标识仅为示例，根据实际情况调整

单位应急电话：	报警急救电话：火警119 急救120
重要提示	危险作业，请勿靠近！

D.6.5　高处作业

高处作业许可证

编号：

高处作业级别：□一般危险 □较大危险 □高度危险

作业单位		作业现场负责人	
作业地点		监护人	
作业人		监督人	
作业内容			
高处作业设备工具		悬挂位置	
作业时间	年　月　日　时　分至　　年　月　日　时　分		
作业类型	□临边 □攀爬 □悬空 □洞口 □其他：＿＿＿＿＿＿＿		
涉及的其他危险作业	□动火作业 □临时用电 □有限空间 □吊装 □动土 □断路 □盲板抽堵 □加放氨 □检维修 □熏蒸 □筒仓 □其他：＿＿＿＿＿＿＿		
特定作业	□交叉作业 □多重作业 □夜间作业 □相关方作业 □特殊气候条件作业 □特殊时段作业 □其他：		
作业风险	□高处坠落 □物体打击 □机械伤害 □坍塌 □触电 □其他：＿＿＿＿＿＿＿		

我代表作业单位提出作业申请，并组织进行作业风险分析，确认安全措施落实到位。 　　　　　　作业现场负责人签字： 　　　　　　　　　　年　月　日 时 分	我确认作业单位已经落实安全措施，我承诺全程坚守作业现场对作业进行监护。 　　　　　　监护人签字： 　　　　　　年　月　日　时　分

我代表作业所在部门审核许可证，并对作业现场安全措施落实情况进行了检查确认。 　　作业所在部门审核签字： 　　　年　月　日 时 分	我代表安全管理部门对作业方案进行审核，并现场检查符合作业标准要求。 　　安全管理部门审核签字： 　　　年　月　日 时 分	我代表作业主管部门，对作业方案进行审核，并现场确认符合作业标准要求，批准作业。 　　作业主管部门审批签字： 　　　年　月　日 时 分

高度危险审批	我代表公司，审核高度危险作业方案，已安排现场检查并确认符合作业标准要求，批准此高度危险作业。 　　　　　安全分管领导或牧场主要负责人签字： 　　　　　　　　　　　　年　月　日 时 分

许可证关闭	作业按照规定时间顺利完成，作业单位已经将作业现场清理完毕，现场检查确认没有隐患，许可证可以关闭。

	作业人签字： 　　　　年　月　日 时 分	作业现场负责人签字： 　　　　年　月　日 时 分
	监护人签字： 　　　　年　月　日 时 分	监督人签字： 　　　年　月　日 时 分

许可证取消	申请单位因故取消高处作业，此《高处作业安全许可证》予以取消。 　　　　　　原批准人签字： 　　　　　　　　　年　月　日 时 分

高处作业安全风险分析表

编号：

作业单位			
作业时间	年　月　日　时　分　至　月　日　时　分		
作业地点			
作业内容			

序号	阶段	作业步骤	存在的主要风险	可能的事故/后果	现有控制措施	是否满足要求
1	作业前	作业风险分析	□未分析作业风险，缺少作业方案。		□作业前组织现场碰头会，分析风险，制定作业方案与现场处置措施。	□是　□否
2		指定作业相关人员	□未明确作业现场负责人、作业人、监护人等，职责分工不清。		□作业前组织现场碰头会，指定作业现场负责人、作业人、监护人。	□是　□否
3		防护用品准备	□选用不合格的安全带、安全帽等防护用品。		□使用的安全带、安全帽等防护用品应由"LA"标识，在有效期内，没有缺损、腐蚀、老化等问题。	□是　□否
4		确定安全带悬挂位置	□未明确安全带悬挂位置，或悬挂位置不承重。	高处坠落 其他伤害	□现场用有固定的安全带锚点或挂点，并确保可全程悬挂。	□是　□否
5		安全技术交底	□未组织安全技术交底，未对所有作业人员交底。		□由作业现场负责人对所有作业人、监护等进行安全技术交底。	□是　□否
6		异常天气作业准备	□未采取防滑、防冻、防暑等安全措施。		□湿滑表面采取防滑措施；低温天气的取暖措施；高温天气采取遮阴避暑措施，发放防暑降温用品。	□是　□否
7	作业中	关闭设备设施	□未规范执行断电作业与关闭设备。	触电 机械伤害	□按照操作规程执行停电、关闭相关设备，并挂牌上锁。	□是　□否
8		洞口、临边作业	□洞口及平台顶临边等没有设置安全防护设（防护栏、安全网）或设施不牢。		□安装防护栏或防护网，设置"当心坠落""禁止靠近""禁止进入"等安全标识。	□是　□否
9		实施高处作业	□作业人员安全带未系安全带。		□作业人员的安全带系在锚点上或挂点上，且高挂低用。	□是　□否
10		作业中休息或等待工作继续	□人员坐在洞口边缘休息。	高处坠落	□洞口防护栏、安全网、警示标识完好。	□是　□否
11		实施高处作业	□站在瓦楞板、彩钢板等轻质材料上。		□禁止在不具备承重条件的轻质材料上作业，或在轻质材料的承重结构上铺设脚手板并固定，作业人员系挂安全带。	□是　□否
12		实施高处作业	□悬空高处作业下方未设置安全网。		□悬空高处作业下方应设置安全网。	□是　□否
13		实施高处作业	□作业人员依靠或坐在脚手架防护栏上。		□防护栏牢固完好，作业人员穿戴安全带，安全带系在锚点或挂点上。	□是　□否

（续表）

序号	阶段	作业步骤	存在的主要风险	可能的事故 / 后果	现有控制措施	是否满足要求
14		实施高处作业	□脚手架防护栏杆缺少或损坏。	高处坠落	□脚手架作业面的防护栏杆完好、没有变形、歪斜或破损。	□是 □否
15		实施高处作业	□脚手架、升降机上有人作业时，移动脚手架、升降机。	高处坠落	□脚手架、升降机上有人作业时，禁止移动脚手架、升降机。	□是 □否
16		实施高处作业	□悬空作业的立足面狭小，作业人员身体失稳。	高处坠落 其他伤害	□人员站在牢固的立足面上，并系挂安全带、佩戴安全帽。	□是 □否
17		在梯子上作业	□梯子顶端没有固定或没有人扶梯子。	高处坠落	□梯子顶部与接触的物体进行固定，否则应安排人扶梯子。	□是 □否
18	作业中	拆除安全设施	□在未经许可情况下拆除安全设施。	高处坠落	□因作业需要，临时拆除或变动安全防护设施时，应经审批人同意，并采取相应的安全防护措施。	□是 □否
19		实施高处作业	□作业现场照明不足，影响作业人员作业和行走。	高处坠落 其他伤害	□作业现场设置了满足作业要求的照明设施。	□是 □否
20		实施高处作业	□异常天气高处作业。	高处坠落	□六级及以上大风、浓雾、雷雨等异常天气，停止高处作业。	□是 □否
21		实施高处作业	□未与带电体保持安全距离。	触电	□与带电体保持安全距离，或实施停电作业。	□是 □否
22		实施高处作业	□监护人不在现场，实施高处作业。	高处坠落 其他伤害	□监护人全程监护，监护人离开现场，停止作业。	□是 □否
23	作业后	脚手架、模板、防护棚等拆除	□上下同时拆除，发生坍塌，作业人员坠落。	坍塌 高处坠落	□安全技术交底时明确禁止上下同时拆除，现场设置警戒区，由架子工或经过培训并考核合格的人员拆除，监护人全程监护。	□是 □否
24		现场设备、工具等清理	□未完全清理高处作业使用的工具、部件以及废料，从高处落下伤害人员。	其他伤害	□作业结束清点所有工具、部件。	□是 □否
25	其他		□其他现场辨识的风险情形。			□是 □否

作业现场负责人：   参与人：

年   月   日   时   分

高处作业安全条件确认表

编号：

高处作业级别：□一般危险□较大危险□高度危险

作业单位		作业现场负责人	
作业地点		监护人	
作业类型	□临边　□攀爬　□悬空　□洞口　□其他：_____		
作业内容			
确认时间	年　月　日　时　分　至　月　日　时　分		

序号	要素	条件	确认结果
1	作业人员	作业人员没有职业禁忌证以及超龄情况	□符合□不符合□不涉及
2		架子工，高处安装、维护、拆除作业人员持有效证件作业	□符合□不符合□不涉及
3		指定作业现场负责人、作业人、监护人、监督人	□符合□不符合□不涉及
4		相关方为其作业人员缴纳工伤保险或意外伤害保险	□符合□不符合□不涉及
5		作业人员正确佩戴安全带、安全帽。安全带高挂低用	□符合□不符合□不涉及
6	设备设施	梯子防滑垫、踏棍、铰链、限位器均完好，没有缺损	□符合□不符合□不涉及
7		脚手架作业面防护栏完好，没有变形、歪斜或缺损。铺满脚手板，脚手板两端实施固定	□符合□不符合□不涉及
8		对影响高处作业安全的附近带电体实施停电，并挂牌上锁	□符合□不符合□不涉及
9		升降机防护栏完好，液压系统无漏油，整体状况良好	□符合□不符合□不涉及
10		生命线完好，无腐蚀、变形、断裂等情况	□符合□不符合□不涉及
11		缓冲器、速差自控器、自锁器等完好	□符合□不符合□不涉及
12		30m以上高处作业配备通信、联络工具	□符合□不符合□不涉及
13		现场配备了视频记录仪器，且完好	□符合□不符合□不涉及
14	安全防护	安全带、安全帽等防护用品应有"LA"标识，在有效期内且完好	□符合□不符合□不涉及
15		准备了应急药品及物资	□符合□不符合□不涉及
16	作业环境	洞口、平台及屋顶临边等危险位置，安装防护栏或防护网，设置了"禁止进入""禁止靠近""当心坠落"等安全警示标识	□符合□不符合□不涉及
17		风力没有达到六级及以上，没有浓雾、无雷雨等异常天气	□符合□不符合□不涉及
18		湿滑表面采取防滑措施	□符合□不符合□不涉及
19		低温天气采取防火的取暖措施；高温天气采取遮阴避暑措施，发放防暑降温用品	□符合□不符合□不涉及
20		关闭了作业点附近有害物质排口，现场有毒有害气体浓度符合要求	□符合□不符合□不涉及
21		作业现场设置了满足作业要求的照明设施	□符合□不符合□不涉及
22		现场有可靠的安全带挂点，可保证全程悬挂	□符合□不符合□不涉及
23		作业使用的物料码放整齐，不影响高处作业	□符合□不符合□不涉及
24	流程方法	组织了现场碰头会，进行了风险分析并填写《高处作业安全风险分析表》	□符合□不符合□不涉及
25		作业前对作业人员、监护人等进行了安全培训	□符合□不符合□不涉及
26		作业前对作业人员、监护人等进行了安全技术交底	□符合□不符合□不涉及
27		不在不具备承重条件的轻质材料上作业，或在轻质材料的承重结构上铺设脚手板并固定	□符合□不符合□不涉及
28		多方交叉作业的，签订安全管理协议，明确作业期间各方安全管理责任	□符合□不符合□不涉及
29	其他	根据作业需要，其他需要现场确认的情形	□符合□不符合□不涉及
现场安全条件确认签字			
牧场作业：　作业单位负责人或安全员签字：　　　年　月　日　时　分		牧场作业：　安全管理部门签字（较大及高度危险）：　　　年　月　日　时　分	
相关方作业：　作业主管部门负责人或安全员签字：　　　年　月　日　时　分		相关方作业：　安全管理部门签字（较大及高度危险）：　　　年　月　日　时　分	

高处作业安全技术交底表

编号：

作业单位		作业内容	
交底时间		交底地点	
交底人		被交底单位/部门	

序号	要素	交底内容
1	作业方案	□高处作业已制定了作业方案，且作业方案与作业现场相符，满足指导安全作业的条件。
2	作业风险	□未明确作业现场负责人、作业人、监护人、监督人等，职责分工不清、不清晰，作业不规范，发生事故。
3		□选用不合格的安全带、安全帽等防护用品，发生事故起不到防护作用。
4		□作业前未按操作规程关闭设备及供电设备，发生机械伤害、触电。
5		□雨雪天气作业，未采取防滑、防冻、防暑等安全措施，发生高处坠落。
6		□洞口、平台及屋顶临边等没有设置安全防护设或设施不牢，发生坠落。
7		□人员坐在洞口边缘休息，发生坠落。
8		□作业人员未系安全带，发生坠落。
9		□站在瓦楞板、彩钢板等轻质材料上，发生坠落。
10		□悬空高处作业下方未设置安全网，发生坠落。
11		□作业人员依靠或坐在脚手架防护栏上，发生坠落。
12		□脚手架防护栏缺少或损坏，发生坠落。
13		□脚手架、升降机上有人作业时，移动脚手架、升降机，发生坠落。
14		□悬空作业的立足面狭小，作业人员身体失稳，发生坠落。
15		□梯子顶端没有固定或没有人扶梯子，发生坠落。
16		□在未经许可情况下拆除安全设施，发生事故。
17		□作业现场照度不足，影响作业人员作业和行走，发生坠落或其他事故。
18		□六级及以上大风、浓雾、雷雨等异常天气高处作业，发生坠落或其他事故。
19		□监护人不在现场，实施高处作业，发生坠落或其他事故。
20		□上下同时拆除，发生坍塌，作业人员坠落。
21		□未完全清理高处作业使用的工具、部件以及废料，从高处落下伤害人员。
22	职责分工	□作业现场负责人组织落实作业安全管理要求；督促作业人员正确穿戴劳动防护用品；对现场监督检查，并线并制止违章行为；作业完毕，负责组织现场清理。
23		□作业人掌握作业安全操作程序，具备相应操作能力；接受安全培训与技术交底；按照作业许可及操作规程作业；正确使用现场安全设备设施，正确穿戴劳动防护用品；发现不具备条件或违章指挥时，有权拒绝实施作业。
24		□监护人了解作业区域的环境、工艺情况、作业活动危险有害因素和安全措施，掌握急救方法，熟悉现场处置方案，熟练使用应急救援设备设施，负责危险作业现场的监护与检查；作业前核实安全措施落实及警示标识设置情况；作业期间全程监护以及视频记录作业人员动态和作业进展，监控作业环境和周边动态；发现现场施工人员的"三违"行为，或安全措施不完善等，有权提出停止作业等。
25		□1名员工应自我保护，2名员工应相互保安，3名及以上员工之间应共同保安。作业现场负责人、作业人、监护人、监督人应相互监督、相互检查。作业过程中如发现"三违"情形和作业条件或人员异常等情况，任何人均有权要求停止作业，及时报告。
26	安全措施	□作业前组织现场碰头会，指定作业现场负责人、作业人、监护人、监督人。
27		□按照操作规程执行停电、关闭设备操作，并挂牌上锁。
28		□湿滑表面采取防滑措施；低温天气采取防火的取暖措施；高温天气采取遮阴避暑措施，发放防暑降温用品。

（续表）

序号	要素	交底内容
29	安全措施	□洞口、平台及屋顶临边等临边位置安装防护栏或防护网，设置"禁止进入""禁止靠近""当心坠落"等安全警示标识。
30		□禁止在不具备承重条件的轻质材料上作业，或在轻质材料的承重结构上铺设脚手板并固定，作业人员挂安全带。
31		□悬空高处作业下方应设置安全网。
32		□脚手架防护栏牢固完好，作业人员穿戴安全带，安全带系挂在锚点或挂点上。
33		□脚手架作业面的防护栏要完好，没有变形、歪斜或缺损。
34		□脚手架、升降机上有人作业时，禁止移动脚手架、升降机。
35		□作业人员应站在牢固的立足面上，并系挂安全带，佩戴安全帽。
36		□梯子顶部与接触的物体进行固定，否则应安排人扶梯子。
37		□因作业需要，临时拆除或变动安全防护设施时，应经审批人同意，并采取相应的安全防护措施。
38		□作业现场应设置满足作业要求的照明设施。
39		□六级及以上大风、浓雾、雷雨等异常天气，停止高处作业。
40		□与带电体保持安全距离，或实施停电作业。
41		□监护人全程监护，监护人离开现场，立即停止作业。
42		□脚手架、模板、防护棚等拆除时，禁止下、同时拆除，现场设置警戒区，由架子工或经过培训并考核合格的人员拆除，监护人全程监护。
43		□作业结束清点所有工具、部件。
44	安全防护	□使用的安全带、安全帽等防护用品应有"LA"标识，在有效期内且完好。
45		□作业现场应设有悬挂安全带的锚点或挂点，可牢固可靠，满足安全带高挂低用要求。
46		□作业人员应确保作业全程将安全带系挂在锚点或挂点上，且高挂低用。
47		□在有毒有害环境高处作业，检测有毒有害物质浓度不超标，人员佩戴呼吸防护用品。
48	应急措施	□根据作业风险及可能发生的事故，制定了应急处置方案。
49		□根据作业风险及可能发生的事故，配备了应急物资与物品，放置在现场。
50	其他	□根据现场作业风险其他需要交底内容，没有可写"无"，不得留空白。

应急处置

1.现场处置措施：

2.安全注意事项：

3.自救互救措施：

4.报告流程及联系人（结合实际确定报告流程、节点，明确各节点联系人与联系方式）

应急物资（包括名称、数量、位置）：

禁止以下违章行为

1.不得站在不牢固的结构物（如彩钢板石棉瓦、瓦楞板等）上进行作业。

2.不得在缺少防坠落保护措施或保护措施失效的情况下进行作业。

3.不得在无人监护情况下进行作业。

4.不得坐在平台、孔洞边缘和躺在通道内休息。

5.不得在高处作业处嬉戏打闹、休息、睡觉，连续作业中断超过10分钟应返回到安全平台。

6.不得上下攀爬脚手架、建筑物、建筑构筑物等。

7.不得手工携带笨重物体上下。

8.不得跨出防护栏或防护设施外作业。

9.不得将叉车或吊装工具作为升降工具。

10.不准身体依靠临时扶手或栏杆。

被交底人签字（共　　人）：

高处作业安全防护设备设施配置一览表

设备设施类别及要求		作业现场负责人	监护人	作业人	监督人
安全带	配置状态	△	△ 在高处作业面进行监护	●	
	配置要求	每人1条	根据实际配备，至少1条	每人1条	
缓冲器或速差自控器	配置状态		△ 在高处作业面进行监护	○	
	配置要求	每人1个	每人1个	每人1个	每人1个
安全帽	配置状态	●	●	●	●
	配置要求	每人1顶	每人1顶	每人1顶	每人1顶
安全绳	配置状态			○	
	配置要求			每人1条	
通信设备	配置状态	△ 30m以上高处作业	△ 30m以上高处作业	△ 30m以上高处作业	△ 30m以上高处作业
	配置要求	可以单独1台，不影响通信时可共用	1人1台	1人1台	可以单独1台，不影响通信时可共用

注：1. 配置状态中●表示应配置；△表示一定条件下应配置；○表示宜配置。

2. 安全警示设施，应参考表1《可能坠落范围半径对照表》，至少沿坠落半径设置安全警示隔离设施。也可根据作业现场实际，划定安全范围，设置安全警示隔离设施。

3. 固定照明设备无法满足作业条件时，作业人员应携带个人照明设备。并根据实际，为监护人配备个人照明设备。

4. 本表所列防护设备设施的种类和数量是最低配置要求。

高处作业安全告知（示例）

高处作业安全告知		
作业级别	□一般危险　　　　　□较大危险　　　　　□高度危险	
作业单位		
作业时间	年　月　日　时　分　—　　年　月　日　时　分	
作业现场负责人		联系方式	
作业监护人		联系方式	

安全警示

注意安全　　当心坠落　　当心落物

说明：标识仅为示例，根据实际情况调整

安全操作注意事项

一、未经许可不得靠近或进入作业区域。

二、必须严格执行作业审批制度，未经许可严禁作业。

三、必须设置专业监护，作业期间监护人严禁擅离职守。

四、必须在作业前做好安全隔离，确认现场安全条件，落实各项安全措施。

五、作业人员必须穿戴安全带并可靠悬挂，佩戴安全帽。作业人员未进行有效防护，禁止作业。

六、必须制定应急措施，现场配备应急装备与物资。

七、发现异常情况，应立即停止作业，严禁违章指挥、强令冒险作业。

必须戴安全帽　　必须系安全带

说明：标识仅为示例，根据实际情况调整

单位应急电话：　　　　　　报警急救电话：火警 119　急救 120

重要提示	危险作业，请勿靠近！

D.6.6 动土作业

动土作业安全许可证				
主管部门		监护人		
作业部门		作业地点		
动土作业起止时间	年　月　日　时至　年　月　日　时			
动土作业原因				
动土作业范围、内容、方式（包括深度、面积，附简图）：				
风险分析		安全措施		
制定人签名：				
安全措施落实情况： 监护人签名： 　　　　　　　　　年　月　日				
作业场所安全条件符合性审核／审批栏				
作业部门负责人： 　年　月　日	相关部门： 　年　月　日	安全管理部门： 　年　月　日		主管部门负责人： 　年　月　日

许可证关闭（验收）				许可证取消
作业部门： 　年　月　日	相关部门： 　年　月　日	安全管理部门： 　年　月　日	主管部门： 　年　月　日	取消原因： ————————— 取消人单位／部门： 　年　月　日

附录 E：安全标识制作及示例

表　禁止标识

序号	图形符号	名称	标识种类	设置范围和地点
1		禁止吸烟	H	有丙类火灾危险物质的场所，如草料库、油库、沼气池、沼气管道附近等
2		禁止烟火	H	有乙类火灾危险物质的场所，如草料库、油库、沼气池、沼气管道附近等
3		禁止带火种	H	有甲类火灾危险物质及其他禁止带火种的各种危险场所
4		禁止用水灭火	H，J	生产、储运、使用中有不准用水灭火的场所，如变压器室、化工药品库、各种油库等
5		禁止放易燃物	H，J	具有明火设备或高温的作业场所，如动火区、各种焊接、切割生产区域等场所
6		禁止启动	J	暂停使用的设备附近，如设备检修、停用的设备等

（续表）

序号	图形符号	名称	标识种类	设置范围和地点
7		禁止合闸	J	设备或线路检修时，相应开关附近
8		禁止转动	J	检修或专人定时操作的设备附近
9		禁止触摸	J	禁止触摸的设备或物体附近，如裸露的带电体、炽热物体，具有毒性、腐蚀性物体等处
10		禁止跨越	J	不宜跨越的危险地段，如专用的运输通道、皮带运输线和其他作业流水线、作业现场的沟、坎、坑等
11		禁止攀登	J	不允许攀爬的危险地点，如有坍塌危险的建筑物、构筑物、设备旁
12		禁止跳下	J	不允许跳下的危险地点，如深沟、深池及盛装过有毒物质、易产生窒息气体的槽车、贮罐等处

序号	图形符号	名称	标识种类	设置范围和地点
13		禁止入内	J	易造成事故或对人员有伤害的场所，如高压设备室、各种污染源等入口处
14		禁止停留	H，J	对人员具有直接危害的场所，如吊装现场、粉碎场地、运输通道等处
15		禁止通行	H，J	有危险的作业区，如起重、施工工地，物流通道等
16		禁止靠近	J	不允许靠近的危险区域，如高压试验区、高压线、输变电设备的附近
17		禁止乘人	J	乘人易造成伤害的设施，如室外运输吊篮、外操作载货电梯框架等
18		禁止堆放	J	消防器材存放处、消防通道及生产区域主通道等

（续表）

序号	图形符号	名称	标识种类	设置范围和地点
19		禁止抛物	J	抛物易伤人的地点，如高处作业现场、深沟(坑)等
20		禁止戴手套	J	戴手套易造成手部伤害的作业地点，如旋转的机械加工设备附近
21		禁止穿化纤服装	H	有静电火花会导致灾害或有炽热物质的作业场所，如焊接及有易燃易爆物质的场所等
22		禁止穿带钉鞋	H	有静电火花会导致灾害或有触电危险的作业场所，如有易燃易爆气体或粉尘的生产区域及带电作业场所
23		禁止饮用	J	不宜饮用水的开关处，如循环水、工业用水、污染水等

表 警告标识

序号	图形符号	名称	标识种类	设置范围和地点
24		注意安全	H，J	本章节警告标识中没有规定的易造成人员伤害的场所及设备等

（续表）

序号	图形符号	名称	标识种类	设置范围和地点
25		当心火灾	H，J	易发生火灾的危险场所，如可燃性物质的生产、储运、使用等地点
26		当心爆炸	H，J	易发生爆炸危险的场所。如易燃易爆物质的生产、储运、使用或受压容器等地点
27		当心腐蚀	J	有腐蚀性物质（GB 12268—2012《危险货物品名表》中第 8 类所规定的物质）的作业地点
28		当心中毒	H，J	剧毒品及有毒物质（GB 12268—2012《危险货物品名表》中第 6 类第 1 项所规定的物质）的生产、储运及使用场所
29		当心感染	H，J	易发生感染的场所，如传染病区等地点
30		当心触电	J	有可能发生触电危险的电器设备和线路，如配电室、开关等

（续表）

序号	图形符号	名称	标识种类	设置范围和地点
31		当心电缆	J	在暴露的电缆或地面下有电缆处施工的地点
32		当心机械伤人	J	易发生机械卷入、轧压、碾压、剪切等机械伤害的作业地点
33		当心伤手	J	易造成手部伤害的作业地点。如机械加工生产区域等
34		当心扎脚	J	易造成脚部伤害的作业地点。如施工工地及有尖角散料等处
35		当心吊物	H，J	有吊装设备和零部件的作业场所。如施工工地、仓库、生产区域等
36		当心坠落	J	易发生坠落事故的作业地点。如脚手架、高处平台、地面的深沟（池、槽）等

序号	图形符号	名称	标识种类	设置范围和地点
37		当心落物	J	易发生落物危险的地点。如高处作业、立体交叉作业的下方等
38		当心坑洞	J	具有坑洞易造成伤害的作业地点。如构件的预留孔洞及各种深坑的上方等
39		当心烫伤	J	具有热源易造成伤害的作业地点。如锅炉房、发电机房、焚烧间等
40		当心弧光	H，J	由于弧光造成眼部伤害的各种焊接作业场所
41		当心电离辐射	H，J	能产生电离辐射危害的作业场所。如生产、储运、使用 GB 12268—2012《危险货物品名表》规定的第 7 类物质的作业区
42		当心激光	H	有激光设备或激光仪器的作业场所

（续表）

序号	图形符号	名称	标识种类	设置范围和地点
43		当心微波	H	凡微波场强超过原 GB 10436—1989《作业场所微波辐射卫生标准》、GB 10437—1989《作业场所超高频辐射卫生标准》规定的作业场所
44		当心车辆	J	场内车、人混合行走的路段，道路的拐角处、平交路口、车辆出入较多的厂房、车库等出入口处
45		当心滑跌	J	地面有易造成伤害的滑跌地点。如地面有油、冰、水等物质及滑坡处
46		当心绊倒	J	地面有障碍物，可能被绊倒易造成伤害的地点

表　指令标识

序号	图形符号	名称	标识种类	设置范围和地点
47		必须戴防护眼镜	H，J	对眼睛有伤害的作业场所。如各种焊接生产区域等

（续表）

序号	图形符号	名称	标识种类	设置范围和地点
48		必须戴防毒面具	H	具有对人体有害的气体、气溶胶、烟尘等作业场所。如有毒物散发的地点或处理由毒物造成的事故现场
49		必须戴防尘口罩	H	具有粉尘的作业场所，如磨削作业、电、气焊作业、搅拌站等
50		必须戴护耳器	H	噪声超过85dB的作业场所。如维修广场、风动工具作业等
51		必须戴安全帽	H	头部易受外力伤害的作业场所。如起重机吊装处等
52		必须戴防护帽	H	易造成人体碾绕伤害或有粉尘污染头部的作业场所。如具有旋转设备的加工生产区域等

（续表）

序号	图形符号	名称	标识种类	设置范围和地点
53		必须戴防护手套	H，J	易伤害手部的作业场所。如具有腐蚀、污染、灼烫、冰冻及触电危险的作业地点
54		必须穿防护鞋	H，J	易伤害脚部的作业场所。如具有腐蚀、灼烫、触电、砸（刺）伤等危险的作业地点
55		必须系安全带	H，J	易发生坠落危险的作业场所。如高处建筑、修理、安装等地点
56		必须穿防护服	H	具有放射、微波、高温及其他须穿防护服的作业场所
57		必须加锁	J	剧毒品、危险品库房等地点

表 4 提示标识

序号	图形符号	名称	标识种类	设置范围和地点
58		紧急出口	J	便于安全疏散的紧急出口处，与方向箭头结合设在通向紧急出口的通道、楼梯口等处
59		可动火区	J	经有关部门划定的可使用明火的地点